U0909789

汽车先进技术译丛

# 汽车电子/电气架构

## ——实时系统的建模与评价

［德］蒂洛·施特赖歇特（Thilo Streichert）
马蒂亚斯·特劳布（Matthias Traub） 著
张英红 译

机 械 工 业 出 版 社

本书的核心内容是对在汽车电子/电气架构范围内的建模并进行评价，这不仅仅局限在汽车电子范围，还要进行汽车内部组件的替换，了解汽车上所使用的组件（电脑）和总线系统。本书的特点是在进行课题描述前作一个简介，然后再介绍汽车电子/电气发展的技术现状，并阐述在汽车上对时序系统进行实时评价的方法，它将作为汽车电子/电气发展设计流程中的一个有机组成部分和研究宗旨的一部分。

本书适合于以下读者的参阅：①想学习汽车电子/电气架构的读者；②具有一定电子/电气架构知识，对软件和组件的时序评价和汽车网络感兴趣的读者；③可作为电子、信息及其相关专业学习用教材。

# 前　言

本书围绕汽车电子/电气架构这个主题逐步展开，重点是实时系统的建模及其评价，实时系统已经在汽车电气系统中得到了广泛应用。本书的书名涵盖着几个复杂的主题，它们相互关联不可分割。关于建模，一般理解为借助于一定的方法和工具，把一个抽象想法通过实施转化为一个具体的类型或形式，它们支持与文档一致的设计和设计结果。在这个背景下，这本书阐述了生产商与供货商、其他汽车制造商、法律部门和学术机构之间的设计流程和合作模式。

在设计流程中存在着反复过程，因为必须要重复验证，想法、观念或实施是否满足最初的要求，因此就涉及这本书书名所提到的评价的概念，从而可以考虑更多可能的设计：一方面，想法或方案应该是优化标准，应考虑到系统成本、重量、功耗或尺寸；另一方面，对其运行功能进行评价，也就是当输入一个指令时，是否能输出一个相应的结果。和评价功能一样，时间的分析也起到了很重要的作用，因为对指令的反应不允许是一个任意的时间点，而应具有一个确定的时间间隔。在汽车电子/电气架构中，时间分析只是要处理的一部分。对客户来说，系统的时间行为是一个可以感受到的因素，因此，本书的难点是对时间特性的分析，重点是各个组件和网络的时间行为以及分布式嵌入式系统。

在设计过程中的实际挑战是确定在哪个阶段对什么进行分析。在设计过程的初始阶段所需要的信息通常是匮乏的，为了获得对产品质量的确切要求，就需要知道产品的功能或时间特性，因此，在设计过程中需要反复进行分析，不断地进行细化处理，做出系统连续特性的连续文档，这些信息可以作为初始数据服务于新的研发。

本书的核心内容是对在汽车电子/电气架构范围内的建模并进行评价，这不仅仅局限于汽车电子范围，还要进行汽车内部组件的替换，了解汽车上所使用的组件（电脑）和总线系统。在汽车上广泛应用的典型通信链路有自诊断功能、汽车网络系统、车载电器一体化以及 V2X。随着传统网络系统的稳步发展和设计过程的细化，汽车与外部环境变化间的通信将成为今后发展的主题，这涉及动态网络系统，能够在任意时间建立和中断信息通信。在本书中介绍了网络内部中的抽象概念，尤其是汽车上网络架构中的抽象概念，为了理解这些抽象化的概念组建了形象化模型，这将在以后的章节中进行详细描述。

本书的特点是在进行课题描述前做一个简介，然后再介绍汽车电子/电气发展的技术现状，并阐述在汽车上对时序系统进行实时评价的方法，它将作为汽车电子/电气发展设计流程中的一个有机组成部分和研究宗旨的一部分。本书适合于以下读者参阅：

1）想学习汽车电子/电气架构的读者。

2）具有一定电子/电气架构知识，对软件和组件的时序评价和汽车网络感兴趣的读者。

3）适用于作为电子、信息及其相关专业学习用教材。对于这部分读者来说，本书在各个专业之间建立了一个纽带，例如操作系统、通信系统和网络式嵌入式系统，在这个背景下，本书将各个学科组合在一起，形成了汽车电子/电气架构。

本书由以下章节组成：第1章是关于汽车领域的绪论，介绍了价值链和企业的组织结构、产品的研发过程、与外部企业间的合作模式以及汽车电气的发展史；第2章介绍了汽车电子/电气架构基础，解释了电子/电气架构中一些抽象的概念，介绍了不同的替代架构，给出了各种适宜的评估指标；第3章介绍了软件架构及其研发，介绍了操作系统和不同的标准，例如OSEK、AUTOSAR等；第4章介绍了电控单元和实时计算机控制结构，重点是电控系统的构建原则以及处理器、微控制器和外设组件；第5章介绍了通信基础以及适合在汽车上使用的通信系统；第6章介绍的是实时评价及其有关的概念、介绍了对系统时间特性起重要作用的典型的事件模型；在接下来的3个章节中将从不同方面对时间特性进行评价，第7章详细阐述了软件的实时评价；第8章阐述了在充分考虑各个处理器和总线仲裁下的实时评价的方法；第9章阐述了网络系统的评价方法。

在此衷心感谢我们的同事！他们给本书提出了许多有益的意见和建议，使得本书能够顺利出版。

尤其要感谢我们的家人！Melani和Konstantin、Berenike和Lorenz、Kilian，他们给了我们在工作上自由的空间，在困难的时期给了我们巨大的支持，使得这本书能顺利完成；感谢Springer出版社及其员工、Butz女士和Hellwig女士！他们在许多方面都给了我们无私的支持。

**Thilo Streichert**

**Matthias Traub**

**斯图加特、慕尼黑**

**2011年10月**

# 目　录

# 第1章 绪　　论

汽车电器设备的发展取决于与相关企业之间的密切合作、技术和有关的规章制度，与家用电器产品不同，汽车电器只是汽车的一个组成部分，包括机械部分和电子部分，且具有一定的艺术性。家用电器产品的研发周期和生产周期比较短，而汽车电器设备的研发和生产周期相对则明显较长。在以下章节中将阐述不同企业之间如何在价值链基础上实现共同的目标，阐述汽车今后的发展方向，最后对汽车电器设备的发展历程进行简要的概述。

## 1.1 价值链与企业的组织结构

一般来说，企业所获得的利润来自于市场的收入，也就是再加工所创造的价值。市场所提供的可以是商品，也可以是服务。采购、加工和销售不仅仅涉及企业内部的生产，更涉及企业发展的全局。按照迈克尔·波特的观点，可把企业划分为不同的功能区，从产品设计、生产、市场与营销直至售后服务都要一环扣一环地进行，要区分企业的主要活动和辅助性活动，企业的主要活动直接关系到企业的利益。企业的主要活动包括进货物流、加工、出货物流、市场营销以及售后服务等，如图1-1所示。

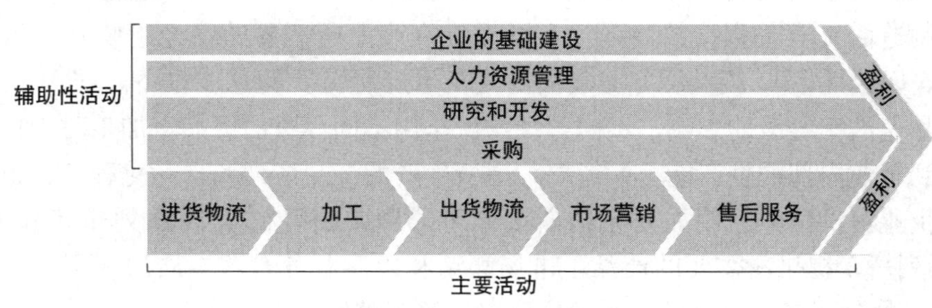


图1-1　迈克尔·波特的价值链

进货物流和产品因素有关，受库存和原材料搬运的控制和调控；加工是为提升产品价值所进行的各种活动；产品加工完成之后就要进行出货物流，这与库存有关，是把产品卖给顾客所进行的各项活动。不生产产品的商贸企业可以采用这种简单的经营形式。在进货物流和出货物流之间存在着商品贸易，例如商贸组织或者分公司提供的商品；市场营销则是完全围绕如何将产品卖出去而开展的各项活动，包括广告和引导顾客消费；售后服务就是要让顾客知道产品的基本性能、所售产品的保修期限和最新产品等，还要告诉顾客哪个汽车市场可以提供所需要的零配件。

辅助性活动包括企业的基础建设、人力资源管理、研究和开发以及采购。企业基础建设的任务是制定企业的发展目标、制定出为实现企业目标而采取的发展战略、进行法律方面的解答、制订财务计划、进行质量监控、处理外部事情和与政府机构相关的事情；人力资源管理的核心任务是人员的招聘与解雇以及工资报酬，另外，人力资源管理还负责调查员工的需求、员工的继续教育与培训以确保员工的满意度；研究和开发部门不仅仅负责现在和将来产品的发展，还负责改善工作步骤和程序，例如通过改变产品的工艺流程、进行产品研发来降低成本。人力资源管理还负责信息的管理，负责企业信息的收集和宣传；采购不同于进货物流，它与管理部门以及内部机构共同负责生产所需原材料的购买，采购作为企业的一个组成部分要负责整个企业所需材料的购买。采购要在所属企业和供货方之间建立一个桥梁，建立不同领域间值得信赖的购买网络，买卖双方能相互信任互助互利。采购有责任帮助受到经济冲击的供货方，以便供货方能维持资金的周转，避免影响到所属企业的生产。

在汽车生产的价值链上涉及许多企业。图 1-2 描述了 3 级供货层面，没有必要对它们进行具体命名，仅仅是 3 级层面。第 3 级供货方是为制造厂提供原材料的，例如为半导体生产厂提供所需的化工材料。作为企业的第 2 级供货方可以向汽车生产厂提供自己的产品。在这里解释一下半导体公司，它可生产电脑配件或软件，例如驱动系统所需要的程序。第 1 级供货方与汽车制造商或 OEM（原始设备制造商）有着直接的联系，它可提供汽车上所需要的已经组装好的组件或总成，OEM 和第 2 级供货方一起提供汽车生产所需要的总成设备。OEM 所提供的产品受汽车等级的影响，不同等级的汽车用不同等级的产品。加工时不仅仅要考虑到企业内部的生产能力，还要考虑所生产的产品系列和自动化程度，也可向其他企业提供服务，例如麦格纳斯太尔可分别向梅赛德斯 G 系列轿车和 BMW X3 系列轿车提供所需要的产品。市场营销和售后服务有着本质的区别，可通过 OEM 的分公司或者自己的汽车销售商以及汽车维修厂来实施。

由图 1-2 可以看出，离 OEM 产品所需原材料越远的供应商，其相关的公司就越多，种类也越广。一个普遍的共识是，供需关系不仅仅发生在相邻供应商之间，OEM 必须和更为广泛的供应商建立合作关系，例如和半导体制造商建立贸易关系，以确保不受某个原材料供应商的影响，否则，一旦某个供应商出了问

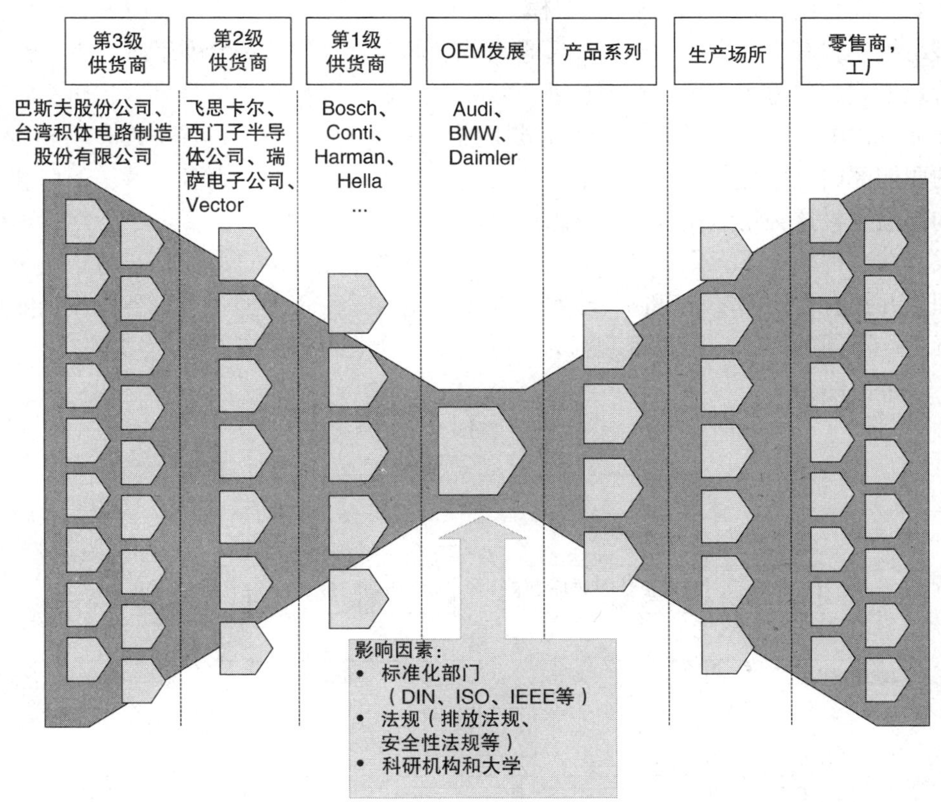


图 1-2 OEM 的供货商链以及产品系列、生产场所和零售商对 OEM 的影响

题，就会影响到某个产品，接下来会直接影响到产品的使用性能以及产品的质量，从而给消费者带去不良的影响。

和价值链内部的合作关系相似，存在着与 OEM 利益相关的标准化部门，例如 DIN（德国标准化学会）、ISO（国际标准化组织）和 IEEE（电子和电气工程师协会）。OEM 公司要采用标准化部门制定的标准，例如汽车故障诊断接口的形式。标准的存在可以解决技术上所存在的差异性，企业可以不遵守这些标准，但标准可以使产品结构大大简化。产品的结构和生产受限于法律的约束，企业的产品也受法律条文的约束或者受 OEM 自身所承担义务的约束，同时法规在汽车尾气排放和行驶安全性能方面产生着巨大的影响。

此外，OEM 与科研部门和大学之间建立合作关系也是很重要的，在知识和技术上的交流有助于推进产品的进一步发展，他们可以通过协商提出安全评价体系的方案，OEM 有责任在现有技术水平上不断创新，从而不断改善汽车行驶的安全性能。

下面将阐述 OEM 的典型组织模式，详细介绍其研究与开发部门。企业的典型组织模式有 3 种类型，即部门管理模式、职能管理模式和合作管理模式。部门管理模式主要适用于中、小型企业，厂长既负责管理技术上的事务，也负责管理商业方面的事务；对于职能管理模式下的企业，在厂长下面设置了许多职能不同的职能部门，例如有生产部门、研发部门、人力资源管理、财务、营销部门和采购部门等，这种组织模式被多数的 OEM 所采用；第三种组织模式是合作管理模式，在这种模式下，企业之间分工合作，各合作企业都由自己的厂长直接负责管理，并拥有自己的功能部门，这种组织模式主要适用于大型企业，各合作企业负责生产不同的产品。图 1-3 所示为 3 种典型的企业组织模式。

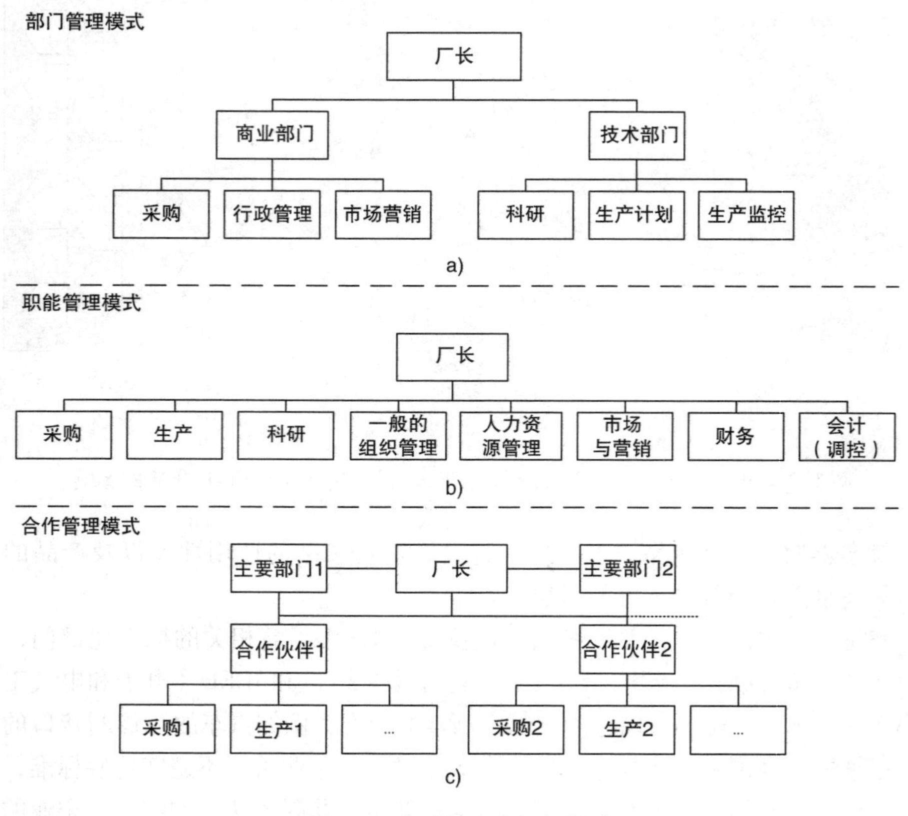


图 1-3　典型的企业组织模式

a）厂长下面设有 2 个职能部门的部门管理模式

b）厂长下面设有 8 个职能部门的职能管理模式

c）合作管理模式，主要用于大型企业，厂长也叫合作伙伴，每个厂长下面都设有自己的职能部门

在图 1-2 中，科研部门可以充当不同产品系列之间的中间纽带，科研关系到

横向接口的活力，能影响到不同产品系列和不同商品领域。如图 1-4 所示，通过矩阵结构图可以看出，不同产品之间可实现共同发展，还可以降低或避免过度发展。但这种策略具有负面影响，那就是所生产的组件或构件具有相同的形式，因此只能服务于某个单独的生产系列。这种构件可以大批量购买以获得价格上的优惠，还可以降低产品缺陷的风险，这些构件很少被测试是否合格，因为要进行整个系统的测试需要占用很长的时间。通过这些构件可以提高产品质量，缺点是由于购买的构件缺乏差异性和个性，致使产品不具有鲜明的特色。顾客可以识别出这些构件，因此对高标价的汽车顾客可能会提出疑问，这种高价位的汽车是否是货真价实的，因为他们会发现在其他低价位的汽车上也有着相同的构件，因此，在生产管理中应考虑到顾客的认知性，在产品的开发上应注意构件的独立个性。

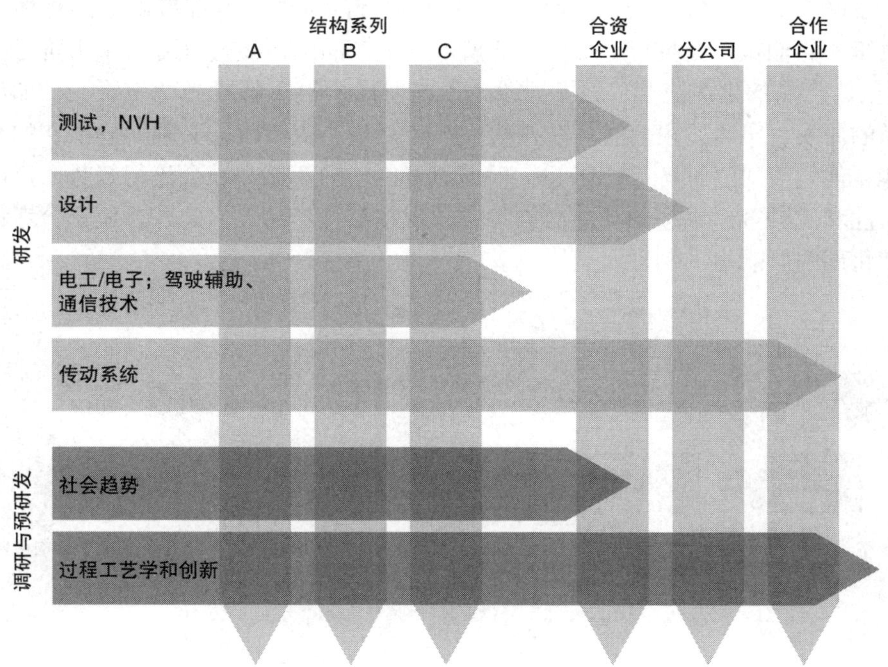


图 1-4 矩阵型组织图，通过调研、预研发和研发会对产品发展以及业务范围有着重要的影响

产品的发展历程可分为几个不同的具有鲜明特点的发展阶段。和产品研发完全不同，调研具有鲜明的时间点。产品的预研发是在进入产品生产阶段之前所进行的活动，而产品的研发则直接参与产品的生产。在企业组织结构中，调研、产品研发和产品的预研发没有被严格地分开，多数情况下是由一个部门负责的，例如产品的预研发和研发、调研与预研发可完全由一个部门负责。把各个部门的功

能结合在一起导致的风险是，在产品研发能力问题上，把产品预研发转换为产品的研发所需要的时间会变长。保证中期或长期创新水平不下降，是解决研发能力不足的一个有效措施。

## 1.2 产品的生产周期和研发周期

在前面的章节中阐述了企业内部的组织关系和企业之间的供求链，在以下章节中将详细说明产品的制造，重点将阐述电工和电子的研发。

### 1.2.1 产品研发过程

不同 OEM 的产品制造过程和生产周期是有区别的，但都有确定的程序和战略决策，它们被广泛推广，如图 1-5 所示，把产品的研发过程分为 4 个阶段：第 1 阶段为产品的生产决策，第 2 阶段为工艺研发，第 3 阶段为产品研发，如汽车产品的研发，第 4 阶段为生产和销售。在产品生产决策阶段必须明确潜在的消费群体，他们应对这种产品感兴趣，根据消费群体的意愿和社会流行趋势，产品的创新性和使顾客感兴趣的功能必须集中体现在某种产品上。此外，应充分考虑到标准化部门所规定的制度及其影响。

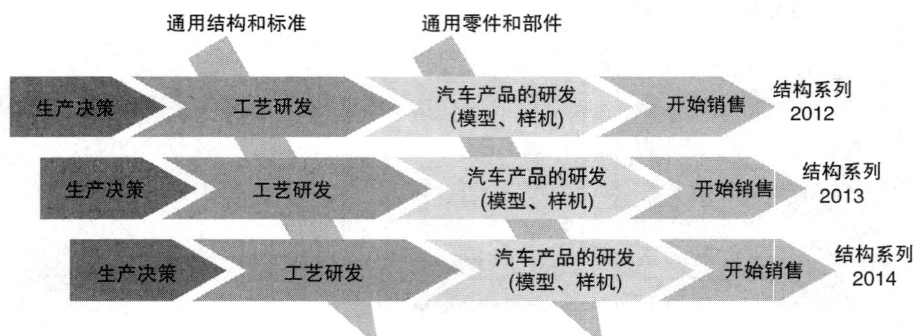


图 1-5 不同结构系列的研发过程：从开始依次分别为生产决策、工艺研发、汽车产品研发和开始销售 4 个阶段

接下来将考虑工艺的发展，它的基础是电工与电子的结构以及平面设计，制造工艺必须在功能上进行革新，同时必拥有完美的规范性，例如成本预算。为了使新工艺和新组装图能在更多的系列产品中得到应用，应先在典型的产品系列上使用，它可起到工艺载体的作用。哪些产品系列可以作为工艺载体取决于各个方面。在新工艺中可能存在研发缺陷，在比较严重的情况下可以通过产品召回来解决。小规模的产品系列尽管降低了产品召回的风险，但因只用于少数汽车，因此

总成本却增加了。此外，作为工艺载体的产品系列必须有创新性和工艺性。工艺载体很少采用用廉价零件制作的物美价廉的产品系列，通常情况下，最好把创新用于高价位的汽车构件上。

产品研发过程的第3阶段是汽车整车的研发，在这个阶段将建立样机，以便进行今后的零部件的测试和最终的整车测试。与这个阶段同时进行的是对模具使用性能的研发，以便今后更好地进行生产作业。应把能进行流水作业的工作程序进行拓宽，以便提高某个生产阶段的生产能力，同时能更加合理地使用场地。从生产决策到销售完成，所生产的产品可能会经常发生改变，一般原则是每50个月研发出一种新的结构系列的汽车产品。当然，如果有相似结构系列的产品在市场中出现或者这种组装图已经存在，这个时间间隔应适当缩短，通常的做法是缩短研发期限，以便更好地适应市场需求，市场的直接反馈会给今后相同或相近等级的产品系列提供重要信息。图1-5是按时间先后顺序描述的不同结构系列产品的发展历程。在产品的发展历程中，通过抵押，一方面可以使研发能力得到更好的发挥，另一方面能保证结构系列产品的销售量，这样做显著的效果是在开始销售时就能增加结构系列产品中新型产品的销售量，到同系列更新的产品上市时产品的销售量下降。按正确的时间期限划分研发并进行大量或小量结构系列产品的销售，可以使公司经获得更加稳定的经济效益。

图1-6对图1-5所描述的研发过程中的某个结构系列产品做了进一步的详细描述。在这个过程中的早期阶段就在汽车外部定型和内饰方面采取了一定的措施，接着制作出了某种车型的三维样机，即使没有真实的部件和样机，这种车型也是可以被感知到的。技术上得到保证后，就可以进行整车生产了。汽车研发早期的另一个任务是汽车电子与电气产品的研发。在研发初期必须制定出草本，并在此基础上制定出设计说明书。设计说明书是供货方委托合同的基本内容，它描述了该产品用于某个系统的全部条件和功能，供货方应把这些写在合同里。在设计说明书的基础上供货方可以提出建议，给供应的OEM进行详细阐明。供货方所提供的设计说明书中涉及的解决问题的建议是以使用说明说书的形式提出的。设计说明书涉及合同的签订，而相关的要求以条款的形式都写在合同里，这有利于合同的履行。

具有部件研发和生产能力的供货方被授权生产产品后，首先是模型生效并被制作出来了，接着部件或整车的样机被制作出来，随后是确定样机的有效性。同时进行的是汽车的整体设计和汽车内部及外部颜色的正确设计。接下来要进行生产工具的研发和生产计划的制定。在研发周期的某个阶段可能需要一个应急途径，在产品平行发展的历程中这个应急途径和时间因素有关。应急途径不必按着图1-6所描述的那样来进行，因为发展路径彼此是有关联的，一个发展路径的滞

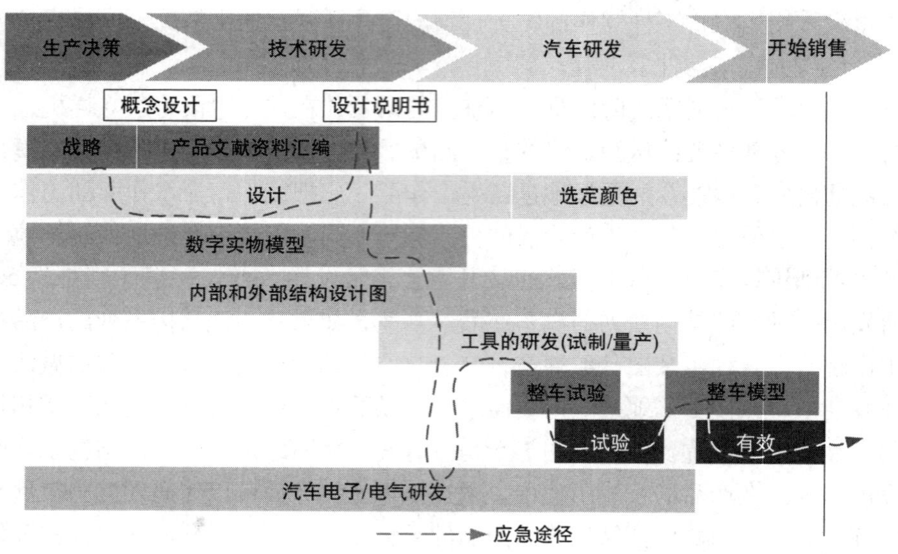


图 1-6 产品系列的研发过程有不同的同时进行的研发策略，它们之间有着密切联系。应急途径明确指出了哪些依赖性因素会减缓整体的研发进度

后可能会影响到另一个发展路径。

### 1.2.2 OEM 和供货商之间的合作模式

OEM 和供货商之间有着各种合作模式，在发展功能的框架中可用 V 形图来描述，如图 1-7 所示。V 形图描述了从系统要求到汽车验收间的全部研发历程。在 V 形图中，可以看出从上到下间距在变小，V 形图的上层描述的是系统要求和系统规格，中层描述的是构件的系统，它被细化分解，下层描述的是在执行期或转换期的方案设计。接着是在汽车上进行部件测试和验收，要确定测试条件，以便能测试出在系统规格中所描述的特性和执行系统中的实际特性。区分 OEM 和供货商工作步骤的常规方法一般是在部件平台上进行的。OEM 把所需要的部件系列提供给供应商，部件系列包含可执行的模拟模型和回收的被测试过的部件，这些回收的部件和其他部件一起在虚拟的汽车环境中被测试过。接着这些部件组被装在汽车上和样机中。对部件进行分类、测试并使之生效的目的是为了拓宽电子与电气部件的开发类型。对 OEM 来说有责任开发和完成部件某些部分，如部件的构架或机械部分，而部件的另一部分则由供应商负责解决。

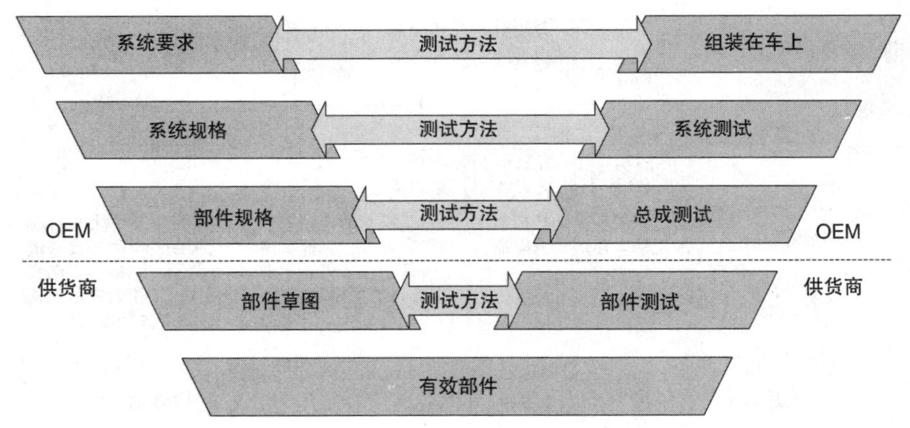


图1-7 典型的V形图，用于区分在规格（左半图）和测试（右半图）上的不同发展阶段

## 1.3 汽车电气的发展史

近年来，电子技术在汽车上呈持续上升的发展趋势，在汽车上不仅仅出现了新功能的电子产品，原有的单纯的机械系统在许多领域都实现了机电一体化控制。如图1-8所示，一个车窗玻璃升降机构的机械操纵机构被网络控制系统所替代。在网络控制系统中，电脑通过控制车窗玻璃电动机的运转来实现车窗玻璃的升降，其他系统的控制也可以用相同的方法来实现。在建立能够控制车窗玻璃升降的网络系统之前，应先解决线网问题，从车窗玻璃升降电动机到控制开关之间需要连接导线。现阶段在某些高级车上，通过门控电脑能实现对所有车门上的车窗玻璃升降机构进行控制。门控电脑作为网络的一个单元可以收到关于汽车状态的各种信息。自动车窗网络系统除了关闭车窗外还能实现其他功能，如防夹保护、下雨时车窗玻璃自动关闭以及通过车窗电脑关闭等。通常情况下，门控电脑可以通过简单的LIN网同其他同属电脑一起实现控制功能，这是一种新的发展趋势。在微控技术中软件有着功能分区，某个传感器或某个执行器不会影响到软件在电脑上的运行，也就是说，只要有合适的存储能力，在网络的任何地方都可以对软件功能进行分区。这种解决一种功能的多种可能性可以识别出某个简单功能需要多大和什么样的存储空间。

在汽车上，用电子技术控制或调节机械构件可实现一些新的功能，具有集成功能的部件从一上市就成指数规律递增，如图1-9所示，很清晰地描述了一些产品的发展趋势。

由于具有新功能产品的数量在汽车上不断增加，就急需网络系统来进行统一

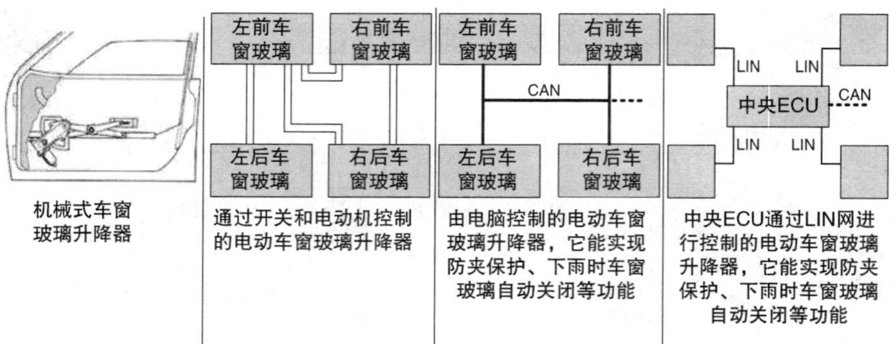


图 1-8　机械控制、电力控制和两种网络控制的车窗玻璃升降器

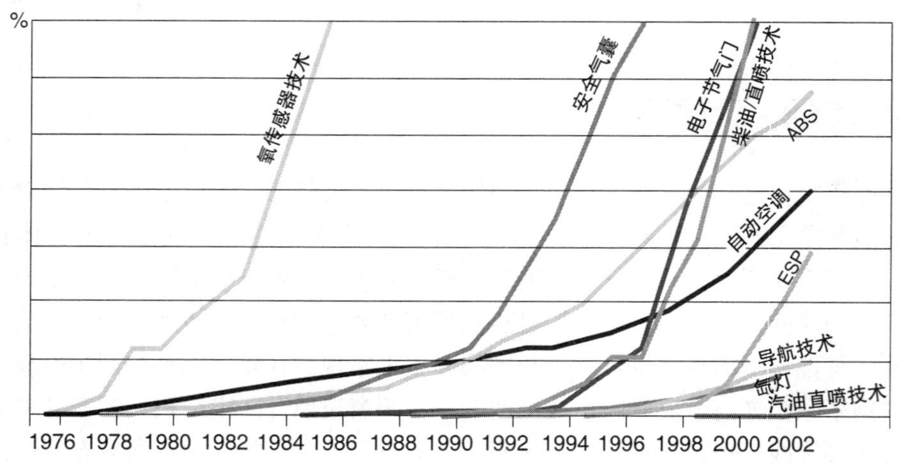


图 1-9　汽车上的各种电子与电气技术在市场上的发展趋势

控制，图 1-10 所示为汽车上由于新增部件所导致电脑数量增加的发展趋势。开始，装用 2 台电脑（英文缩写 ECU）的汽车上并没有形成网络系统，但随后汽车上已经装有 7 台电脑了，为简化电路、方便控制，就需要用总线把这些电脑连接起来，组成网络系统。随后汽车上电脑的数量不断增加，到目前为止，有的汽车上差不多已经装有 70 台电脑了，这就需要用新的总线进行连接。同时，汽车上所需采集信号的数量也在不断增加，这也需要新的总线来进行信号传输。随着传感技术和 ECU 的发展，在发动机控制系统、安全系统以及舒适系统中需要越来越多的执行器。目前，在辅助驾驶领域、通信领域以及信息领域使用的是模拟驱动程序，这和更有利于传输的数字驱动程序不同。和简单信号不同，数字信号只占用 1bit，如开关信号，在系统中传递的是数据流，它是来自多媒体或摄像系

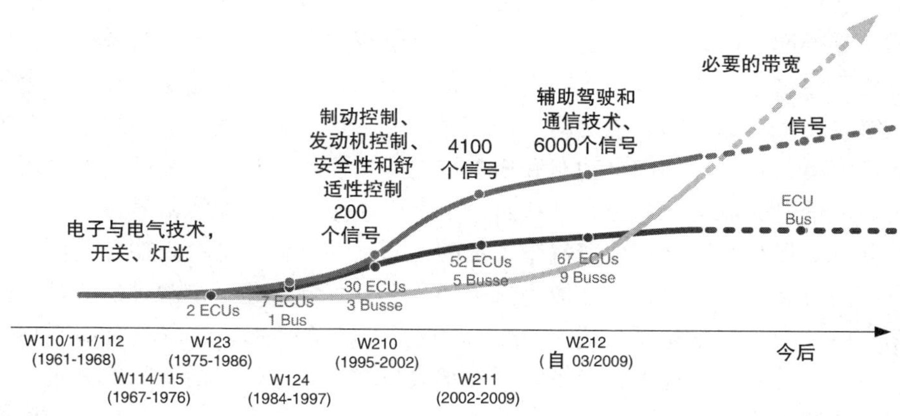


图1-10 电脑数、信号数以及带宽随时间发展的趋势，可以看出，带宽发展非常快。在汽车上只占用几 bit 的简单信号已经被淘汰，取而代之的是来自综合传感器和摄像系统的数据流

统中的声音或图像信号，以及抽象的和客观的数据，也就是说，不但信号源在增加，信号的复杂性以及信号所需要的带宽也在增加。

由于信号的数量不断增加，对带宽的要求越来越高，在汽车上就需要建立一种新的信息传输技术。随着汽车技术的发展，在汽车上已经出现了拥有 10Mbit 的由 LIN 网、CAN 网和 FlexRay 总线组成的网络系统，这就需要建立点对点进行交换的拓扑网络结构。MOST 网在载体平面上是一种点对点的环形拓扑，可提供高达 25Mbit 的集合带宽。汽车上还可以使用以太网，它非常有效，网络的节点通过交换机进行连接。以太网通过交换机可以建立起点对点的拓扑结构，这样就能很好地解决信息冲突，从而可以省略仲裁机构。如图 1-11 所示，现在拓扑布局的变革发生在 10Mbit 的带宽和 25Mbit 的带宽之间，在更高的带宽中，总线系统将会被点对点的拓扑网络所替代。

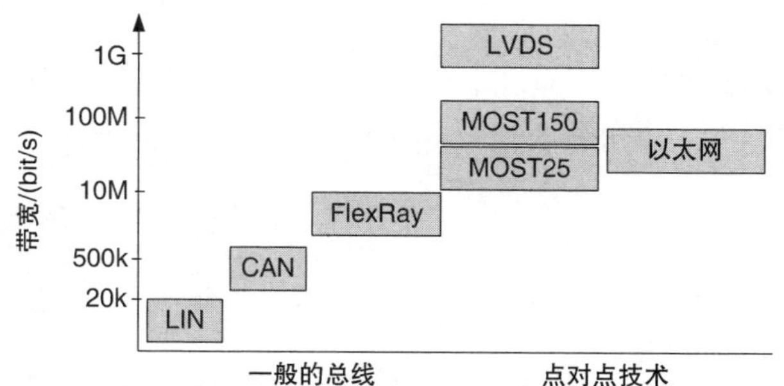


图1-11 随着网络技术的发展，汽车网络所需带宽越来越高。一般的总线技术不需要增加带宽，而点对点的拓扑结构则需要更高的带宽

信息传输技术的另一个发展趋势是汽车之间的信息传输，在图 1-10 中并没有描述这方面的内容。到目前为止，汽车电子技术只是一个封闭的系统，在汽车的发展阶段这个系统是可组建的，并且是安全的，但发展趋势是要建立一个开放的系统，使汽车和周围环境之间进行信息交流，这就需要汽车上的越来越多的接口应拥有集成功能，例如电动车和充电桩之间的连接，汽车之间的信息交流。汽车之间的信息交流可以避免在某些路段上发生碰撞，通过无线信号进行预警或视频判断，确保行车安全。随着汽车技术的不断延伸，顾客也可以把自己所需要的电子产品安装在汽车上，使之成为汽车的一部分，但这是一个两难的选择，因为汽车类电子产品的寿命可高达 30 年，而消费类电子产品的寿命相对却很短。因此，在汽车的使用过程中，应不断开发集成技术，能进行灵活有效的升级，这样才能使那些不确定的、不明确的消费类电子产品集成在汽车上的趋势成为可能。

# 第2章　汽车电子/电气架构基础

汽车电子/电气架构的设计与研发是个很重要的过程，涉及企业不同组织机构和许多专业领域。电子/电气专业知识是汽车电子/电气架构的设计基础，其特性参数可由供应商提供。在生产战略中应明确将来汽车上需要什么样的电气设备，决策者的决定应建立在汽车部件以及汽车电气系统的消费评估和消费计划之上，专业人员要把重点放在产品结构方面，如安装汽车电子/电气产品所需要的空间，还要考虑和确定环境对产品的影响，如温度的影响、湿度的影响以及振动的影响，这些影响因素应不影响这些电子/电气新产品在汽车上的功能。

在将新的电气产品集成到汽车上时应确定，它是否能够被汽车上某个电脑或者更多电脑所识别，哪些传感器和执行器是必需的以及安装的具体位置。新的电气产品在汽车上必须能够进行信息交流，应考虑到新产品的电负荷、在安装空间内电源线以及信号线的布置，这不仅仅需要注意正确的设计和安装，还要使新的电气产品成为系统的一部分，要和整个系统完美地结合在一起。因此，在研发阶段就应制定出评价标准，以确保产品质量和经济利益。

## 2.1　电子/电气架构概述

在产品设计阶段，为了能更好地描述相互关联的不同层面的内容，可建立一种模式，能够在不同层面的基础上对电子/电气架构进行分层描述，每一层面都从不同角度在电子/电气架构基础上对生产策略、顾客或研发进行分析，如图2-1所示，这种模式有4个层面，每个层面之间都是相互关联的。

图2-1所示的第1层面是功能范畴，所列举的功能分为不同等级，有的功能下面可再划分出各种特性。第2层面是功能/软件架构，按照信息传递可将组件的功能区分为不同的功能块（传感器、功能、执行器）。功能块与生产工艺是没有关联的。在第1层面和第2层面之间有信息指引线，可以指出某种功能的实现取决于哪个功能块。在研发过程中，功能块应满足软件所需要的运行环境，包括接口技术。

图2-1所示的第3层面是软件和硬件（传感器、ECU和执行器）之间的结

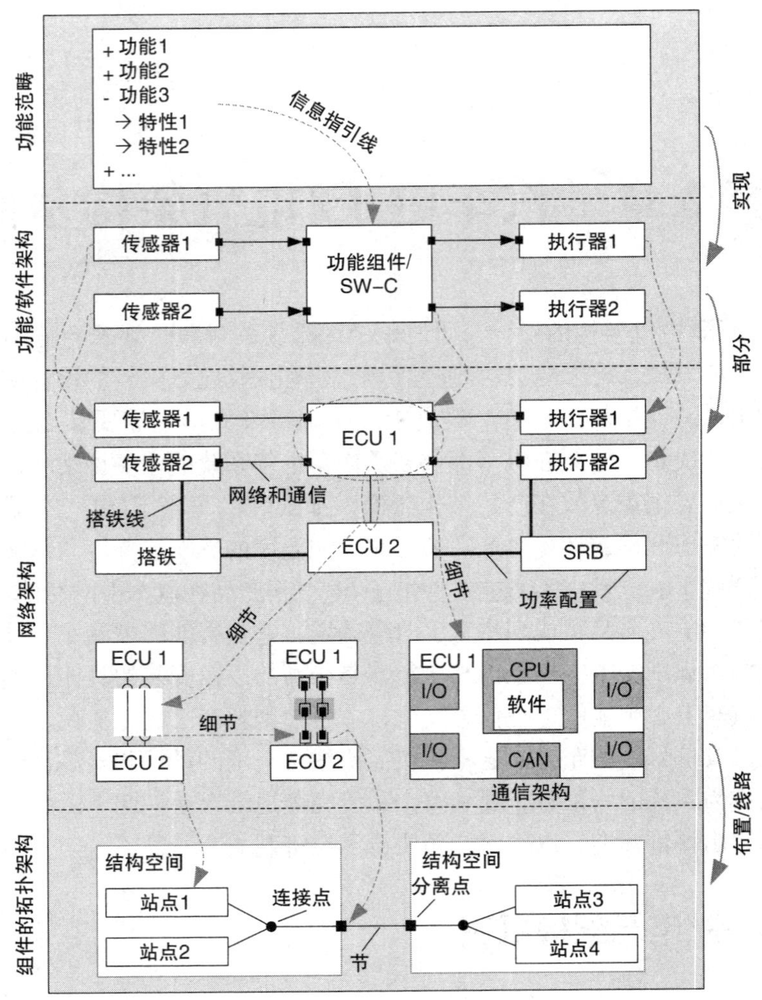


图 2-1　有 4 个系统层面的电子/电气架构图，第 1 层面是顾客可了解到的功能范畴，第 2 层面是功能/软件架构，第 3 层面是网络架构，第 4 层面是组件的拓扑架构

合，可用信息指引线来描述功能/软件架构和网络架构之间的关系，软件和硬件之间在关系上不应发生冲突，和信息相关的全部信号都能在网络上正常运行。为了充分发挥硬件部分的功能，就必须考虑到它的电功率，这在功率配置中有详细的说明。另外，在硬件和线束中网络架构应是清晰的。硬件描述的是电脑的内部结构、复杂的传感器或执行器。

图 2-1 所示的第 4 层面描述的是组件的拓扑架构，在这个层面上，网络中的硬件在一定的安装空间内用导线连接在一起，信息和功率按照规定的线路进行传递。

为了比较汽车上的电子/电气产品的研发过程，可在相同的层面上列举出其他领域中电子产品的研发，如图 2-2 所示，第 1 层面描述的是半导体产品，首先选出功能组件，也就是逻辑块或者 IP 块，并将其组合在一起，按照一定工艺进行合成并进行布图规划，在此之前应制定出相应产品的模板，在印制电路板的设计上也有类似的过程。功能部件有电容器、电阻器和集成电路块等，它们在电路图中按一定的逻辑或电工原理连接在一起。接下来是在印制电路板上进行布局和布线，最后对电路板进行印制形成产品。

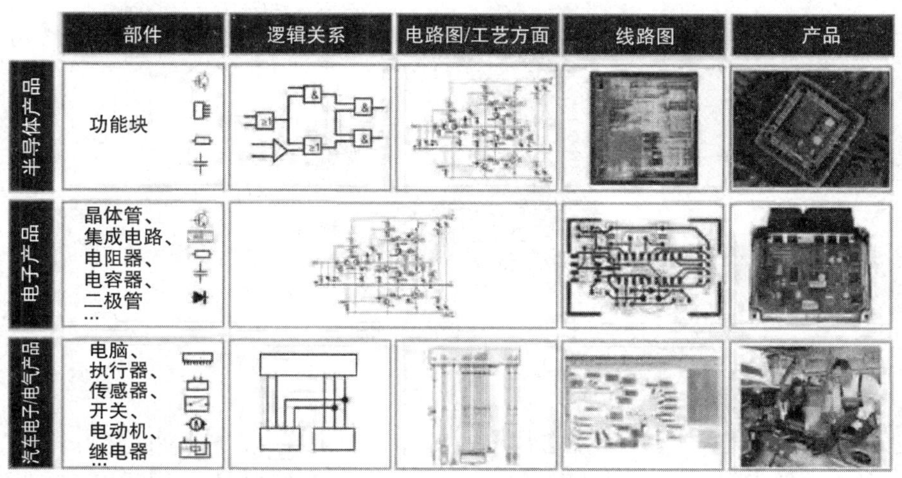


图 2-2　汽车电子/电气产品和其他领域的电子产品间的比较

以下章节将详细讲解各个电气部件及其在不同层面和模式下的特性。

### 2.1.1　电子/电气架构的功能范围

汽车的功能应尽量满足顾客的全部要求，但大多数汽车只能满足顾客的基本要求，其功能还远远不能满足顾客的所有要求。汽车上各部件之间是相互关联的，如果顾客选择了汽车的某项功能，同时就应接受与此功能相关联的功能部件，功能部件间的关联性需要一定的技术和经济基础。例如，如果要在可开合车顶的汽车上增加风窗玻璃自动刮水器，以实现下雨时自动开启刮水器进行刮水作业，就必须安装雨量传感器，这就存在着技术关联。如果某项集成功能的费用很高，就存在经济关联，顾客就很难接受。若能同时实现两个或多种功能就可以避免这种高消费。这种情况在逻辑层面上可以引入关联：功能 X→功能 Y。除此之外还存在相反的情况，也就是两种功能相互对立，例如卤素前照灯和氙气前照灯，很显然它们就属于这样的情况，这种相对立的关系可用逻辑“或”来表示：功能 X⊕功能 Y。

汽车所提供的功能既要满足顾客的要求，能让顾客体会得到，又要符合非顾客的要求。例如，顾客可体会的功能是：在车窗开关指令的 100ms 内车窗玻璃必须有动作；而来自非顾客的要求是单纯的技术要求或法规所规定的要求。

如图 2-3 所示，功能范畴包括许多内容：①功能清单或特性列表；②实现功能的前提条件。车顶开合功能的特性是车顶能打开，也能关闭，其特性可细分为：关闭条件、触发条件和完成指令。

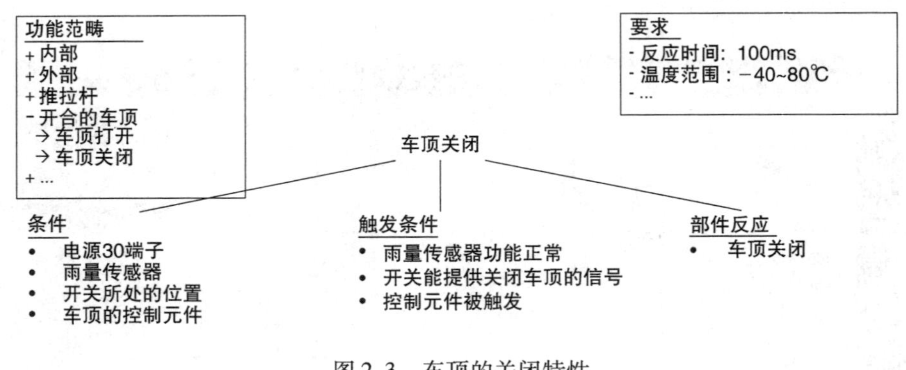


图 2-3　车顶的关闭特性

### 2.1.2　功能/软件架构

在本小节中将描述汽车功能范围下的各个功能/软件架构。功能/软件架构由 3 部分组成，即功能模块、传感器模块和执行器模块，这些模块按照一定的逻辑连接在一起。功能模块具有数据处理和数据输出的特性，在功能模块中对数据的正确处理具有非常重要的作用，功能模块的特性可通过接口也就是端口、有效数据和与端口的数据匹配来描述，这同样也适用于传感器模块和执行器模块，但功能模块只能通过输入端口或输出端口来接收信号或输出信号，三种模块的输入端口和输出端口是以一定的逻辑关系连接起来的。在系统层面上三个模块可靠地结合在一起，决定着能处理何种信息，能接收什么样的输入信号，并在服务器中产生一个结果，然后输入一个信号，被执行器所接收，所以执行器的工作受传感器信号的影响。接下来要确定的是，什么样的数据可以在确定的模块之间进行交换，在此基础上可实现更高级别的信号簇交换功能。另外，通过信息量的处理可以评估电脑内部或电脑在总线上匹配的高低。

图 2-4 是一个具有可开合车顶系统的模块组成图，描述的是在雨量传感器的作用下实现车顶打开功能时的功能步骤。

这样的功能/软件构架类似于汽车软件系统的架构模式，其中功能模块起着软件组件的功能，但还不能确定的是，模块是在 CPU 中的软件中运行还是在 ASIC 或者 FPGA 中的硬件中运行。电脑中的最终分区对功能/软件构架不起作

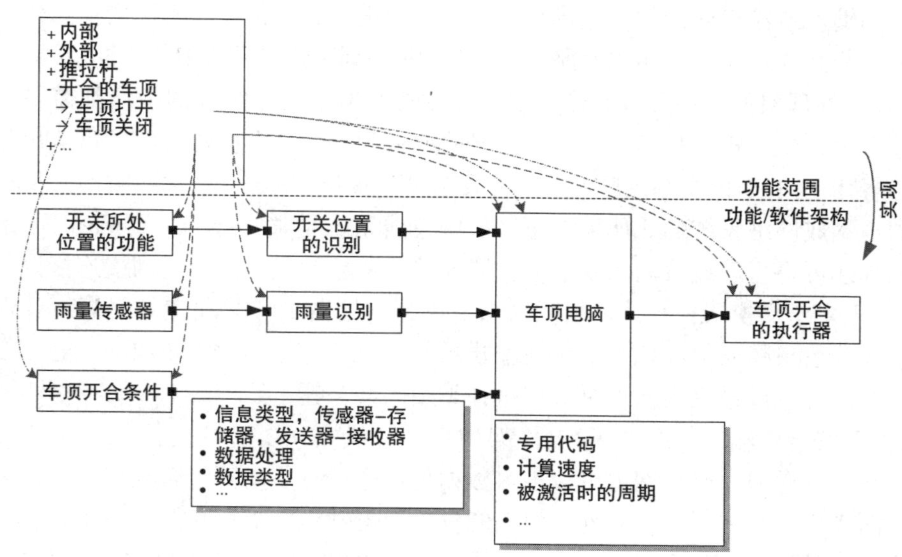


图 2-4　功能块形式的功能/软件架构，可通过接口进行连接并进行数据交换。功能块按功能或功能特性分为不同系统层面

用，这存在着一些问题，如何划分功能范围，以便功能模块可以重复使用，要能够很方便地对功能模块进行精确划分，且在不同的网络架构中这种划分都是有效的。

图 2-4 描述的是一个具有 3 个模块的开合车顶系统的功能特征，在一定条件下车顶能够被打开，车顶关闭的功能可通过功能开关和雨量传感器来实现，在车顶关闭时所有模块都参与了工作，且在某个模块中可以把这种特性存储起来，图 2-4 中的车顶电脑就具有这种功能。这同样在模块之间也是有效的，如图 2-4 中所示的车顶开合条件模块和车顶电脑模块之间的连接。某些模块，如雨量识别模块或者开关位置的识别模块可与其他功能系统共用以实现某种功能，如实现刮水器控制或实现进入车内的权限功能。模块分开的模式能很好地描述一个功能模块在其他系统中被使用的情况。

## 2.1.3　网络架构

在网络架构层面，电脑、传感器和执行器是主要组成部分，因为它们是功能/软件架构中的功能模块和软件系统工作的基础，另外因为存在着部件间的数据交换，因此应注意传输电功率问题，因此网络架构一般分为 4 个层面：信息传输层面、电源层面、组件架构层面和线束层面。

（1）信息传输层面　信息传输是在网络上进行的，信息传输存在于电脑、传感器和执行器之间。若使用总线如 CAN、LIN 和 MOST 等网络进行信息传输，也可用输入或输出连接如通过传感器或执行器进行数据传输。不同的信息传输系统或总线必须相互连接构成回路，能适应 ISO－OSI 分层模式中的不同层面。

1）物理层面：星形耦合器、中继器和网络集线器等组件的工作都需要一个物理层面，先从输入端输入一个电信号并放大和存储一个信号，然后从输出端输出信号用于总线中的其他组件。总线系统如 FlexRay 是通过主动或被动的星形耦合器连接成网络系统的。如果在逻辑层中总线系统是共享媒介，则 FlexRay 系统中的导线可将主动或被动的星形耦合器连接在一起构成点对点的网络连接。

2）安全交换层：在计算机网络系统中，连接器、开关和交换器等组件根据它们在分组头的通信和地址层包在输出端口输出信息。在现在的电子/电气架构中，在汽车总线系统中已不再应用这种类型的耦合器了。

3）安全传输层：在电子/电气架构中，总线之间要实现协议就必须通过网关，在数据送回之前，网关可以进入数据包随意拆分并重新组合数据。

图 2-5 是基于第一个系统层面上的汽车天窗操纵系统示意图，该系统有 3 个功能块（认证密钥、雨量识别和车顶电脑）和两块电脑 ECU1 和 ECU2 组成。图 2-5 中左侧的传感器和右侧的执行器都有一个专用组件，功能/软件架构的模块之间是通过通信资源也就是总线和传统线路进行连接的，这是描述雨量识别模块和车顶模块之间连接的规范，它由 CAN A 和 CAN B 两条线网组成。

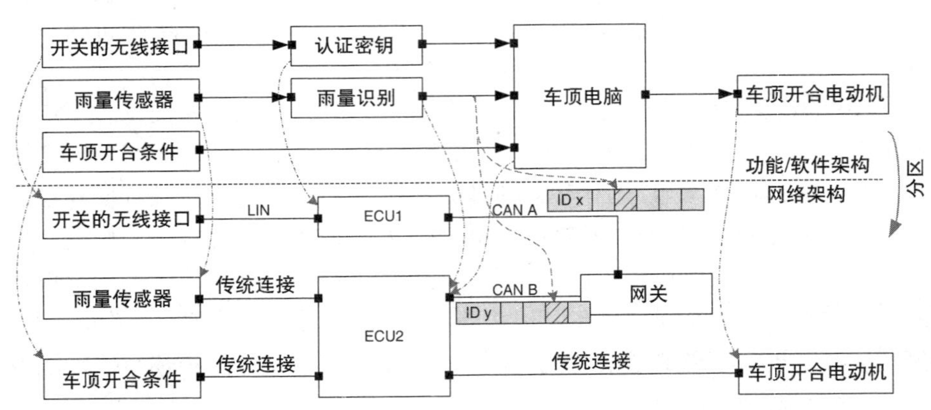


图 2-5　传感器、执行器和电脑及各组件之间连接的通信示意图

（2）电源层面　电脑、传感器和执行器的工作都需要电源，具有一定的电功率，因此必须清楚它们从哪能获得电功率。现在汽车上的常用电源是蓄电池和发电机，今后可能被车载充电器所替代，其电功率来源于公共电网，这对于电动车的充电是非常必要的。电源通过电源分配器或者熔断器－继电器盒给各个组件输送电能。汽车上的每个电器设备都有电源线和搭铁线，以便能形成回路，给电器设备提供电能。传感器和执行器也有电源线和搭铁线，他们的电源是由电脑经

过导线提供的，因此，这些组件的电源线不必和电源分配器连接，搭铁线也不必直接搭铁。

组件的端口都拥有一定的参数并标有端子的名称（见附录 B），在电脑接口上常用的端子名称有：15 端子——从点火开关来的正极端子；30 端子——直接连接蓄电池正极的正极端子；30g——从蓄电池过来的受开关控制的正极端子。在天窗的例子可以明确的是，该功能取决于 30 端子，从而实现电动机关闭的功能。在图 2-5 功能模块的分区和软件组件中所有的传感器和电脑都和 30 端子相连接。图 2-6 描述的是 ECU2 和网关的电源电路，电源由蓄电池或发电机通过两个电源分配器供给，组件的搭铁点为公共搭铁。

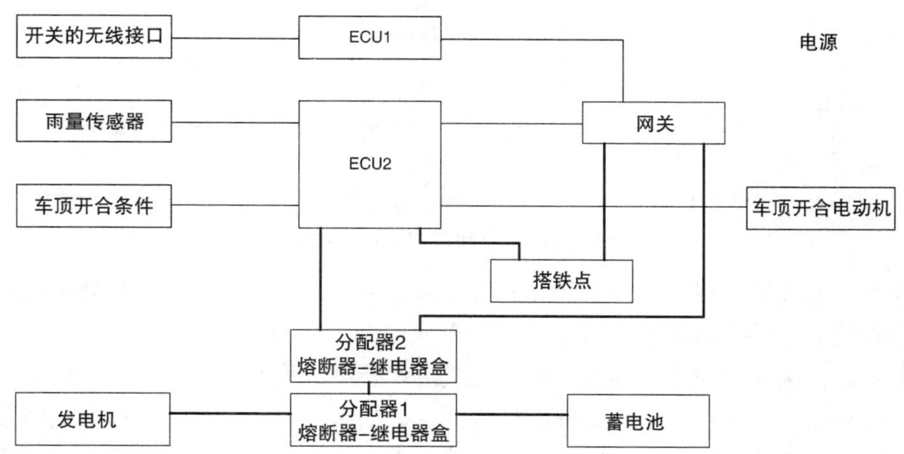


图 2-6 电源分配模型，在通信架构中的组件都需要电能，图 2-6 是 ECU2 和网关的供电电路图，它们经两个电源分配器从蓄电池或发电机中获取电能，两个部件共用相同的搭铁点

（3）组件架构层面　组件架构描述的是电脑的内部、组合的传感器和执行器以及分配器，如图 2-7 所示，它详细描述了网络架构组件和分配器组件。

不仅仅要用电路图对电脑、传感器和执行器的功能进行描述，还必须明确组件中元件的选择，在这个层面上，可把组件分解为各个组成部分如存储器、内存、FPGA、ASIC 或接口，另外包括主板的类型和电路板的大小，以及操作系统和组件的电源。利用组件架构的粒度可以评价组件的预期费用、功率和印制电路表面所占用的面积。此外，它能够模拟组件的升级，组件升级显示是可以选择的也是必要的，以便能支持辅助设备，另一功能是，可以省略一个 ASIC 确认功能，从而降低产品的费用。

（4）线束层面　在组件与电源之间需要导线的连接，但很难看出有多少个端子，很难掌握插头、插座和分离点上的导线去哪里了，因此引入了线束规范，它描述了导线的连接关系，定义了线束内容，如图 2-8 所示，它描述了 3 个层面

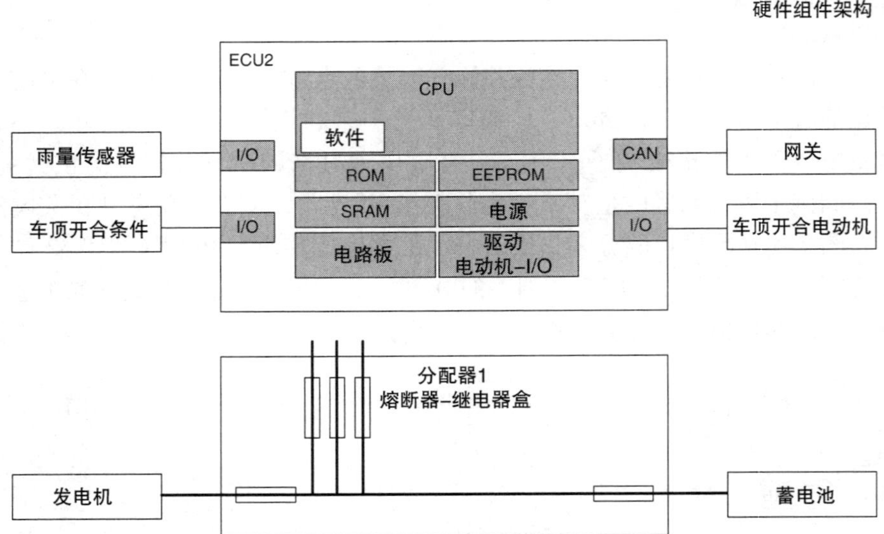


图 2-7　ECU2 和电源分配器 1 的内部结构，通信结构组件的内部和电源分配器的形式由供应商和汽车制造商决定

的线束。电气规范规定了端子和导线的连接关系，在电气连接中必须规定导线或电缆的类型。导线的类型可以是单线、多线电缆、带或不带塑料外套的双绞线、磁屏蔽线，例如同轴电缆和多绞磁屏蔽线。在线束的连接处有分离点、插头或插座，分离点可出现在门上或组件的连接面上，插座可出现在一个线束分成两个或多个线束分支的连接点处。电气连接规范中没有规定一些必要的内容，如插座上导线或端子的连接关系，组件上共有多少个插头，因此必须对插座的端子排列进行定义，以便能够明确线束中导线的连接关系：

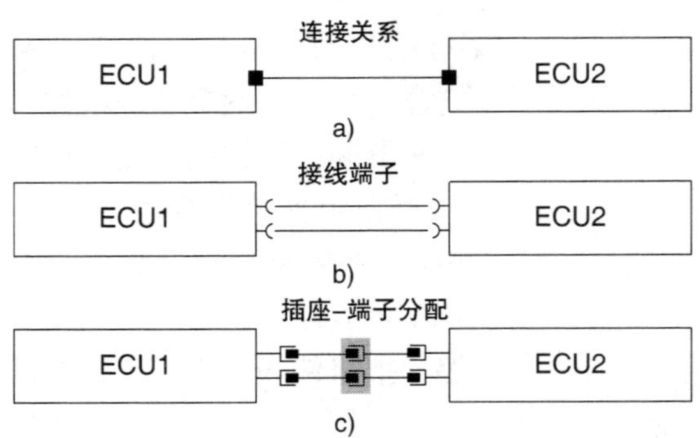


图 2-8　线束连接，线束的连接概括为 3 个层面：a）电脑之间的连接，b）电脑中针脚的排列模式和线束的导线模式，c）插座的针脚分配、分离点的模式和导线的选择

1）定义电气连接关系。

2）设置间距。

3）设置多种传输速度。

4）设置分离点。

5）插座的针脚分配。

6）导线或电缆的选择。

### 2.1.4 组件的拓扑架构

在组件的拓扑架构中将讨论组件所需安装空间和导线的布置。安装空间涉及空间大小、类型以及组件安装处的温度范围、湿度。各个单独的安装空间通过节段连接在一起，因此每个节段的两端都有一个安装空间、分离点或者一个捆绑点。节段可通过节段长度以及线束最大捆绑直径等参数来定义。节段的大小和长度可从底盘或车身的3D数字模型中获取，图2-9描述的是提取线束节段的3个步骤。在显示线束布线的车身3D模型中可确定线束的节段。标有线束节段的3D模型最后可演化为平面模型，线束节段的连接参数就标注在平面模型上，图2-9中的右侧图是部分线束节段的平面模型。全车线束平面模型相对就复杂得多，图2-10是全车线束平面模型，整车外形旁边的框图中描述的是一个单独的安装空间，在平面图中它和其他的安装空间相互重叠。

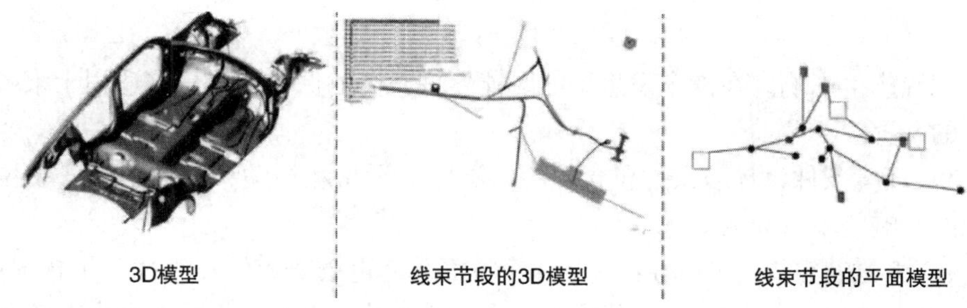


图2-9 线束节段参数的提取，从汽车或车身的3D模型中提取线束节段的参数，描述了线束节段提取过程和平面模型的建立

接下来是构建组件的拓扑结构。组件、网络架构中的线束将在安装空间的线束节段中连接起来，组件被组装在安装位置上，组件之间线束通过节段在装配点之间进行配置。在汽车上进行组件的安置和线束的配置是有一定约束条件的。

1）安全性（保护）：从外部对线束进行保护，以防损伤线束，这涉及总线系统的布置，如在独立的汽车车门电脑之间要通过CAN总线传送信息以便打开或关闭车门，因此总线不应布置在比较方便布线的反光镜所处区域。

2）安全性：汽车出现危险时能够对乘员进行保护，这会对电脑的布置和线

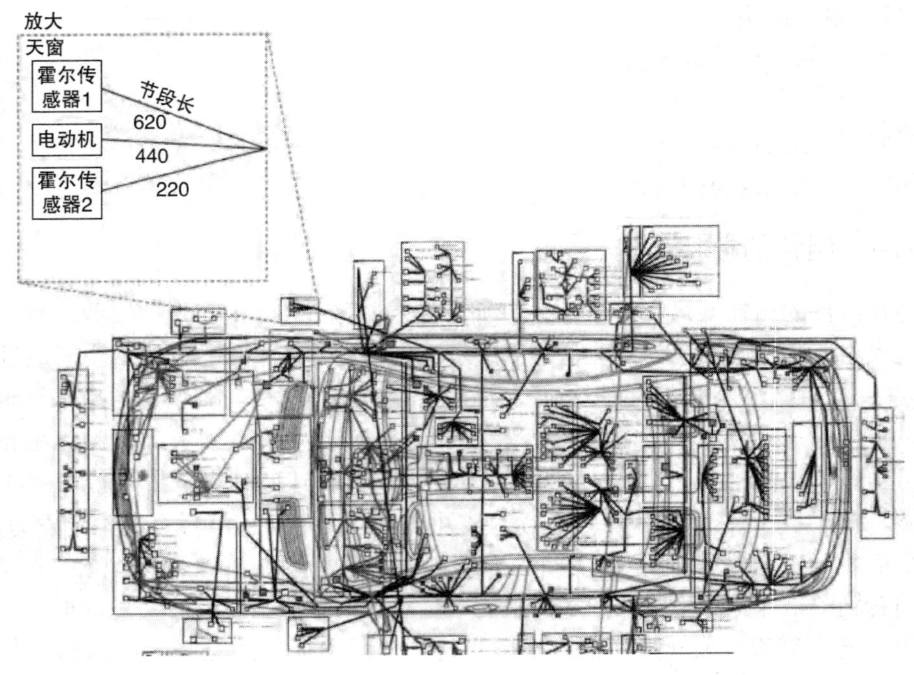


图 2-10　标有节段长和名称的汽车平面线束节段模型图

束的配置产生影响。在汽车发生事故时能发挥充分的保护功能，这适用于乘客舱内部的布置。

3）环境条件：环境条件包含湿度、温度、污垢和振动，在不同的安装位置它们的影响是不一样的。

4）电磁兼容性（EMV）：应从 4 个方面掌握电磁兼容性：干扰、干扰强度、静电强度（ESD）和瞬变。干扰是指一个组件或线束对其他组件或线束上信号的影响，组件或线束之间不同类型的干扰会产生耦合（电偶、电容、电感、线耦合或辐射），沿着线束节段从天线向外发射，例如行李支架、A 柱或者 B 柱，当线束上的电磁辐射传到天线时，就会干扰到天线对不同频带信号的接受。干扰强度描述的是另一个问题。必须明确的是，组件不应受外部电磁干扰的影响或者破坏。

5）最大线束长度：最大允许线束长度是线束的长度界限，因为对于高频信号，信号的阻尼和信号传输的时间不能超过规定值，线束越长，阻尼就越大，传输所需要的时间就越长，线束越长，在线束上的电压降也就越大，组件就不能获得较多的有用信号。

除了这些边界条件，实现无故障运行的关键是评价体系，它发挥着重要作用，通过它可以获得好的经济效率和最优化的系统。

### 2.1.5　电子/电气架构的评价指标

在汽车研发阶段架构的评价是个核心要素，因为在研发的末期，不仅仅要验证电子/电气架构的功能和技术上的正确性，还要实现最优化，下面就引入不同的指标，它们适用于评价汽车电子/电气架构的整体或某部分。在电子/电气架构的部分方面具有不同的实施类型的指标，其中有的指标是可以选择的，常用的指标有：

1）系统费用。

2）系统重量。

3）线束的横截面积。

4）电脑数。

5）通信载荷。

（1）系统费用的估算　系统费用的确定一般是有一定标准的，这取决于两个方面：工时费和材料费，此外还有一系列的成本，以确保产品具有一定的可靠性，还有测试成本（测试材料成本和测试工时成本）以及用于保修和信誉的费用。在前期的设计阶段成本是很难估算的。

应分开估算组件和线束所需要的材料费和工时费。对于组件，成本估算应基于所使用的组件、必要的镀铂表面、组件的装配成本和壳体费用，它可以根据式（2-1）进行估算。

$$\begin{aligned}\text{组件费用} = &\frac{\sum \text{零件的费用}}{\text{使用的零件}}\\ &+\text{镀铂费用(面积、镀铂位置的数量)}\\ &+\text{零件数}\times\text{零件的单件价格}\\ &+\text{壳体的费用}\end{aligned} \tag{2-1}$$

线束费用的估算和组件费用的估算不同，它采用另一种方法，首先考虑线束所需材料的费用，要明确所使用组件的拓扑结构，其费用与所用铜的重量、当前铜的价格和用于线束绝缘层的费用有关，可按式（2-2）计算。

$$\text{线束费用} = \frac{\text{铜的重量}\times\text{铜的价格}+\text{绝缘材料}}{\text{米}}\times\text{长度}+\text{固定成本} \tag{2-2}$$

线束费用的另一种计算方法是基于所用网线的平均价格，或已用线束的平均价格来估算新线束所需费用，可不考虑线束中每条导线的准确长度，只考虑线束的总体价格，借助于这种价格评价标准，即使没有组件拓扑结构的相关知识，也能很快估算出线束所需费用。

使用这两种估算方法时应注意，线束应能提供足够的功能，这两种评价方法不适用于屏蔽线或有外绝缘套的导线，这时可采用所用导线的线束成本来进行估算，还和插头费用和导线连接的费用有关，可按式（2-3）计算。

$$\text{线束费用} = \text{每米价格} \times \text{导线长度} + \text{插头费用} + \text{导线连接费用} \qquad (2\text{-}3)$$

安装成本的估算分为以下几种情况：

1）HPV 值（每辆车工时）：HPV 值指的是生产每辆车所需工时数，它是一个人工生产参数。应明确直接工作者、间接工作者以及雇佣工的所有工作时间。不同工厂间的 HPV 值可能是不一样的，在电子/电气架构的早期研发阶段 HPV 值很难确定。对于工厂来说 HPV 值一般是公开的，并在公报中有规定。目前，对于中小级别的轿车来说 HPV 值一般为 15～20h。

2）EHPV 值（每辆车的设计时间）：EHPV 值与汽车的设计工作有关，例如要设计一个电脑插头，首先考虑要能插接，然后用螺钉固定住，设计它所需工作量比设计一个固定手柄的自锁螺钉的工作量大。在许多产品中都会用到手柄，因此，手柄的设计通常都有一个标准的 EHPV 值，这种 EHPV 值在研发时就会被用到，这有利于提高以后的生产率。

（2）线束的横截面　要评价线束的横截面，就必须先对组件的拓扑结构进行建模，在拓扑节段中进行布线，沿着节段可以计算出节段内线束的横截面积，一般情况下，走向相同的导线要绑扎在一起形成线束。线束可采用不同形式的横截面，如图 2-11 所示，在拓扑节段中线束一般是圆形的包络外廓，有时必须是其他形状，如矩形。对于线束横截面的选定主要考虑它是否能顺利通过节段并与安装空间相适应。在经验和实测的帮助下可算出线束横截面的大小。

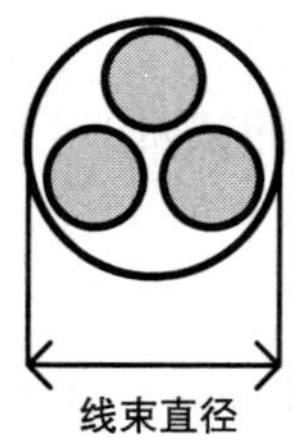


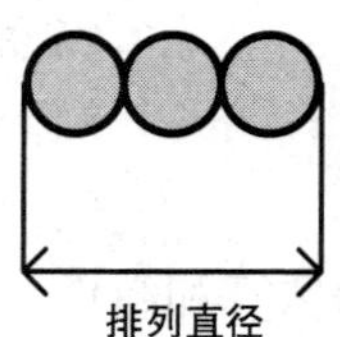


图 2-11　线束的横截面。按照不同的安装空间，线束可以使用不同的截面，一般情况下线束采用圆形或矩形的包络外廓

（3）通信载荷　总线载荷的计算基于给定的总线带宽和通信项目所需要的带宽。一个项目会产生一个具有一定周期 $T_i$ 的信号 $m_i$，它包含的字节数为 $C_i$bit，所需带宽为 $C_i/T_i$，则所有周期性的信号通过总线进行传输时产生的总线载荷可按式（2-4）计算。

$$总线载荷 = \sum_{\forall mi} C_i/T_i \tag{2-4}$$

这个指标适用于CAN，但在其他仲裁类型中如在FlexRay中不会产生任何有用的结果。在CAN总线中信号不允许超过总线系统所给定的带宽。在现在的汽车架构中，在启动时一般只占用30%的带宽，启动后可利用最大50%的有效带宽。在电子/电气架构运行中用这个指标可很快做出评价，电子/电气架构功能是否正常，还有多少带宽可以使用，这种评价是以结果作为说服力的。因为只考虑了周期性的信号，而偶发的信号就有可能使总线过载，因此在不考虑这种情况下这个指标是很好的。在时序评价章节（第8章和第9章）将对总线载荷进行详细的分析，关于所需带宽问题将在信号延时问题中有所改变。

（4）系统重量和电脑数的评价　对于重量评价以及电脑数的确定将使用一个简单的参数，对相应的值进行积累。

现用一个门电脑的例子来进行解释，这个类参数用在什么地方，如何对架构替代进行评价。图2-12是4种不同的架构方案，所有方案都考虑到了如何实现车门上的所有功能，这些功能包括电动车窗、中控门锁和电动后视镜。要实现车门上的这些功能需要有传感器和执行器，每个车门上的电动机、开关和传感器及

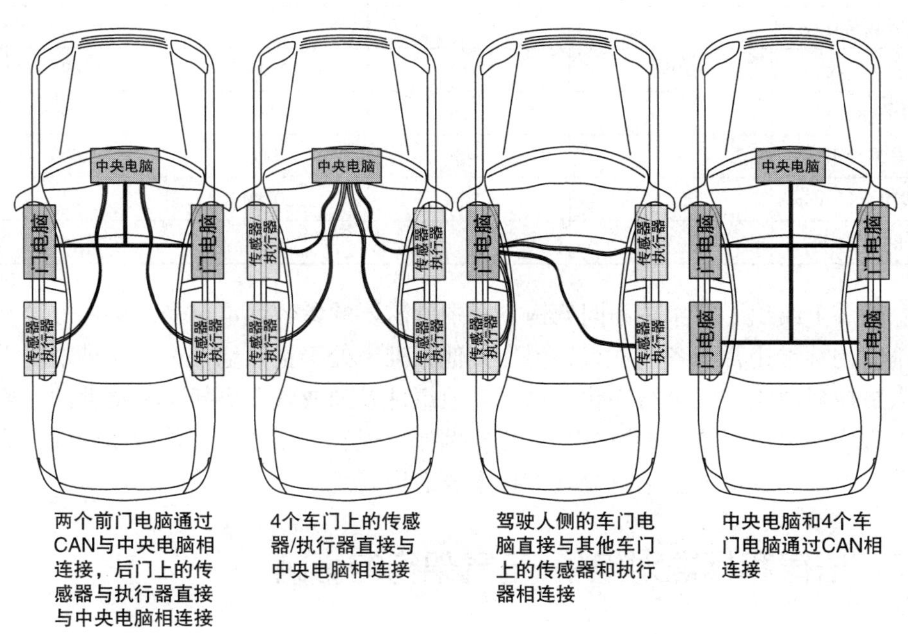


图2-12　4种不同的架构方案，每种方案都能实现车门上的功能

其线路连接都要集成在一起，因此，组件的复杂性和电气连接的形式是多样的，如图2-12所示，分散的具有导线接头的传感器、执行器和电脑间存在着多种组合方案。第1种方案是，用两个电脑，它们通过CAN总线与中央电脑也就是车身控制器相连接，两后车门的传感器和执行器直接与中央电脑相连接，执行器所需电源、开关和传感器的输入端必须由中央电脑提供；第2种方案是，所有传感器和执行器都直接和中央电脑相连接，虽然取消了门电脑，但门上传感器和执行器的线束必须分开布置；第3种方案是，只有驾驶人一侧的车门上有电脑，通过导线分别与其他车门上的传感器和执行器相连；第4种方案是，有4个门电脑，分别负责控制各自车门上的执行器和传感器，它们通过CAN总线进行数据交流。

**表2-1　参数应用的案例**

| | 方案1<br>两个前门电脑通过CAN与中央电脑相连接，后门上的传感器与执行器直接与中央电脑相连接 | 方案2<br>4个车门上的传感器/执行器直接与中央电脑相连接 | 方案3<br>驾驶人侧的车门电脑直接与其他车门上的传感器和执行器相连接 | 方案4<br>中央电脑和4个车门电脑通过CAN相连接 |
|---|---|---|---|---|
| 总线载荷（%） | 4 | — | — | 8 |
| 重量/g | 1955 | 2712 | 2823 | 694 |
| 价格/€ | 2.50 | 3.26 | 4.00 | 1.88 |
| 安装费用/€ | 570 | 540 | 525 | 600 |
| 线束直径/mm | 12.212 | 12.39 | 20.80 | 2.73 |
| 电脑数/个 | 3 | 1 | 1 | 5 |

表2-1给出了在4种不同架构方案中所需要的参数，重点是，每种方案在某一确定的标准中都有各自优点，但在其他标准中处于主导地位，在这种情况下研发人员应对决策空间进行细化，这对其他组件系列或汽车更新是有帮助的，通过不同方案还可以对不良参数进行量化，例如，现有产品中存在着翻新构件，或者一个经过深思熟虑的技术就比其他技术成熟度高。

## 2.2　法律和标准对电子/电气架构的影响

法律和标准对电子/电气架构的影响体现在许多不同的领域，这对于是否允许汽车进入市场很重要。很多地方都规定了自己的排放法规和安全性法规，在［AG11］中列举各种汽车法规实施概要。在研发阶段应关注这些多元的、多方面的甚至是很复杂的法律和标准。在汽车研发和车辆审批阶段要求有一个基本的计划，车辆审批程序被称为批文，下面从 3 个方面说明法律和标准对汽车电子/电气架构的影响。

（1）在线检测技术（OBD）　OBD 首先是由美国引入到汽车市场上的，由 CARB（加利福尼亚州空气资源委员会）推出了这项应用。CARB 要求在汽车上安装这个与排放有关的组件。通过新的驱动技术（液压驱动、电子驱动）的使用，CARB 推出了越来越多的类似 OBD 的电子/电气架构，包括对电子/电气架构诊断的要求。作为与 OBD 有关的控制单元，当某些功能失效时，要求能够产生并存储故障码，并在 50ms 内点亮故障指示灯。图 2-13 为故障诊断线路，信号通过两个 CAN 总线和一个网关传给诊断电脑，然后由诊断电脑点亮故障指示灯。

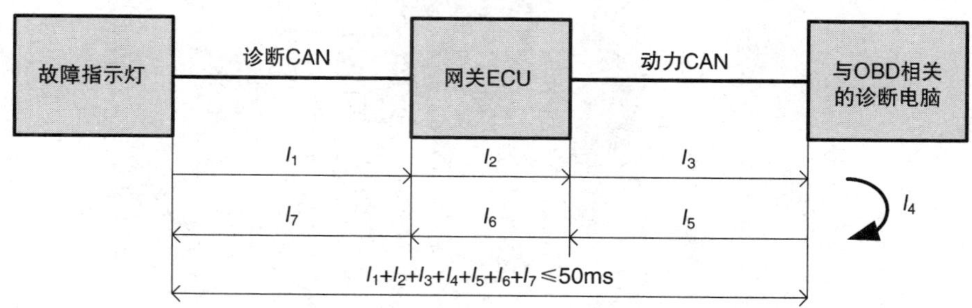


图 2-13　诊断线路图，要求信号的迟滞时间在 50ms 内

随后，OBD 在世界范围内推广并逐渐统一，因此就需要对汽车上的诊断接口进行定义。这个标准［IOFS11，IOFS06］影响了以太网接口和网络协议，因此引入了通过 IP 接口诊断（DoIP）的协议，通过这个标准协议，就能实现汽车之间、汽车与诊断电脑之间的兼容，从而影响了汽车电子/电气架构，一方面要求诊断接口是有效的，通信是安全的；另一方面要求电脑通过以太网接口能分配并处理数据传输。

（2）电子稳定系统（ESP）　另一项对电子/电气架构产生影响的技术是 ESP，它可使汽车事故的数量大大降低，在中高级汽车上它是一个标准配置，但考虑到价格因素在低档汽车很少使用 ESP。为了实现 ESP 能覆盖整个汽车市场，从 2011 年 11 月 2 日起要求所有汽车都要配备 ESP［dEU09］。由于欧洲的 NCAP 的测试要求，使在汽车安全评价中的环境识别技术和主动安全技术引入到汽车上成为可能，例如，通过雷达紧急制动系统就可以避免汽车发生事故，在测试时得到了许多有益的参数。目前，尽管没有强制要求汽车必须安装紧急制动系统，但安装这种安全系统对于汽车制造商来说具有强烈的激励作用。

（3）右/左转向盘　不同国家对于道路上的通行要求不是完全相同，因此转向盘的位置也是不尽相同，为了满足各种情况，4 种组合形式可供选择：右侧通行时建议或强制性要求将转向盘安装在汽车的左侧；左侧通行时建议或强制性要求将转向盘安装在汽车的右侧。图 2-14 为不同欧洲国家对道路通行要求的概况。转向盘的安装对电子/电气架构的影响体现在许多方面，例如会导致某些构件或电脑不能安装在汽车的左侧，而必须安装在汽车的右侧，因此线束也要安装在适当的位置与之相适应，有时有些部件的安装是对称的。在刮水器开关和转向灯开关安装位置相反时，踏板和变速杆的安装位置却保持不变。

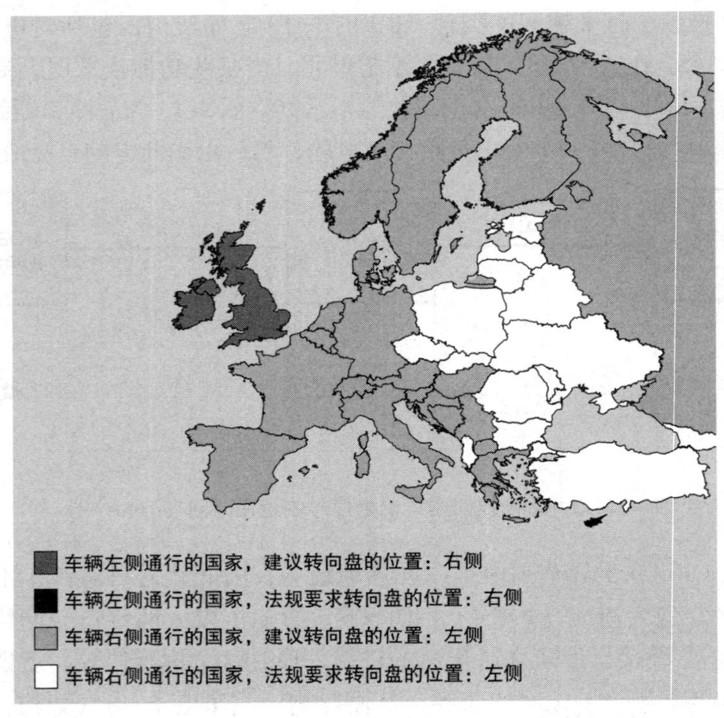


图 2-14　欧洲国家建议或法规强制性要求的方向盘所安装的位置

（4）安全功能　在汽车发展过程中关于安全的课题一直占有很重要的地位。例如刚刚过去的丰田车事件，就是由于驾驶人错把加速踏板和制动踏板弄混淆所导致的，因此，越来越明确的是，生产商提供的关于当前汽车技术状态的说明是非常重要的，这会减小汽行驶风险和对环境的破坏。

在有关安全课题中掌握清晰准确的概念是非常重要的。概念“安全”在德语用法中有着许多不同的含义，要明确安全的含义就要考虑使用这个概念时上下文之间的关系，下面的两个定义对理解安全这个概念是很有帮助的。

1）安全（Security，英）：描述的是对系统进行保护，避免其受外界干扰，例如执行恶意操作的数据或通过未被授权的访问对系统产生的干扰。

2）安全（Safety，英）：描述的是使用时对环境的保护。

借助于“门”这个实例，可让这个概念的两个定义变得更加清晰。第 1 个概念的含义为：门能阻碍其他物体进入以确保空间安全。第 2 个概念的含义为：在发生火灾时门能防火防烟。在功能性安全的背景下，概念性的安全是基础。

功能性安全的技术建立在国际标准 IEC61508 基础之上，它是由国际电工电子技术委员会制定的。另外，由 ISO26262 定义的功能性安全的标准同样也适用于汽车，它的定义是：引起电子/电气架构的故障行为的危害是不可接受的风险，这个定义正确的理解是，由电子/电气架构故障引起的风险是可以排除的。在电子/电气架构发展阶段，如果要把电子/电气架构应用在汽车上，标准 ISO26262 是应用的前提和功能性安全的文件，这个标准包括 10 部分内容：

1）第 1 部分是词汇表。

2）第 2 部分是功能性安全管理的描述，定义了系统在一个安全使用周期内所执行的管理活动。

3）第 3 部分是概念，有两个难点。第 1 个难点是潜在危险情况的鉴定，它可能出现在一个系统的所有操作模式或失效模式，这可借助于失效模式及效应分析（FMEA）来说明；第 2 个难点是安全性要求的等级分类，汽车安全完整性等级（ASIL）共分为 5 个级别。和安全相关联的系统位于 ASIL 等级的 A 到 D，和安全无关联的系统属于质量管理（QM）的内容，这些系统不会导致危险的发生，通过生成责任，按照质量管理方法研发的产品要接受功能性安全机制的监督。

4）第 4 部分是产品研发阶段的程序和要求。

5）第 5 部分是与安全有关的硬件内容。

6）第 6 部分是产品软件研发的内容。

7）第 7 部分是生产和操作规范，描述的是为符合安全评估系统而设计的生产和组装程序，包括维修和保养程序。

8）第 8 部分是配套的支持流程，如变更管理和文档流程的途径。

9）第 9 部分是 ASIL 和安全导向分析。

10）第 10 部分是附录。

图 2-15 描述的是一个系统的安全寿命周期，一个周期包括概念阶段、产品研发到产品发布及生产阶段、开始生产后（SOP）阶段。每个阶段的管理活动都包括计划、协调和文档。

在概念阶段要进行危险分析和风险评估。系统的危险度 $R$ 可用危险功能 $F$ 来评价可按式（2-5）计算。

$$R = F(f,S) \tag{2-5}$$

式中，$F$ 表示关键事件出现的频率；$S$ 表示造成损伤的严重性。频率取决于以下因素。

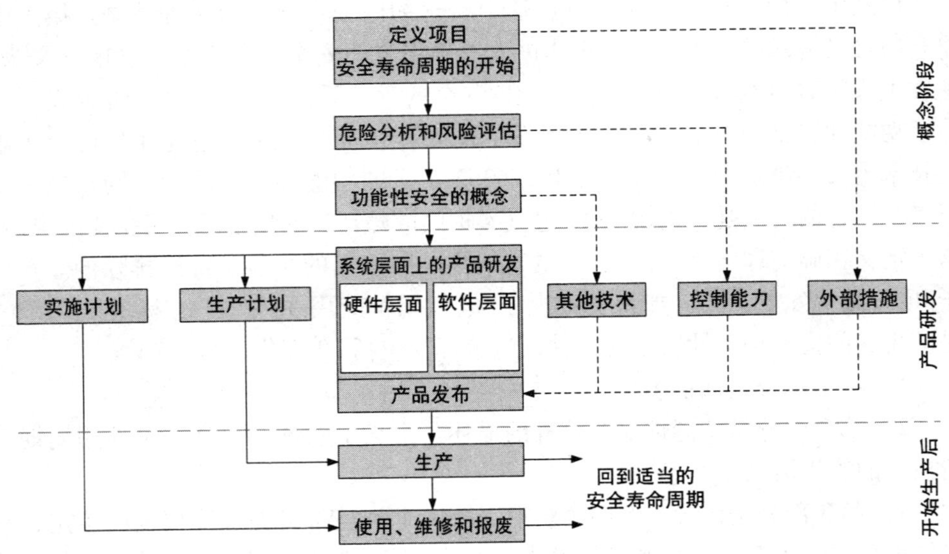


图 2-15　从概念阶段到生产开始后这一期间的系统安全寿命周期

1）系统工作的频率和长短，暴露的频率用 $E$ 来表示。

2）通过人为干涉避免产生严重后果的可能性，操控能力用 $C$ 来表示。

则频率可按式（2-6）计算：

$$f = C \times E \tag{2-6}$$

表 2-2 列举的是对损伤严重性评估的一个案例，严重性等级从 $S_0$（无损伤）到 $S_3$（致命损伤，没有生还的可能）。应注意的是，不同的案例可能有不同的分类等级标准，一般的做法是评估暴露的频率和操控性。

**表 2-2　损伤严重性的评估实例**

| 等级 | $S_0$ | $S_1$ | $S_2$ | $S_3$ |
|---|---|---|---|---|
| 特征描述 | 无损伤 | 轻微损伤 | 严重/影响到生命/有生还的可能 | 致命损伤/无生还的可能 |
| 停车期间 | 出现 | | | |
| 偏离路面没有翻车和碰撞 | 出现 | | | |
| 两辆车之间前面或后面碰撞/(km/h) | | $v<20$ | $20<v<40$ | $v>40$ |
| 翻车 | | 没有撞击（最严重是翻滚） | 没有撞击，比翻车严重 | 有撞击，例如和树相撞 |

系统的 ASIL 等级在确定的安全制度都有明确的规定，一个系统按 QM 进行分级后，就可按照质量管理方法进行开发和记录，这种方法包括所有用于系统安全和系统改善的组织措施。质量管理是管理体系中的核心内容，表 2-3 列举的是和出现频率有关的损伤级别。

**表 2-3　和出现频率有关的损坏级别**

| 频率（$f$）= 曝光度 × 控制力 | | | | | | |
|---|---|---|---|---|---|---|
| 严重性 | $f=1$ | $f=0.1$ | $f=0.01$ | $f=0.001$ | $f=0.0001$ | $f=0.00001$ |
| $S_0$ | QM | QM | QM | QM | QM | QM |
| $S_1$ | ASIL B | ASILA | QM | QM | QM | QM |
| $S_2$ | ASILC | ASIL B | ASILA | QM | QM | QM |
| $S_3$ | ASILD | ASILC | ASIL B | ASILA | QM | QM |

在危险分析的基础上，就能制定出系统所能提供的安全目标，提出研发计划并形成文件。安全概念的描述是必要步骤，是无须技术实施的一个概念，它描述的内容如下：

1）具有错误纠正的错误检测机制（例如，通过入口使系统处于安全状态）。

2）容错机制（例如，通过冗余度）。

3）具有警告功能的错误检测机制（例如，通过声音、触觉或视觉警告）。

对于每个 ASIL 级别都有规定的评价方法，评价功能适用于每一个级别，这种方法包括合理性测试、数据的冗余和降解机制等。另外，对于每一种 ASIL 级别都要指定允许的程序语言及其功能。

检测描述了一个系统的测试，按照系统的分级分为：①由其他人（不是研发者）来执行；②由其他团队执行；③由其他部门执行；④由其他公司执行。由于是与研发不相关的人员或部门完成的测试，所以检测是有效的。

下面借助于一个案例来解释安全性要求对电子/电气架构的影响，这个案例是驾驶辅助功能，如图 2-16 所示，由 ECU1 发出指令，通过制动电脑 ECU2 解除制动。

系统的危险分析表明，作为 ASIL C 级，从全制动到车辆静止必须分级，在上述案例中，ECU1 和 ECU2 一样都能解除制动，在此基础上，这两个电脑的分类都属于 ASIL C 级。在研发阶段随着具有高级别的 ASIL 部件的开发，其费用提高了，材料费也提高了，最好能保持在低的安全级别上，因此在这个案例中，为降低 ECU1 的 ASIL 级别，可通过以下步骤实现：

1）限制辅助功能干涉期的时间（例如 1s）。

2）必须提供证据，证明具有最长干涉期的错误干涉（最好）可由驾驶人控制。

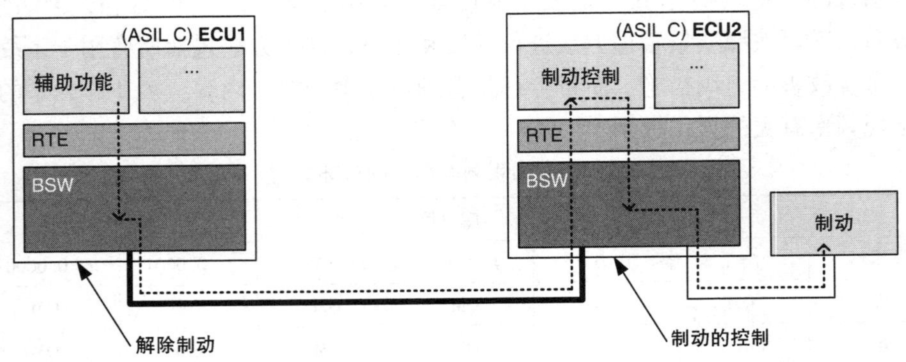


图 2-16　能够解除制动的一个子系统

3）随着技术措施的发展，时间限制应由 ECU2 独立完成。

借助于这种方法，ECU1 的级别就可以是 ASIL B 级。有一种新的危险分析，ECU1 可以解除错误的全制动，也可通过 ECU2 中的限制模块进行化解。图 2-17 是一个子系统，ECU2 包含一个时间限制模块和一个决策模块，还有个别功能仍按 ASIL 分级。

作为这个案例的结论，值得关注对电子/电气架构影响的以下几点。一个有意义的功能限制在某些情况下可以降低个别组件的 ASIL 级别，再有，各个组件应划分安全要求，其功能应以高的 ASIL 级别参与电脑的工作，以保证能够具备高的 ASIL 级别。

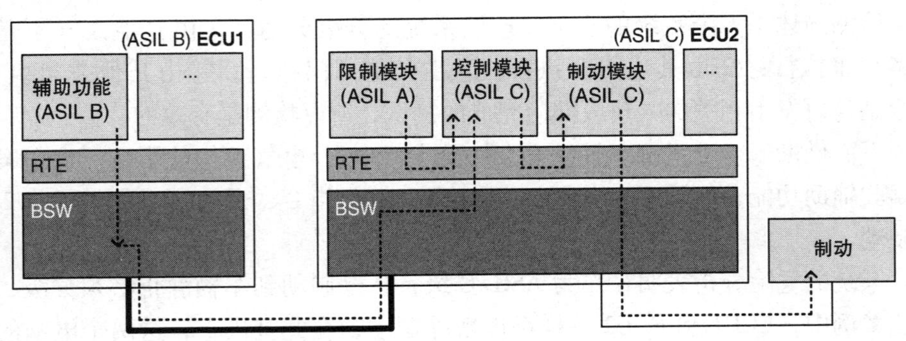


图 2-17　图 2-16 所示系统中具有限制模块和控制模块的一个子系统

## 2.3　电子/电气架构的设计方案

在电子/电气架构研发中，一个重要的组成部分是对替代方案的描述和理解，这个方案和应用有关、和技术的可能性有关、和现有的方案有关。尽管如此，也要在基本架构的概念点上进行讨论，会明确哪些思维和推理在架构发展中起着重要作用。

### 2.3.1　以功能为导向的电子/电气架构设计方案

以功能为导向的电子/电气架构的基础是把每个分立元件的功能与和它相关的传感器及执行器组合成一个整体，图 2-18 中所列举的 4 个功能都具有各自的电脑、传感器和执行器。玻璃升降器控制系统中有中央电脑，每个门上都有控制面板和电动机，中央电脑负责集中控制，而门上的门锁是执行器。其他功能如刮水器和外部灯光系统也有类似的情况，因此每一个系统都需要中央电脑及其相关的传感器/执行器。这种架构设计方案的优点是：

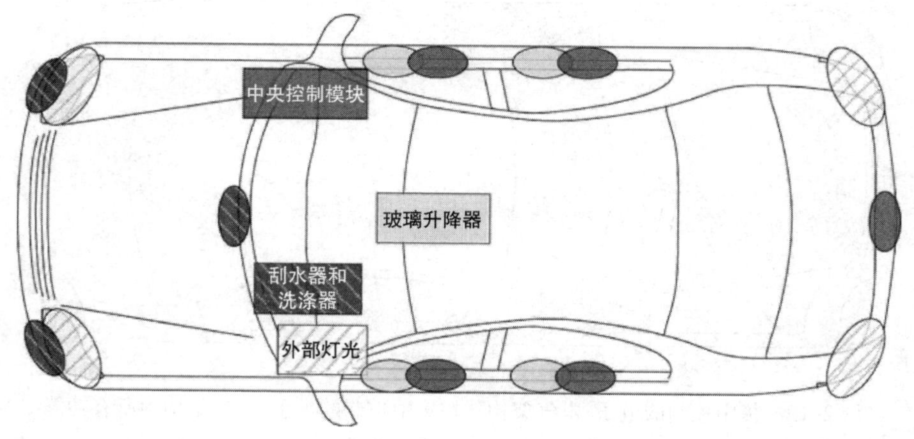


图 2-18　功能导向概念：在以功能为导向的架构中考虑到了每个分立元件和线束的功能

1）部件结构简单，功能少，接口简单，在批处理上相同的硬件具有不同的功能。

2）每个部件占用的空间小，对外插口少，所需电脑上的组件少。

3）工作时发热量少，散热好，组件和功能相匹配。

4）可实现组件的跨平台使用。

和优点相对应，这种架构设计方案的缺点是：

1）所需部件的数量多，在使用中部件的功能简单，用途单一。

2）布线费用高，因为各个部件间都需要进行数据交换。

3）传感器和执行器用途单一，所以要安装多个执行器。一个典型的例子如闪光器，在防盗系统、转向系统和锁车时都需要它，在严格的以功能为导向的架构中，每个系统中都应组装上一个闪光器，这显然不合理的。

4）电子/电气架构费用高。由于组件、传感器/执行器和导线数量的增多，其费用也增加了。

### 2.3.2 集中控制的电子/电气架构设计方案

集中控制的电子/电气架构设计方案是指所有功能都由一个中央电脑来进行控制，这种架构适用于小型汽车或在多数汽车上已标准化的功能范围。图 2-19 就是集中控制的电子/电气架构应用的一个案例。在以前的多数汽车上，这 4 项典型的功能分别由 4 个电脑来完成，但在集中控制的电子/电气架构方案中，这 4 项功能只用一个称为车身控制器的电脑来完成，因此电脑的使用数量减少了，这种架构的优点是：

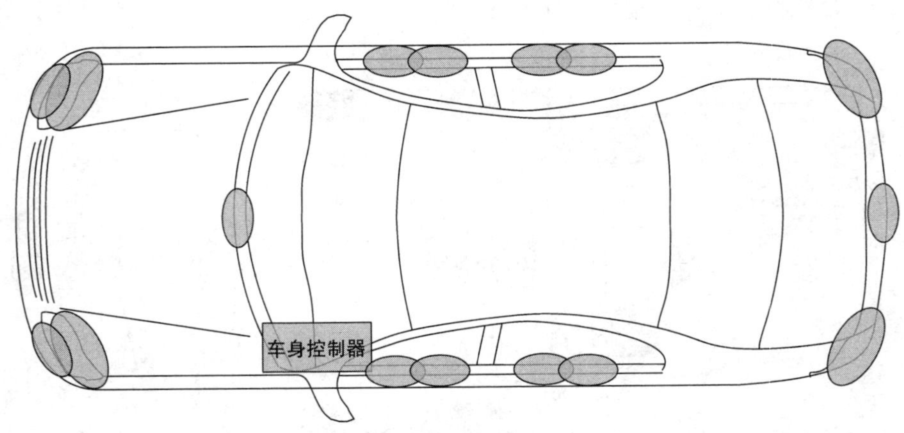


图 2-19 集中控制的电子/电气架构：在集中控制的电子/电气架构中所有功能只用一个中央电脑来进行控制

1）所有功能只用一个控制单元来完成。

2）降低了控制元件的研发费用，因为不必考虑研发多个 ECU。

3）负责不同功能的微处理器、存储器和总线接口等组件共用一个壳体，减少了壳体的数量，因此架构成本低。

相反，这种集中控制的电子/电气架构的缺点是：

1）因为所有传感器和执行器不可能都靠近中央电脑进行布置，有的线束要横向穿过汽车进行布置，因此线束敷设的支出费用可能会增加。

2）因为集中控制的电子/电气架构需要更多的接口、大的插头以及更大的线路板，因此，中央控制器所占用的空间较大。

3）因为多个部件都在同一个壳体中散发热量，因此可能出现过热问题。

4）由于集中控制功能不可能适用于各种车型，因此处理不同车型的难度增加了。

### 2.3.3　以空间为导向的主/从电子/电气架构设计方案

以空间为导向的主/从电子/电气架构能控制全车的所有功能，但在使用时有主/从之分，在每一个空间，主 ECU 控制相关的从功能，信息传输只在主电脑之间进行。图 2-20 是具有 4 个控制区域的主/从控制电子/电气架构方案，每一个控制区域都有一个 ECU 对这个区域进行控制。这种架构的优点是：

1）由于各个区域的传感器和执行器可以布置在该区域的主 ECU 附近，主 ECU 之间通过网络系统进行通信，因此敷线费用低。

2）每个主 ECU 的接口数量少，对其计算能力要求不高，所需空间小。

3）每个区域的传感器和执行器相类似，因此电脑组件可以实现跨平台使用。

4）由于信息只在主电脑之间进行传输，因此负责从功能的软件和硬件都相对简单。

这种架构的缺点是：

1）因为主 ECU 之间要进行通信，彼此要有唤醒功能，因此需要网络管理。

2）因为不同功能组的功能要在相同的电脑组件上运行，主 ECU 之间要进行信息通信，提高了主 ECU 所需软件的复杂性。

3）因为主 ECU 只负责各自区域的信息管理，因此主 ECU 之间必须进行数据交流，增加了信息交流的要求。

4）由于不同功能组的各自功能要在相同的电脑组件上运行，彼此之间可能存在冲突，因此增加了测试的复杂性。

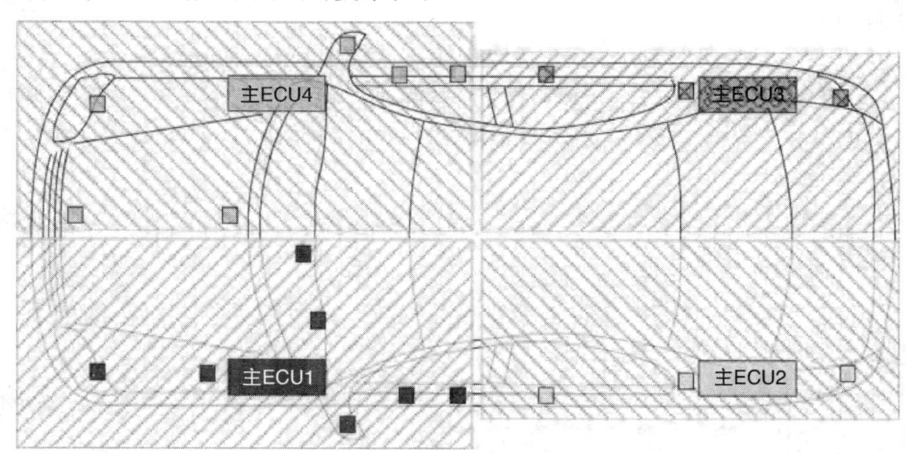


图 2-20　以空间为导向的主/从电子/电气架构：这种方案中，每个控制区域都有一个主 ECU，它负责这个区域的控制，主 ECU 之间用网络相连

## 2.3.4 以模块为导向的电子/电气架构设计方案

以模块为导向的电子/电气架构设计方案是将一个确定功能的电子设备视为一个功能模块，如图 2-21 所示的门，它们可组合在一起进行控制，这种架构的优点是：

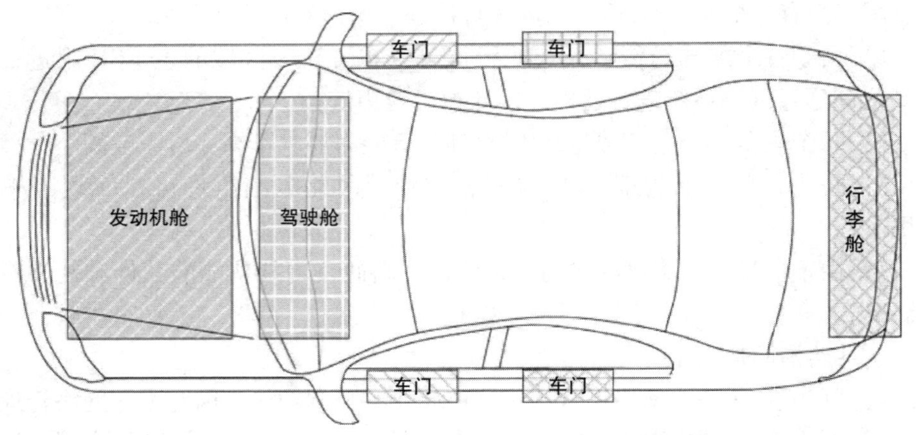


图 2-21 以模块为导向的电子/电气架构：电子元件可以组合成一个模块

1）模块中的机械部分和电子部分是一起加工的，因此模块可以独立制作和测试。

2）由于模块中传感器和执行器的控制电路可集成在一起，通过总线接收外部数据，模块中的中央组件可同时给传感器和执行器提供电源，因此模块之间的敷线费用低。

和以空间为导向的电子/电气架构相比，这种架构的缺点是：

1）模块中用于安装电子部件的安装空间小，模块所处的安装位置可能不在最佳的安装环境中，因此，模块中的电子产品必须适应其安装环境，如温度、湿度或振动。

2）由于模块间要进行信息通信（如玻璃升降器、中控门锁），因此不同功能之间对通信的要求提高了。

3）由于各模块间的电子设备需要相互唤醒，并且能够识别汽车的状态，因此需要进行网络管理。

4）由于各功能在同一 ECU 中运行，如有必要还要封装在一起，或在网络中多个 ECU 能执行同一功能，因此增加了软件的复杂性。

在电子/电气架构中，根据上述架构进行严格的网络设计是很困难的，因此，在电子/电气架构的各个领域常采取图 2-22 所示的架构。图 2-22 是一种典型的通信架构的组成，目前常被高级轿车所采用。这种通信架构的特点是把功能组分成各个域：域 1 是动力系统，域 2 是驾驶辅助和底盘，域 3 是内部空间，域 4 是远程信息处理和信息娱乐。各个域通过中央网关连接在一起，因此每一部分都包含有域 - 网关部分。所提到的架构可能部分地应用在各个域中，例如以空间为导向的电子/电气架构可应用在内部空间域中，通过 LIN 总线控制该处的子系统；以模块为导向的电子/电气架构应用在门电脑控制上，每个门上都有各自的控制电脑。

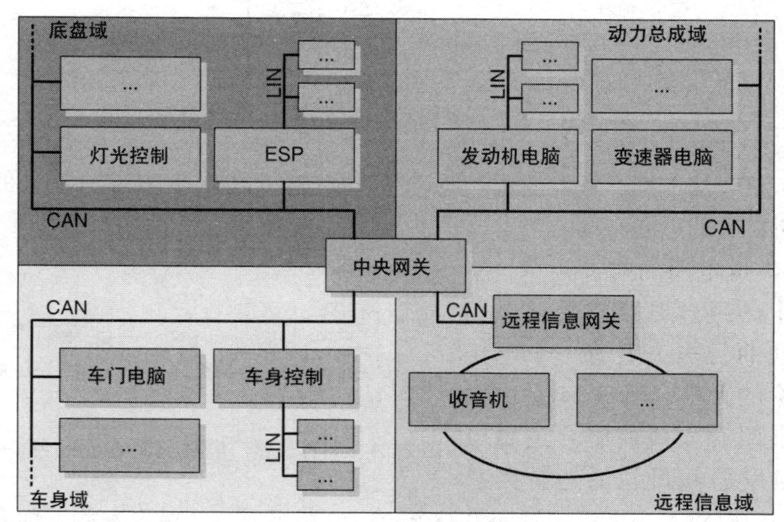


图 2-22　现在电子/电气架构一般分为不同的功能域，各域之间用中央网关相连接，域的内部可应用不同的架构

## 2.4　实时系统评价的概述

电子和电气的安全是控制系统安全工作的前提，控制系统具有不同的输入模式，各个系统所期待的响应不尽相同，多数系统完全能达到安全性的要求，但对一些系统而言，其响应时间点很关键，这种对响应时间有要求的实时系统的有效性取决于对时间点的响应。图 2-23 所描述的是对时间响应的有效性，对于没有实时要求的系统（左上）对时间响应的有效性是一样的；对于软实时系统（右上），可理解为，随着对时间响应的要求越来越严格，其响应的有效性在降低；即时系统对时间响应的有效性为零（左下）；硬实时系统（右下）是在某一时间点上系统能做出快速响应。

系统及其响应都会涉及时间特性，电子/电气架构在时间上的安全性需要通过多个系统平台才能实现。计算机架构体系、半导体组件及所应用的软件涉及以下几类时间特性：

1）门电路的运行时间：门电路时间特性涉及迟滞，这是信号从门电路的输入端到输出端所需要的运行时间导致的，这个时间称为传播迟滞，其逻辑电平可

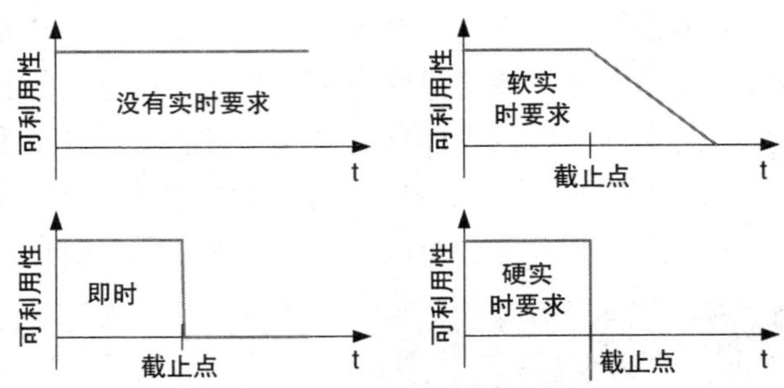


图 2-23　与实时要求有关的系统响应的有效性

从 0 到 1 或者从 1 到 0 发生变化。通过晶体管或半导体应用技术来实现的门电路都具有所特有的迟滞时间。

2）集成电路的时钟频率：集成电路中的组合电路或关键电路运行时间的长短决定着一个电路时钟频率的大小。图 2-24 是由两个触发器组合而成的组合逻辑电路，两触发器间最长的运行路径由一个与门电路、一个反相器和另一个与门电路组成。从触发左侧下面两个触发器到触发右侧触发器所需时间可以通过这个路径来确定，其最大值就是这个集成电路的时钟频率。

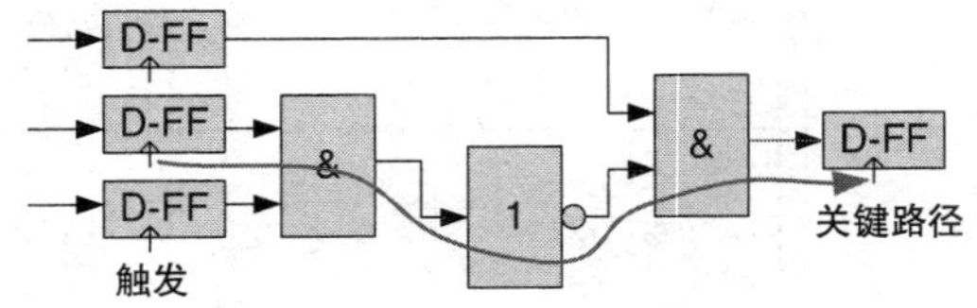


图 2-24　通过逻辑门电路实现关键路径的一个实例

3）各个应用程序的运行时间（处理器的任务）：各个应用程序的运行时间取决于这个程序的时钟频率、程序组成以及所使用的软件。程序组成和软件的共同效果必须符合最坏执行时间分析的要求，在第 7 章将详细阐述这种最坏执行时间分析。

4）在具有同一操作系统和调度的处理器中多个应用程序的响应时间：在这个问题上应区分单个应用程序的执行时间和多个处理器的共同目标，如图 2-25 所示。处理器间可能出现彼此之间相互干扰和相互迟滞，因为它们使用的是同一资源。在第 8 章中将详细讲解一个处理器固定的响应时间对多个处理器响应时间的影响。

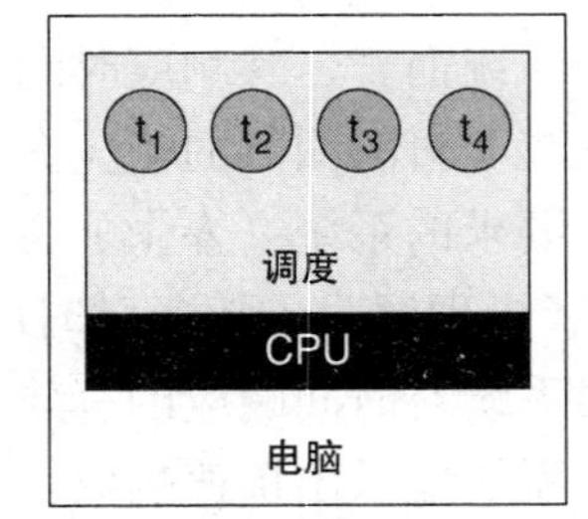


图 2-25　多个作业在一个程序中运行时，在进行时间特性评价时必须考虑信号的调度

通信系统的安全性表现在从物理到系统不同层面的时间特性上：

1）信号在导线上的运行时间和传播速度：光的传播速度大约为 $3\times10^8$m/s，电在媒体中的最大传播速度小于光速，在导线上的传播速度大约是光速的 2/3。

电的传播速度不是一个定值，与其频率有关，这种特性称为频散。此外，传输介质对信号的传输具有阻碍作用，这种阻碍作用称为发送 - 接收性能比。电在传输过程会出现与其反射波叠加的现象。

2）信号在总线上的传输时间（*N* bit）：这取决于信号和调度机制间的调节，如果要传输 *N* bit 的信号，还需要 *M* bit 的地址信号和校验信号。另外信息填充和数据编码机制也会延长信号的传输时间。研究信号的传输时间离不开对调度和传输技术的分析，在第 8 章中将详细讲解各种传输技术，如 CAN、LIN 和 FlexRay。

3）多信号的响应时间：在同一媒介中可能要传输多个信号，因此仲裁机制必须能调节这种多信号的数据流，仲裁机制的任务是当有不同的算法时能调度程序，如图 2-26 所示。在第 8 章中将详细讲解算法的影响和一个信号的响应时间对多信号数据流的影响。

4）任务的调度和信号的仲裁：在一个系统中，在两个电脑上可能运行多个任务，它们之间相互通信，因此这个系统的运行受调度程序、任务执行时间、仲裁方法和信号传输时间的影响。

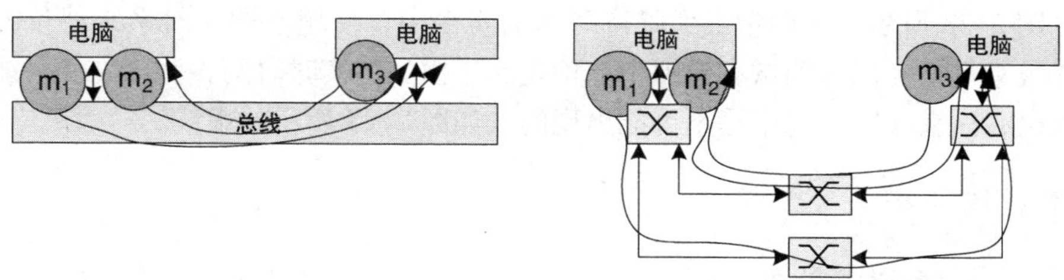


图 2-26　当多个信号在一个总线系统或网络上传输时，在实时系统评价时应考虑到仲裁机制

## 2.5　实时系统评价的方法

下面将介绍实时系统评价的不同方法，如图 2-27 所示，分为两种评价方法。

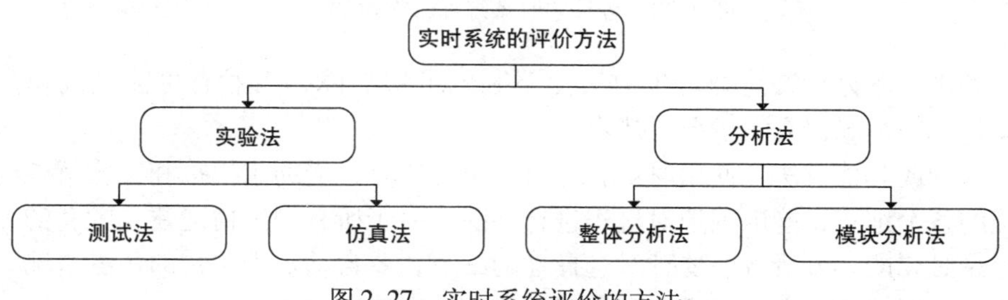


图 2-27　实时系统评价的方法

（1）实验法　这种方法是通过在仿真模型的基础上或者在实际硬件上的应用来对实时系统进行评价的，还可以用这两种方法的组合。

（2）分析法　这种对实时系统的评价是在具有数学模型的分析路径上进行的。常规的方法有两种：①整体分析法，这种方法拓宽了传统的对于分布式嵌入式调度理论的分析方法，但在大型系统中所产生的由不同分析技术组合而成的非均质模型会变得很模糊。②模块化分析法，该方法作为对组件分析经常被用到。在这种分析方法中，组件被分成不同系统并列地分区地进行分析，其所产生的输出事件模型作为下一个分析模块的输入事件模型被使用。

多年来实验法都作为标准的操作规范，无论是汽车上的网络架构或者某一系统组件，为保障使用安全性在整合阶段都用仿真模型或实验技术。借助于实验结果进行各项分析，可以判定故障分布和上层故障。但通过实验在深度和广度上不能保证使上层故障更加清晰，为保障使用安全性，必要时要使用程序分析法。

实时系统评价的程序分析法多年来都作为科学研究，应用在飞机和汽车电子/电气研发及应用过程中。程序分析法在半导体工厂中早就建立了使用标准，借助于程序分析，就能可靠地确定系统利用率、上层或下层执行时间的缺陷或者在模型基础上所需最大的资源。

图 2-28 所示为在确定最大等待时间的实例中，使用不同实时系统评价方法的比较案例，在同时测试和模拟中，检查测试模型的实时时间，明确真实可能的最大值，这在实际情况中是不可能出现的，如图 2-28 所示的虚线。

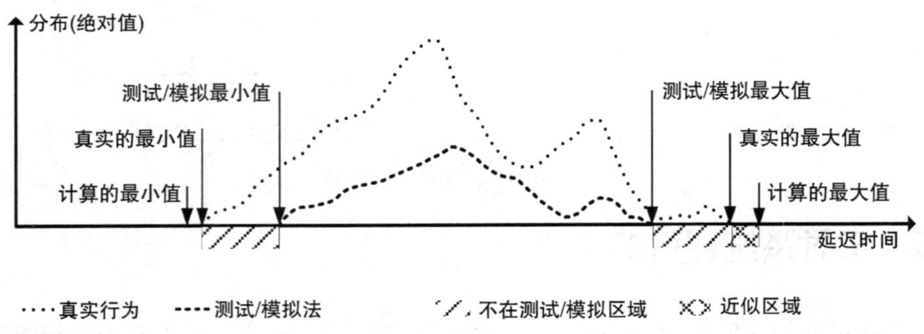


图 2-28　各种实时系统评价方法的比较

利用程序分析法能确定出对安全不利的上层故障，当然有可能被高估，因此，计算的情况比真实情况更严重。

这种或其他方法在使用时都有各自突出的优点，借助于模拟和实验就能确定系统的各个细节，能准确地对流程进行跟踪。对于所有测试情况建立配套的测试平台是必要的。分析方法要针对选择性的细节，要自动识别关键的边缘情况，并可靠地识别故障顶端，用模拟和测试的方法可以确定频率分布。

所有方法都可以确定组件（通过电脑或总线）或系统（从整体网络架构）的实时时间，从第 7 章到第 9 章将阐述各个方法在不同系统中的应用。

# 第 3 章　软件架构和软件研发

汽车上最开始使用的软件系统是非常简单的，系统只能循环运行或由事件触发以进行测量、计算或控制，如图 3-1 的左侧图所示。这种简单的系统存在一个问题，就是应该配备怎样的操作系统。现在电子/电气架构系统的组件是非常复杂的，不但能执行简单的控制任务，而且还要负责网络管理和功能配置，这些功能需要嵌入在一个循环程序中或集成一个函数被调用，这就需要非结构化的设计，需要不同程序段的融合，这很难移植到电脑中。

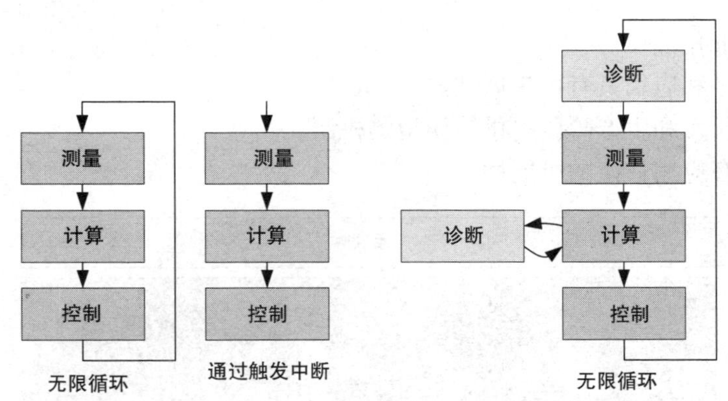


图 3-1　拓宽简单控制的附加功能会导致越来越复杂的非结构化设计

基于这个原因，各汽车制造商相互结盟，以便使上述情况能够在 OEM 软件架构上得以实现。汽车制造商的结盟出于多种原因：一方面，在软件架构方面没有明显的竞争优势，因为它不能被客户直接体验；另一方面，对供应商来说降低了难度，因为供应商不必提供各种各样的驱动系统或软件架构。

这种情况下最重要的机构是 OSEK/VDX（汽车电子系统及接口/汽车分布执行标准）、HIS（供应商软件倡议）和 AUTOSAR（汽车研发系统架构）。OSKE/VDX 从 1995 年开始工作，目前几乎所有汽车控制系统的软件架构都以其研发标准为基础。借助于多数 OEM 的结盟，在 AUTOSAR 财团中研发工具的供应商和制造商的合作促进了标准化体系向前再迈进了一步，在 AUTOSAR 中 OSEK 的多数概念已经注册成立。对比 OSEK，软件系统架构主要描述的是 AUTOSAR 软件研发方案的细节。

## 3.1 控制系统的软件架构

控制系统的软件架构包括运行环境和应用软件。运行环境包括驱动系统、驱动程序的电子可逆外设、通信协议栈和基本服务。基本服务指的是网络管理和诊断应用。顾客是不能体验到应用软件的。

下面将详细描述最常用的软件架构及其特性，再讲解常规的研发步骤和典型的工具链，最后是有关时间特性的问题。

### 3.1.1 OSEK/VDX

在一段时期 OSEK 财团和 VDX 是协调工作的，他们于 1994 年结盟组成了 OSEK/VDX，其目标是为操作系统提供一个运行环境，这个运行环境应具有以下特性：

1）标准化接口。

2）硬件和应用具有可扩展性。

3）为研发和生产阶段提供错误检测机制。

4）具有应用移植的可能性。

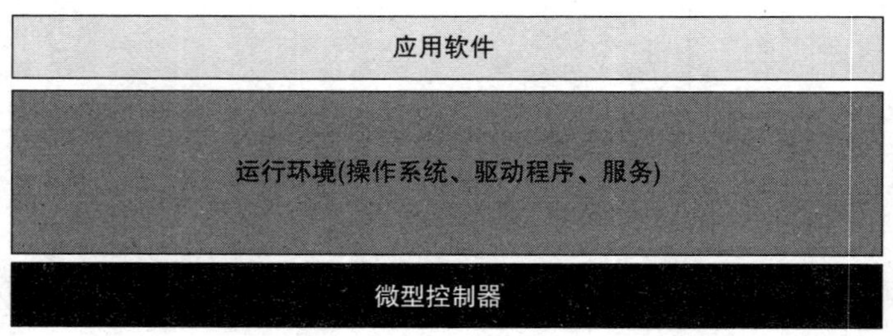


图 3-2　控制系统软件架构的典型组成

OSEK/VDX 系统包括以下内容：运行环境和配置过程规范。图 3-3 是一个 OSEK/VDX 系统的软件模型，其组成为：

1）实时操作系统（OSEM – OS）。实时操作系统是一个事件驱动的实时多任务操作系统，可以提供同步任务和资源管理，它是一个真实的操作系统，也就是说，调度行为发生在系统编译之前。

2）OSEM – TIME。该系统是 OSEK – OS 在时间控制上的一个变种。

3）通信子系统（OSEK – COM）。OSEK – COM 是一个交互层，在这个系统中，各项任务在系统内部能进行数据交换，各系统之间也能进行外部的数据

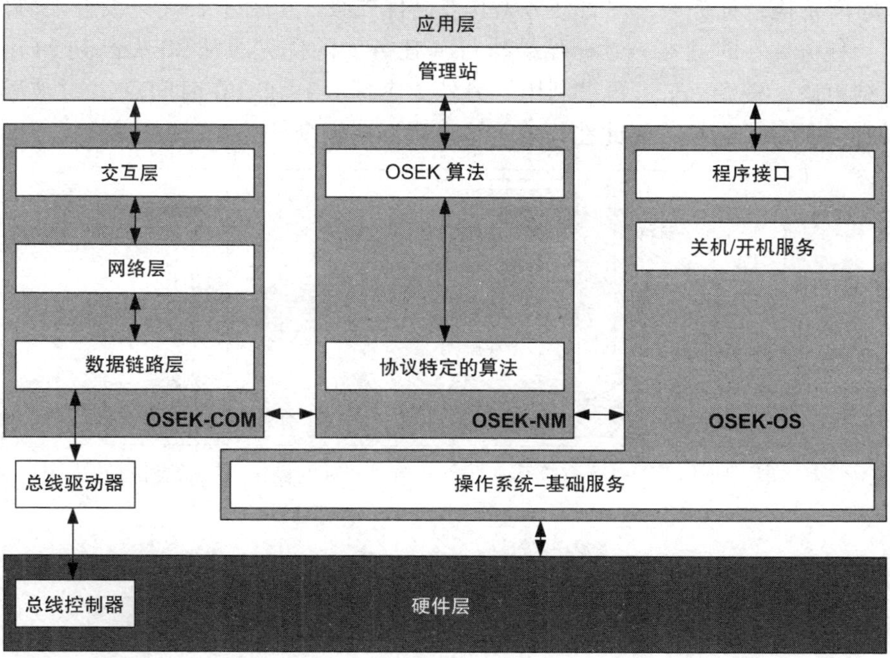

图 3-3　OSEK/VDX 系统的软件模型

交换。

4）网络管理系统（OSEK – NM）。OSEM – NM 可以实现控制系统之间信息的监督与管理，该系统能建立一个或多个信息系统。

5）程序语言系统（OSEK – OIL）。OSEK – OIL 是模块配置的描述语言，另外它也是以 OSEK 为基础的控制系统配置过程的描述语言。

#### 3.1.1.1　OSEK 操作系统（OSEM – OS）

OSEM – OS 分为 4 个整合模块，这样就可以在控制系统上实现应用一个确定的 OSEK – OS 功能组。任务是一个程序代码的执行单元，OSEM – OS 提供了两类任务：基本任务和扩展任务，图 3-4 是 OSEM – OS 任务的状态模型。

任务激发后就准备好了要被执行，执行条件是：①CPU 没有被占用；②低优先级的抢占式任务正在被执行；③没有被触发中断。在输入端，任务提供给 CPU 一个不被结束的自由任务，为了激活，任务准备好后最终要被执行。

在 OSEK – OS 系统中通过调度协议，CPU 按照静态优先级分配任务。在 OSEK – OS 系统中所有任务都可以通过中断而被终止，抢占式任务是从高优先级任务中断开始的。在共同使用的资源问题上，正确的访问通过优先级上限协议进行控制。图 3-5 是一个 OSEK – OS 系统无锁死的任务调度案例。

该案例中，任务 $t_1$ 正在被执行，从时间点 $x_0$ 开始将使用资源 $Re_1$，从时间点

$x_1$开始准备执行任务$t_4$，尽管任务$t_4$具有高优先级，但由于有优先级上限协议的规定，任务$t_4$在时间点$x_2$才开始被执行（任务$t_1$的优先级从20提高到24）。任务$t_1$结束后，资源$Re_1$可再被利用。另外2个任务$t_2$和$t_3$在时间点$x_1$时被激活，由于它们是低优先级，因此在任务$t_4$结束后，这两个任务才能被执行。

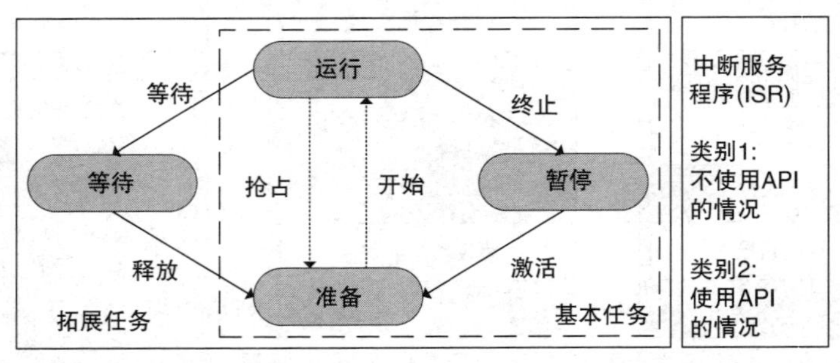


图3-4 OSEK-OS系统基本任务和拓展任务的操作系统状态模型

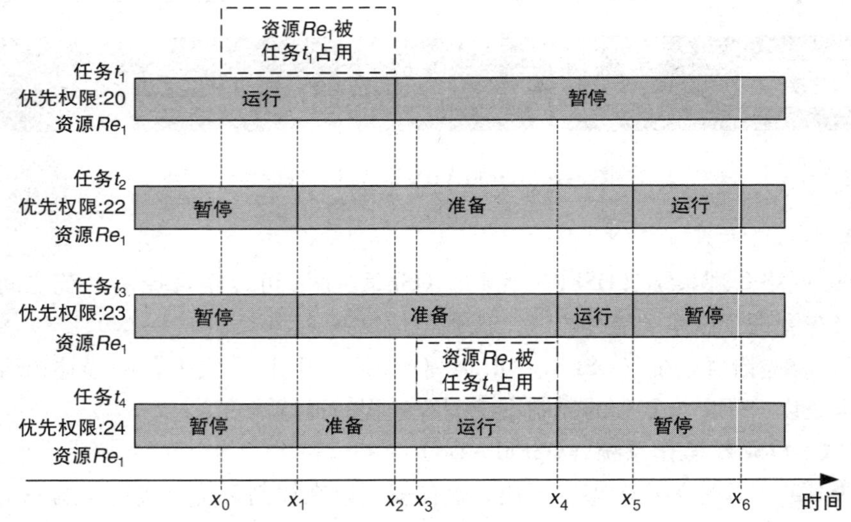


图3-5 在优先级上限协议下任务调度的案例

#### 3.1.1.2 OSEK通信系统（OSEK-COM）

OSEK-COM的通信系统基于ISO-OSI分层模型，主要由3个层面组成：交互层、网络层和数据链路层。

交互层的作用是给信息的发送和接收提供一个接口，处理电脑内部的通信，外部的通信则由下一层提供。

网络层负责控制外部输入的数据流以及执行确认函数，对信息进行分段和重组。OSEK-COM模式不仅仅能转换为完整的OSI网络层，还能分离并执行指定的极小要求。

数据链路层为上层的网络子系统以及 OSEK 的网络管理提供服务，只有数据链路层能满足网络层中的极小要求的特殊性。

#### 3. 1. 1. 3　OSEK 网络管理层（OSEK – NM）

OSEK – NM 负责监控网络中的各个参与者，其具体功能如下：

1）电脑所需资源的初始化（例如网络接口）。

2）网络的启动和配置。

3）监控网络中的各个参与者以及协调网络的运行状态（如设置命令关闭网络）。

4）检查、处理和分发各个参与者以及网络本身的状态。

5）诊断支持。

OSEK – NM 分为两种网络管理类型，用于监测电脑的当前状态。

1）直接的 NM。直接的 NM 处理的是每个节点的明确的状态信息。

2）间接的 NM。间接的 NM 监控的是各个控制单元现有程序对象的状态。

网络由各个子网络组成，因此控制单元之间的连接就需要网关发挥作用，网关负责对各子系统的 OSEK – NM 间的关联提供管理服务，协调各个 OSEK – NM，以确保网络运行安全。

#### 3. 1. 1. 4　OSEK 程序语言系统（OSEK – OIL）

OSEK – OIL 是一种类似于 ANSI – C 的语言，用于 OSEK 操作系统的写入和配置。在 OIL 的配置文件中储存了操作系统的所有对象及其特性，例如任务、事件、警告等，这种文件可以通过手工或通过相应的配置工具来创建，图 3-6 是一个典型的用于在 OSEK 基础上对控制单元进行设置的工具链。OSEK – OS 操作系统的设置可使用相应的工具，其结果就是一个 OIL 设置文件，并和 OSEK 库以及信息通信的写入一起用于生成工具。通信信息和总线是有关系的，需要用总线将配置的控制单元连接起来。借助于工具可生成网络管理的配置、COM 栈和可能的路由，条件是所述控制单元是一个网关。配置结束后就可以生成配置文件，借助系统文件和 OSEK 文件通过适当的编译便产生了文件代码和用于目标硬件的二进制码。OSEK 文件包含各个 OSEK 服务的基本行为，OSEK 通过配置文件被参数化。

### 3. 1. 2　AUTOSAR

AUTOSAR 是一个控制系统的软件架构，也可以是一个好的研发方案的软件架构。AUTOSAR 所描述的目标是将软件从控制单元硬件中分离出来。另外，软件架构还包括系统模型，也就是软件组件，它们之间可能互不关联，也可能来自不同的生产商，在今后的自动配置过程中可以和一个具体的项目结合在一起。图 3-7 所示是一个重要的 AUTOSAR 软件架构，基础软件由软件接口（驱动程序）、服务器、操作系统和交互层组成。AUTOSAR 操作系统相对于 OSEK – OS 操作系

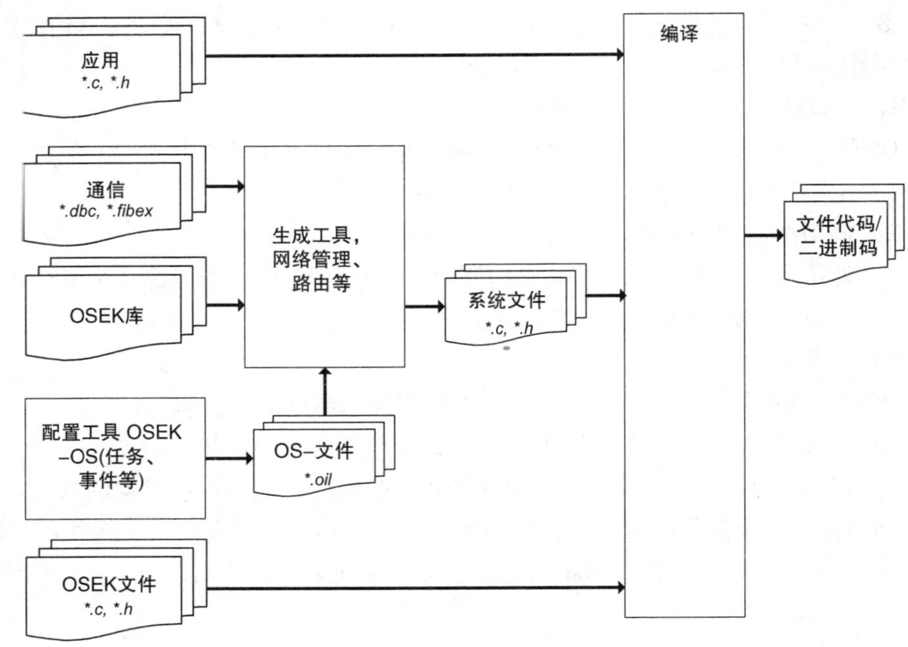


图 3-6　在 OSEK 基础上生成控制单元文件的典型工具链

统是向后兼容的，拓展了 OSEK - TIME 的基本概念。在这个层面上在基于标准接口的基础上实现了明确的分离，因此交换和补充配置变得比较简单，没有这个层面，就必须改变完整的软件栈。

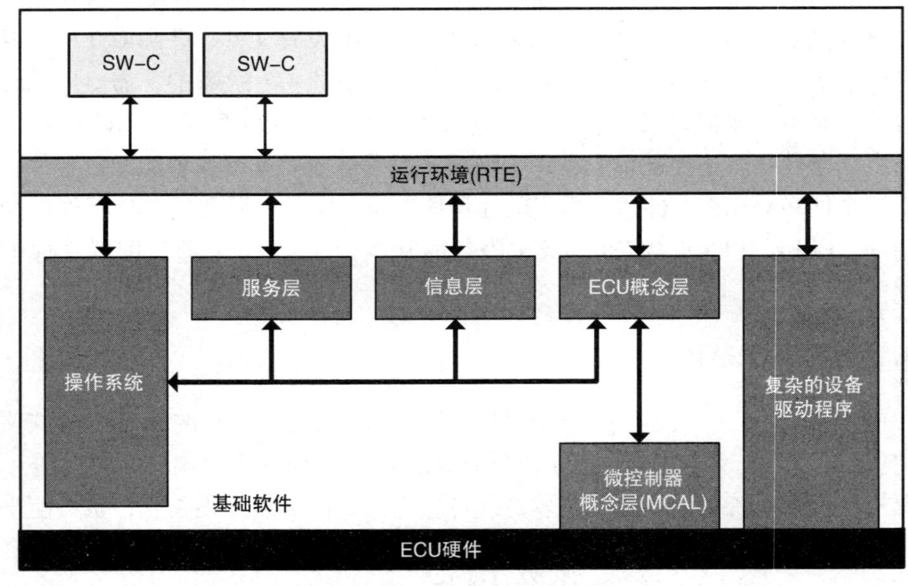


图 3-7　AUTOSAR 软件架构

下面将讲解基础软件以及软件组件，然后介绍用于描述时间特性的 AUTO-SAR－实时－拓展。

#### 3.1.2.1　AUTOSAR 基础软件

如图3-8 所示，AUTOSAR 基础软件（BSW）分为3个层面，最下面的层面是硬件概念层，也就是微控制器概念层（MCAL）；MCAL 的上面一部分是控制系统概念层，即 ECU 概念层（ECU－AL），另一部分是服务层，是控制系统概念层的摘要，能允许服务层直接访问微控制器的硬件；第3个层面是操作系统。在 BSW 和软件组件之间是运行环境（RTE），它明确了接口的定义，在此基础上软件组件之间的交流就变得比较简单了。图3-8 描述的是基础软件的各个层面。

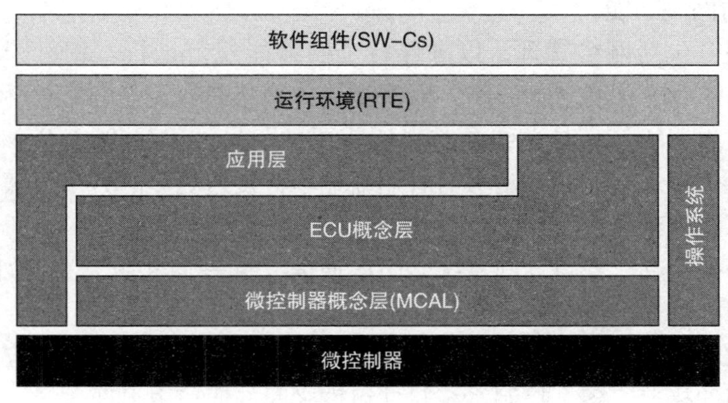


图3-8　AUTOSAR 软件的概念层面

MCAL 是基础软件最下面的一个层面，其作用是在此基础上组建与微控制器无关的上一层面。MCAL 的组成成分是硬件驱动器，可使软件模块直接访问周边和微控制器的存储器。

ECU－AL 为 MCAL 和上一个层面提供接口，ECU－AL 上面是一个与控制系统硬件无关的层面，所提供的接口能访问本地（微控制器的内部和外部）及与微控器有联系的设备。

应用层是基础软件最上面的一个层面，这个层面对软件组件（应用）有着直接的意义，因为它能提供各种服务，主要有：

1）通信和网络服务。

2）存储管理（NVRAM 管理）。

3）诊断服务。

4）控制系统的状态管理。

通信服务包括 COM 模块和 PDU 路由器。COM 模块能为信号的管理和配制提供各种服务，例如：

1）提供 I－PDU（PDU 会话层）的传输和发送。在传输模式中有：周期位、混合和无。传输的类型将在第 6 章第 2 节中详细阐述。

2）提供与 AUTSAR 数据类型相匹配的必要的字节顺序。

3）信号接收过滤机制。

4）服务于对周期信号最后期限的监控。

PDU 路由器能提供以下服务：

1）接收并传输 PDU 到最近的上一个层面。

2）提供从高层面来的 PDU 的传递。

3）提供各个 ECU－AL 接口之间 PDU 传递的网关功能以及传输协议接收的 PDU 路由的网关功能。

网络服务包括网络管理，以确保整个网络能规范运行，相对于 OSEK NM，在 AUTOSAR 中没有组建逻辑环，也就是说，网络管理有分散行为和直接行为。周期性地发送 NM 信息是总线参与者所需要的。另外，AUTOSAR NM 能发出总线负载减少信号，这时，主动参与者逐渐地不再发送更多的 NM 信息，最后只剩两个控制系统提供 NM 服务。

诊断服务包括车载自诊断系统、UDS 通信（同一诊断服务）、故障码存储管理以及故障处理等。

基础软件的上层是运行环境，它提供服务以及基础软件和各个应用程序层软件组件之间的接口。各个控制系统软件组件之间的通信由 RTE 负责。

#### 3.1.2.2 AUTOSAR 软件组件

软件在控制系统中所实现的功能是在 RTE 层面上通过软件组件（SW－C）实现的。AUSTOSAR 软件组件是基础组件，也就是说在控制系统中不能再被划分。一个软件组件具有一个固定的功能，或固定功能的一部分，或与固定功能有关的部分，尽管功能分布在很多控制系统中。实施系统不是 AUTOSAR 软件组件中必备的组件，它可以安装在整个系统中（例如电脑网络），其特性包括以下几点：

1）操作系统、数据单元和接口。

2）基础设施软件组件的要求。

3）软件组件所需资源（例如存储器、CPU 的计算能力等）。

4）执行相关的信息。

软件组件将在微控制器和控制系统中被执行，这与它们的类型无关。直接处理传感器信息和执行器信息的是一个具体的软件组件，这和操作系统没有关系，但与各个传感器和执行器有关，基础是与软件组件和相适应的传感器和执行器特定的电气特性。

软件组件可以支配一个或多个运行实体（RE），通过运行实体软件组件被执行，也就是说，运行实体通过 RTE 被驱动系统所调度，这称为 RTE 事件。事件可以是基于事件本身的或是循环的。各个运行实体间的软件组件内部的通信可以通过内部运行变量来实现。图 3-9 为一个软件组件以及通信机制的组成。

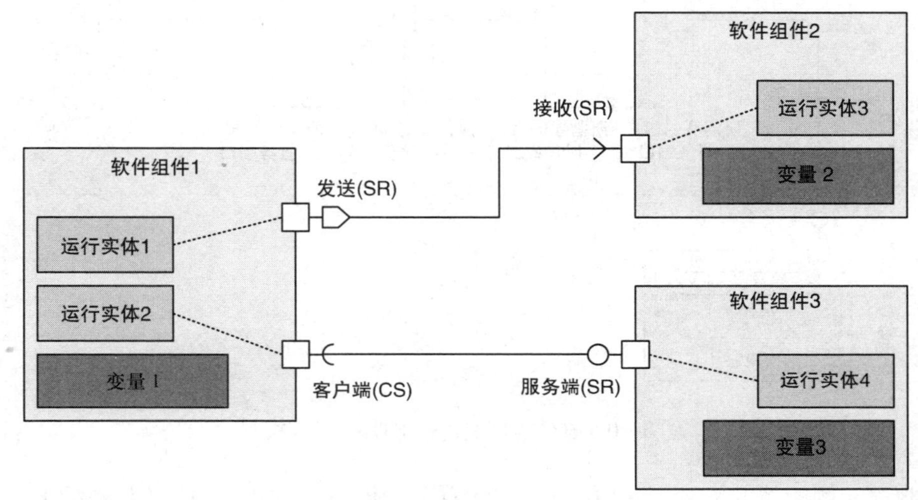


图 3-9　软件组件的内部组成及其接口

AUTOSAR 中软件组件之间的功能存在两个情况，①发送 - 接收（SR）间的通信；②客户端 - 服务端（CS）之间的联系。发送 - 接收间的通信可以将一个信息发给一个或多个接收器，每个接收器接收自己所能处理的信息。客户端 - 服务端之间的联系指客户端发送一个信息，则服务端提供一个服务。所提供的服务包含一个请求，给客户端返回一个适当的服务。通过相应的属性指定信息的长度、等待和发送时间是通信所必需的。控制系统的软件组件通信通过电脑外设提供给 TRE。图 3-10 是一个通过 RTE 进行数据交互的实例。BSW 模块 1 给软件组件 1 客户 - 服务通信，软件组件 1 通过发送 - 接收接口和软件组件 2 进行通信，软件组件 2 再通过发送 - 接收接口和软件组件 3 进行通信。

#### 3.1.2.3　AUTOSAR 的配置过程

在 AUTOSAR 财团工作的框架内有对研发方法的全面描述，其中含有过程，即在哪个序里进行了哪个研发步骤。此外，当研发出适当的工具时，将在 XML 基础上划分交换格式，具体的方法在文件［AUT09a］中能找到。

下面借助于基本工具链来阐述研发阶段的各个步骤，如图 3-11 所示。通过相应的配置工具可以创建系统描述，系统描述包括各个控制单元和软件组件接口的描绘，以及在整个系统总线上运行的信号、PDU 和信息。软件组件接口规范可作为输入信息服务于模型的功能研发，该连接可通过代码生成器生成。接着是与软件组件一起研发的用于各个控制系统的基础软件以及 RTE 的配置。具体的

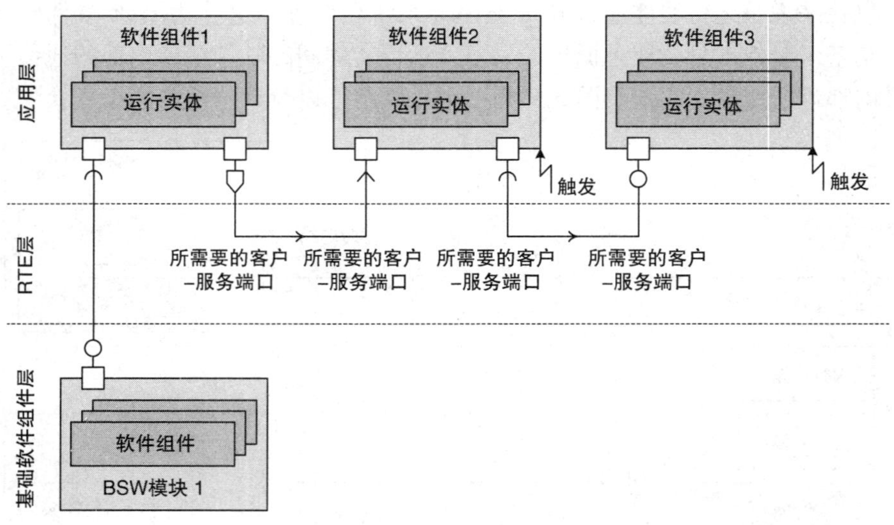


图 3-10　软件组件间通过 RTE 的通信机制

控制单元的配置只有通过 ECU 配置器才有可能恢复，它以 ECU 提取物的形式被存储起来，可作为输入信息服务于下一个配置步骤，其结果就是对配置文件的处理。下一步就是与 AUTOSAR 基础软件和软件组件文件一起重新编译目标代码和二进制文件。

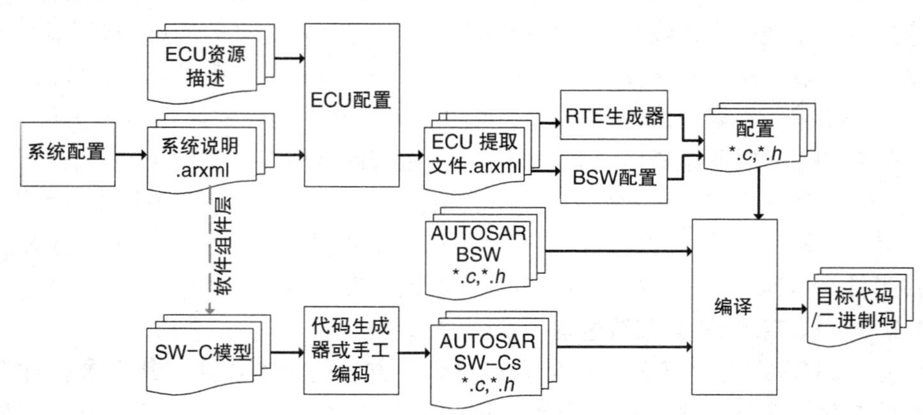


图 3-11　从系统配置到软件二进制码的创建进行 AUTOSAR 的配置过程

从 AUTOSAR4.0 项目发布以来工作小组又重新描述了时间特性，具体规范和方法在实时 - 拓展的独立规范标准 [AUT09b] 中有详细描述，其重点是针对在 AUTOSAR 指定的各个范围内提供时间行为统一的和一致的描述。AUTOSAR 中的时间规范为研发过程各个阶段进行时间特性及条件的描述以及基于数据的评价提供了可能，例如，图 3-12 所示的跨 ECU 边界端到端路径的描述。

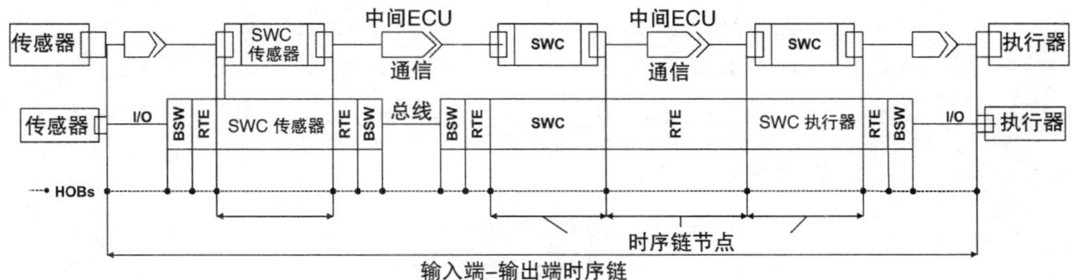


图 3-12 从传感器的提供信号到执行器执行命令的一个输入端 – 输出端时序链实例

通过 AUTOSAR 时间配置的符号选项可以在从传感器的提供信号到执行器执行动作之间建立一个时序链，这个时间链可以分割成多个节点，称为时序链节点，分割可以使不同抽象层上的时间特性的描述成为可能，例如对各个节点的路径期限、迟滞时间和执行时间的描述。

从 AUTOSAR4.0 颁布以来描述时间特性的必要属性被存储在一个单独的模板上［AOT09b］。另外，在目前的规范中建议有不同的方法，以便能描述在不同的研发阶段和不同层面上时序所提出的问题，针对这个问题将在下面进行阐述。

（1）虚拟功能总线时序　借助于虚拟功能总线时序可以描述虚拟总线（VFB）层上的各个交互软件组件（SWC）之间的时间特性，可不考虑各个软件组件的内部特性，只考虑某个或更多软件组件之间的输入端和输出端的时间特性。图 3-13a 所示为虚拟功能总线时序的一个案例，在虚拟功能总线层上的时间特性的描述上，控制系统或处理器上的软件组件的脉谱图不起任何作用，也就是说，可以不进行驱动系统的配置和运行。

（2）软件组件时序　软件组件时序（SWC – Timing）描述的是软件组件的内部特性。在 VFB 层上当某个软件组件被看成黑匣子时，借助于软件组件时序就能对软件组件的内部特性进行详细的描述了。规范可借助于某个运行实体来完成，如图 3-13b 所示，运行实体是软件组件的一部分。

（3）基础软件模块时序　基础软件模块时序描述的是基础软件模块的内部时间特性。和软件组件时序相似，基础软件时序描述的重点是各个基础软件实体的执行情况［AUT09b］，如图 3-13c 所示。

（4）ECU 时序　借助于 ECU 时序可以描述控制层的时间特性，其基础是 ECU 的信息抽取或特定的控制单元共享系统，在这个背景下，将寻求各个软件组件的共同目标以及各个基础软件模块的相关特性。驱动系统的配置和被影射在某项任务上的运行实体起着核心作用，图 3-14 所示是通过控制单元的某个模块实现一个路径的描述实例。

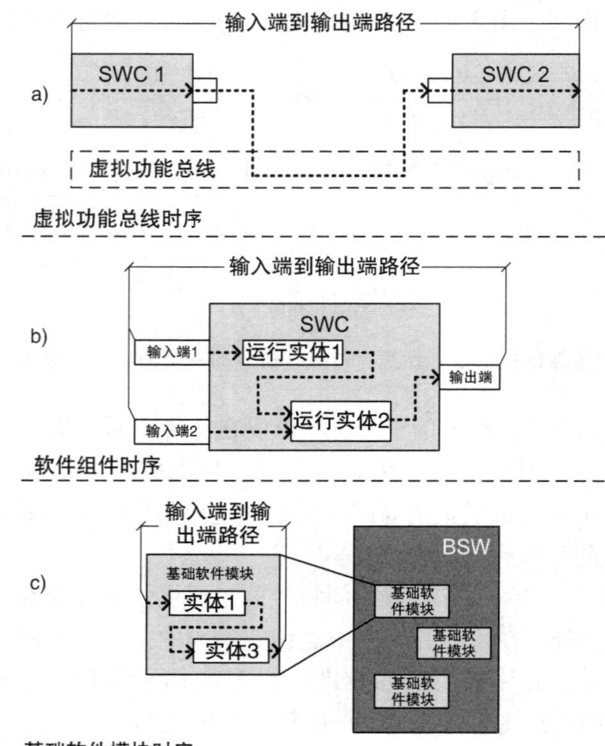


图 3-13 实时实例各时序实例

a）虚拟功能总线时序实例 b）软件组件时序实例，含有最佳的运行途径
c）基础软件模块实例

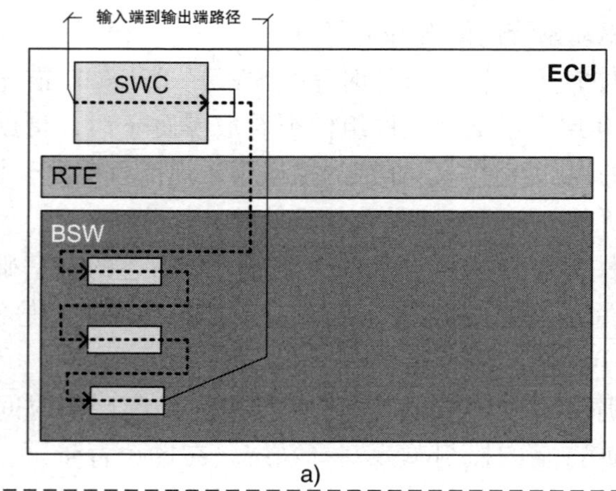


图 3-14 控制单元内部时序路径和跨控制单元边界时序路径举例

a）ECU 时序

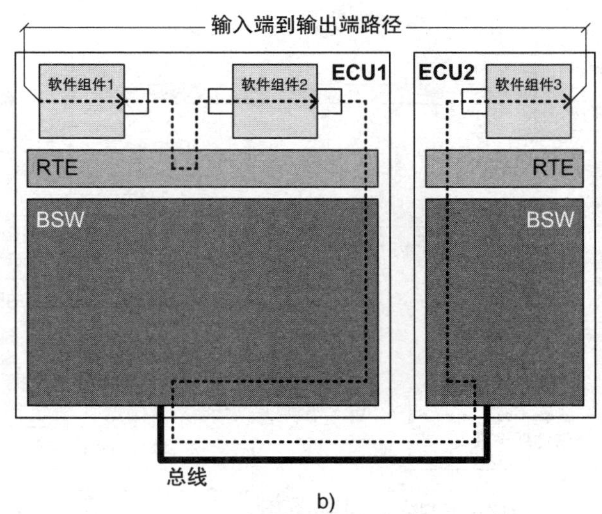


图 3-14　控制单元内部时序路径和跨控制单元边界时序路径举例（续）
b）系统时序

（5）系统时序　系统时序是描述跨控制单元边界的时间特性的基础，和 ECU 一样，在系统时序中要关注控制单元的各个模块和它的驱动系统的配置，此外还有总线系统时间特性的描述，如图 3-14b 所示，系统介绍是这个层面中时间特性描述的基础。

## 3.2　软件研发

软件研发这个课题在许多出版物上都有详细的描述，在［SZ05］中对这个课题进行了很好的概述和导读。本节首先是对这个课题进行针对性的简介，然后再阐述 MISRA 控制，它出现在软件组件的基础模块研发中。

软件研发过程的典型描述如图 3-15 所示，目前这种方法已用于汽车工业中。研发的出发点是需求分析，需要建立在信息分析之上，例如，在一个新型车的设计中需要实现一个新的功能，在这个需求的基础上就应明确这个功能的规范，即功能和特征，至此，工作的修订只发生在 OEM 内部，接下来有两个研发方案，一是继续由 OEM 完成软件研发，二是由供应商来完成，和设计任务书一起进行研发。

功能范围分析作为需求什么样软件的声明的条件可服务于下一个研发步骤，在需求的基础上可规范软件架构和软件组件，以规范为起点进行软件的设计与实施。

软件实施后的第 1 步就是软件的整合与测试，第 2 步是软件组件的测试，测

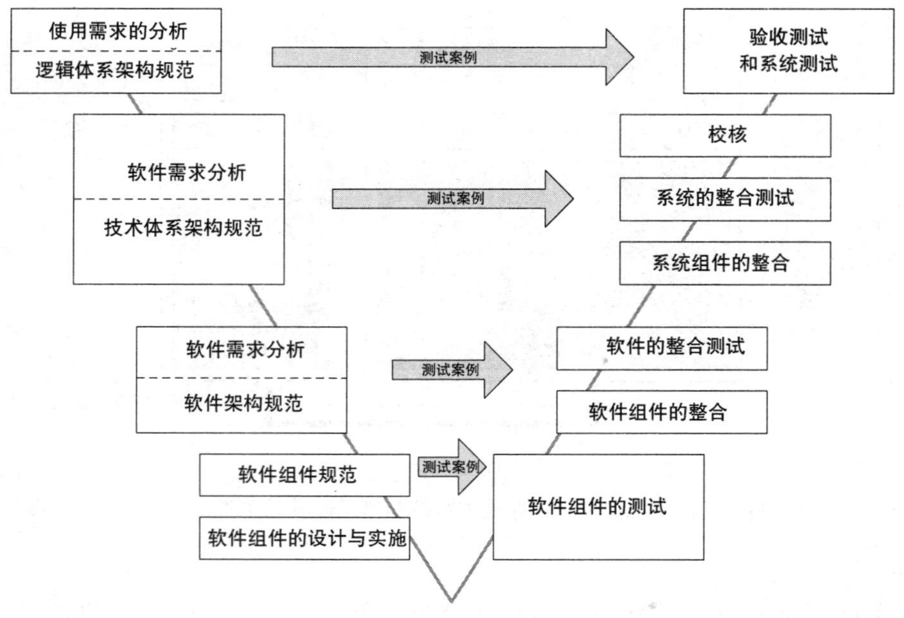


图 3-15　软件的 V 形研发步骤图

试成功后就在软件功能目标基础上对软件组件进行整合，然后执行软件整合的测试。如果组件是由供应商研发的，最后还要把组件交给 OEM，由 OEM 进行系统层面上的整合和测试。

V 形研发步骤图中左侧的每一个规范不仅仅为下一级的研发部门提供必要的研发信息，而且还给 V 形研发步骤图中右侧的研发部门提供测试案例。

## MISRA 规则

1998 年，汽车工业软件可靠性协会（缩略语：MISAR）在控制项目上对 C 语言的使用开始执行标准规则，来源于工程项目、经济学和企业内部规范的经验和知识作为基础服务于 MISRA－C 程序标准，这个标准规则在不断完善和补充，自 2008 年开始把 C＋＋语言用于标准规范形成 MISRA－C＋＋，在标准描述和相应的规范中应避免以下错误：

1）编程中的常见错误。

2）在编程语言的语言定义中不注意差异。

3）不明确哪些编程语言可用，不清楚哪些会导致运行时间的错误。

4）由于不明确编程语言而导致编译错误，或内部编译器转换时出现错误。

5）消除结构削弱代码，通过代码节点产生许多无用程序。

下面就是一个在代码节点内产生错误的实例，在使用 MISRA－规则时应该避免发生类似的错误。

```
if(x = y)
{
//Anweisung
}
```

译者注：Anweisung，德语词汇，意为命令。

因为在该编程中，不清楚在 if 语言中是否存在一个分配，或是否计划对两个变量进行比较，因此，这是一个程序错误。一个明确的程序能完成对两个变量 *x* 和 *y* 比较，或完成对两个变量成功分配的检查，如下面两个程序所示：

```
x = y;
if(x = = y)
{
//Anweisung
}
```

```
if((x = y)!  = 0)
{
//Anweisung
}
```

下面代码行是一个不明确代码的实例：

```
y = x/ * p
z = x - - - y;
```

从第一行还不能看出 ∗*p* 是否是注释的开始，分配式 $y = x$ 后面的分号是否忘记，是否进行除法的运算，其中 ∗*p* 显示为除数，第 2 行的意思不是 $z = --\ -y$ 就是 $z = -\ --y$。

规则的应用会延迟运行时间或增加存储需求，尤其是在需要类似于硬件编程的情况下。

另外一个难点是在使用自动串码生成器时。MISRA 规则最初只用于手动编程，在串码生成器的上下文中多数规则不提供多个值，因为这样就不会产生在手动编程中常常出现的错误。就如上一段所说的，有些规则会导致高的资源消耗，在软件项目内部的 MISRA 规则应用中应关注这个特性，在基本条件下可采用相应的方法，以提高资源的利用率，必须标明所遇到的与 MISRA 不兼容的代码段并进行检验。

## 3.3　以模型为基础的功能研发

最近几年，在汽车领域内以模型为基础的 E/E 系统功能研发的应用有了巨大进步。在以前的 E/E 系统研发过程中常见的情况是，供应商在已有的功能上根据各个电控系统的需要重新研发出新的结构系列，这样 OEM 要重新产生一遍费用，为了减小 OEM 一方的研发费用，在过去的几年，采取了不断扩大以模型为基础的研发范围的方法。与手动编程功能相比较，以模型为基础的功能具有一系列优点，主要有：

1）通过功能模型的模拟可以尽快地达到可靠的成熟度。

2）通过快速成形技术，在控制器装配到汽车之前，就可完成功能的描述，并确保了功能的安全性。

3）功能研发不必依赖供应商。

4）对于各个功能而言具有进一步研发的可能。

5）在不同的结构系列中可实现功能的重复使用。

此外，通过重复使用和更早地确保功能的安全性，可以得到高质量的功能，在功能模型规范描述的基础上可以获得自动软件代码生成器。通过增加 AUTOSAR 的应用，功能的移植和重复使用会变得更加容易，如图 3-16 所示，功能 1 和功能 2 已经在非 AUTOSAR 环境中存在着，以前只能通过封装才能将其功能耦合到集成平台上，现在通过 AUTOSAR 的应用，在标准化端口功能的基础上，借助于 RTE 可将各个功能很方便地集成起来，集成的框架构建了软件组件。功能的移植（功能 1 和功能 2）就是将附加的信号条件集成到一个软件组件上，在功能研发或软件组件研发中一般不需要这样的条件，如图 3-16 所示的功能 3。

为了借助于 AUTOSAR 标准能实现相应功能的移植，分成了模型和研发两个部分，第 1 部分是功能行为的模型化，第 2 部分是在功能方面以软件组件和网络的形式进行的正式描述。

图 3-17 所示为必要的工具链，以模型为基础的功能研发在接口技术方面提出了要求，或者它可支配现有的接口。在作为通信描述基础的软件网络中也需要接口管理，这种描述可通过相应的 AUTOSAR 创作工具来实现，借助于创作工具可继续细分各个子系统的配置，在 ECU 抽取信息的基础上可将所产生的配置交付给供应商。此外，在功能模型的基础上可实现自动代码生成器，供应商可将这些数据应用到集成模块中。

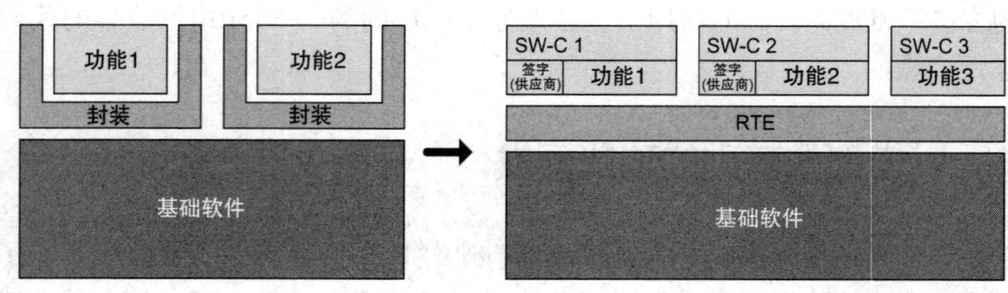


图 3-16　在 AUTOSAR 基础上的系统功能移植的实例

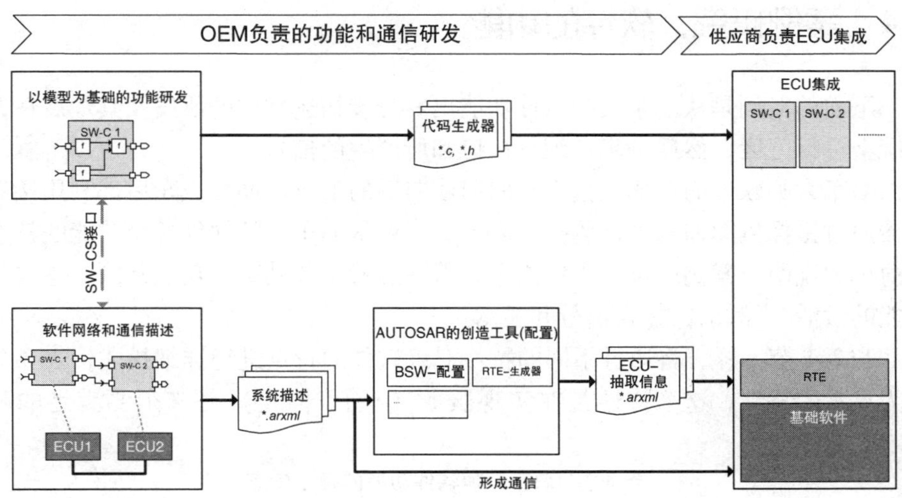


图 3-17　用于以模块为基础的功能研发与集成服务的、以 AUTOSAR 为基础的工具链示意图

功能研发和控制系统研发常常需要 OEM 和负责整体集成的控制系统供应商之间的密切合作，其典型的研发过程如图 3-18 所示。功能研发由 OEM 来完成，内部审核后将模型或代码生成器交给供应商，其中包括测试规范，这是从模型中自动创建的。供应商同步研发控制系统和基础软件，在接到功能模型后进行全系统的集成，其初期阶段一般在快速原型平台上进行，在供应商对全系统进行充分测试后交给 OEM 进行组件测试或实车测试，在测试中发现的错误或变化将在下一个研发阶段由 OEM 来解决。

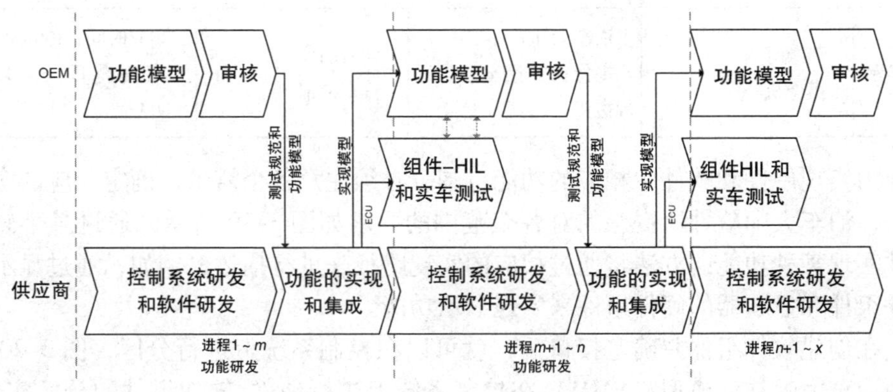


图 3-18　OEM 和供应商间典型的研发过程

## 3.4 案例研究：软件的功能

下面的案例是从泊车大师软件功能出发分步描述软件的研发及其最后在控制系统上进行分区，然后一步步细分接口和所产生的信号。

泊车大师软件的功能包括汽车向前或向后的泊车帮助，汽车后部利用接近传感器通过摄像机图像来进行监控，表 3-1 所列是泊车大师软件各个功能的特点及其简单的说明。案例中包括向后泊车时帮助的特点及其基本功能范围，主要包括功能的激活/不激活、警告信号和显示。

和 2.1 节一样，将通过不同的特性对该软件的特点进行详细描述，表 3-2 所列为显示的特性，这个特性是在实现服务（运行/停止）时必须要满足的基本要求。

**表 3-1　泊车大师软件功能的各个特点**

| 特点 | 描述 |
|---|---|
| 向前泊车帮助 | 监控车前范围的角度：160°　接近传感器（至 3m） |
| 向后泊车帮助 | 监控车后范围的角度：180°<br>接近传感器（至 4m）<br>摄像机影像 |
| 激活/不激活 | 关闭和打开泊车大师软件 |
| 警告 | 当车辆接近障碍物时及时发出警告 |
| 显示 | 显示车后情况的图像 |

**表 3-2　向后泊车帮助的特性**

| 特性 | 连接点 | 结果 | 部分响应 | 条件 |
|---|---|---|---|---|
| 显示 | 30 端子<br>摄像机 | 泊车大师软件工作<br>摄像机对汽车后部进行摄像 | 实时图像<br>汽车前部 | 响应时间：100ms<br>温度范围：－40～+80℃ |

为实现硬件和软件中相应的功能范围，必须注意各个需求，确定相应的实现方法，泊车大师软件所提出的对各个范围的要求如图 3-19 所示。通过某个软件组件实现某种功能的方法将通过相应的实现路径来进行描述，例如，通过显示的软件组件和显示器的硬件组件来实现显示功能。

在创建软件组件并确定接口后，就可以在控制系统上进行分区，图 3-20 所示为泊车大师软件模型（PMM）在控制系统上进行硬件/软件组件的分区实例，硬件组件倒车摄像机在相应的硬件上进行分区，它通过线束直接与控制系统 PMM 相连接。

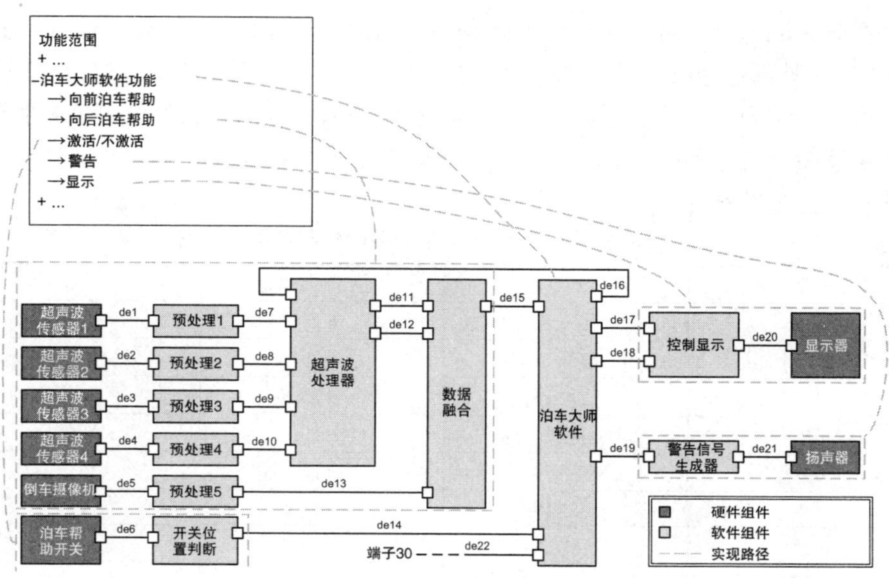


图 3-19　具有基本功能和停车帮助的泊车大师软件架构的组成

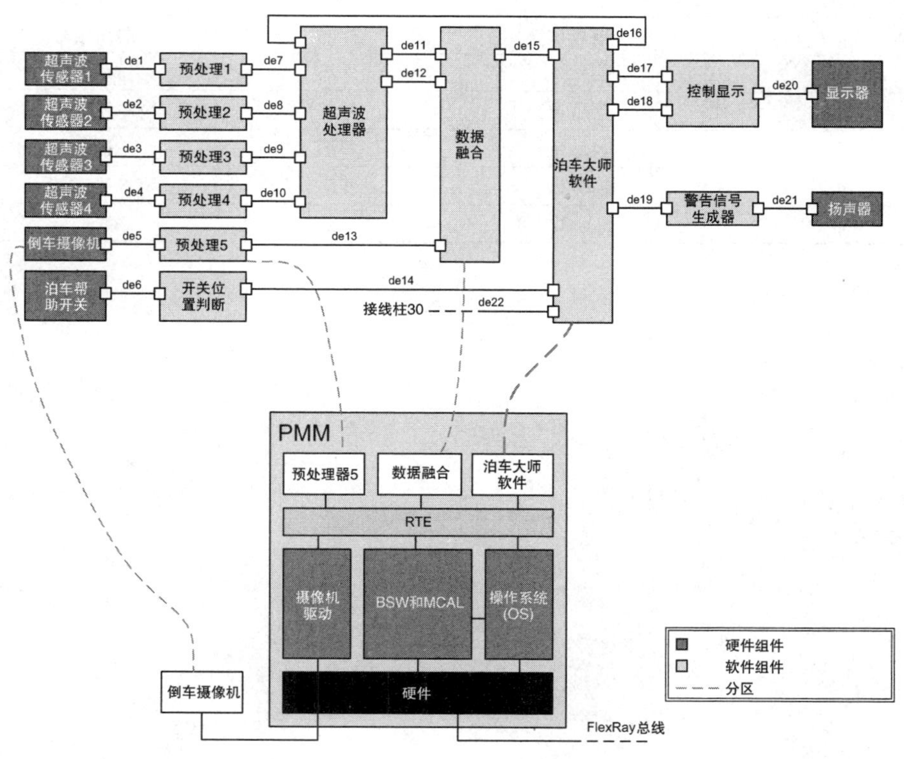


图 3-20　在 PMM 上的硬件/软件组件分区示意图

在分区的基础上可以实现内部通信（控制系统内部）和外部通信（通过控制系统）。外部通信又分为总线信号和一般信号，一般信号是通过导线来传递的。表3-3所列为在软件层面中泊车大师软件外部信号的数据映像，该案例还将在5.4节中出现，如图5-21所示，并将描述其所产生的通信，本书只是有关分区的一个完整的概述。

表3-3　按照软件/硬件组件分区的外部信号数据表

| 数据元素（de） | 信号名称 | 内部/外部 | 类型 |
|---|---|---|---|
| de1 | 信号10 | 外部 | 一般信号 |
| de2 | 信号11 | 外部 | 一般信号 |
| de3 | 信号12 | 外部 | 一般信号 |
| de4 | 信号13 | 外部 | 一般信号 |
| de5 | 信号14 | 外部 | 一般信号 |
| de6 | 信号15 | 外部 | 一般信号 |
| de11 | 信号1 | 外部 | 总线信号 |
| de12 | 信号2 | 外部 | 总线信号 |
| de14 | 信号3 | 外部 | 总线信号 |
| de16 | 信号5 | 外部 | 总线信号 |
| de17 | 信号6 | 外部 | 总线信号 |
| de18 | 信号7 | 外部 | 总线信号 |
| de19 | 信号4 | 外部 | 总线信号 |
| de20 | 信号8 | 外部 | 一般信号 |
| de21 | 信号9 | 外部 | 一般信号 |
| de22 | 信号22 | 外部 | 总线信号 |

# 第 4 章　电控单元和实时计算机架构

这一章将讲述电控单元的一个典型结构和电控单元的各个组件。4.1 节将简要介绍电控单元的组成以及组件的构成条件，然后从 4.2 节到 4.4 节将讲解电控单元的预处理组件和外设组件，这一章的最后将借助于案例来评价电控单元的架构。

## 4.1　电控单元的组成及其应用条件

电控单元应与其应用领域相适应，也就是与它的安装位置和应用程序相适应，当然已知的构架与电脑的结构很相似，电控单元中的各个部件能够从电源中迅速而稳定地获得所需要的电压，以便使电控单元能正常工作。在网络系统中，电源受通信接口的控制，通信接口必须与总线相匹配，其类型由 OEM 指定。为了能接收传感器的信号并能对执行器进行控制，电控单元应拥有与传感器和执行器相匹配的接口，典型的接口如 A/D 转换器或数字输入/输出端口与微控制器中的半导体技术相适应，因此接口常常集成在微控制器上。其他接口如功率驱动接口可用于连接微控制器的外设组件。图 4-1 所示为微控制器中电路板上的功率接口原理图。按照数字预处理的用途和类型接口可分为 DSP（数字信号处理器）接口、FPGA（现场可编程门列阵）接口和 ASIC（应用特定的集成电路）接口。

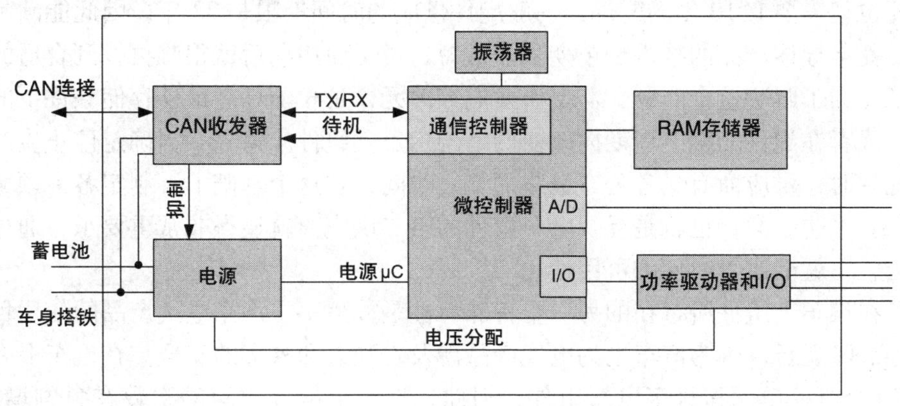


图 4-1　电控单元原理图

本章将从电控单元不同的预处理和外设组件开始进行讲述。和与正确执行应用程序相关的功能和时间特性相比，组件必须与功率匹配相适应。在汽车上对电子组件有一定的要求，安装位置的环境条件对产品的寿命以及产品的可靠性都会产生影响，其条件要求分为环境温度、湿度、寿命、配件供应和一定范围内的故障率。与家用电器和工业电器相比较，汽车电气在各个领域的要求更高，表4-1列出了这三种产品对应用要求的对比。

**表4-1 不同用途的电气组件对条件要求的对比表**

| 参数 | 家用电器 | 工业电器 | 汽车电气组件 |
|---|---|---|---|
| 温度/℃ | 0~40 | -10~70 | -40~85/155 |
| 湿度（%） | 低 | 中 | 0~100 |
| 寿命/年 | 1~3 | 5~10 | ~15 |
| 配件供应 | 很少 | 5年内有供应 | 供应至30年 |
| 故障率（%） | <10 | ≤1 | 目标：0 |

和温度要求一样，要求湿度也不能对组件产生影响，在IP保护类型的规范[Com00]中对湿度要求进行了分类，保护类型由两位数组成。保护类型的第1位数是防机械异物进入保护，防机械异物进入保护又分为6个级别，第1级是0级，无保护，6级是防灰尘保护，之间是不同等级的允许进入的异物的大小；保护类型的第2位数是防湿度保护，又分为10个级别，0级表示没有保护，9级是防高压清洗保护，它们之间分为不同的级别：滴水、全方位喷水、全方位高压喷水、在一定压力和时间下水中浸泡。在IP55中详细列举了汽车外部电气组件的典型保护分类。经验表明，有的电气组件需要全方位的防尘和防水保护。

电气产品的另一个课题是寿命和配件问题。汽车电气的研发时间一般为5年，接下来的产品生产年限大约为7年，产品停止生产后汽车最少还得用10年，因此也就需要有10年的配件，一般配件供应的时间期限是22年，因此能满足需求。而半导体产品的技术变革期限非常短，过了使用期后就很难再找到合适的配件了，为了解决这个问题，需要研发电控单元，延长配件在最佳存储条件下的寿命，或者在配件的生产周期内改变网络架构及其组件。另外，当确定停止生产某种配件时，供应商有义务公布最终的交货时间，在这个基础上，制定各个领域的第二套采购方案，也就是寻找电气组件的第二供应商就显得非常重要了，通过这些措施，就能改善组件的可用性。

在汽车上组件所存在的另一个特殊特性是故障率，汽车电气产品的使用目标是零故障运行，因为汽车上的电气产品涉及驾驶人和乘客的安全。在汽车上有多达70个电控单元和众多电气组件，因此，汽车上电气故障的次数在急剧增加，几乎没有零故障运行的情况。在汽车行业，要求ECU在0km和行驶期间的故障

率小于 $10\times10^{-6}$/年［Ka106］，要求每个控制部件的故障率小于 $1\times10^{-6}$/年，图 4-2 所示是各个控制部件的故障率。因缺陷而导致电控单元出现故障的情况是不允许存在的，也就是说，$10\times10^{-6}$/年以上的故障率应完全归因于制造过程的原因，其中车身制造所导致的故障率占 $3\times10^{-6}$/年，仓储和物流所导致的故障率为 0/年，电气元件所导致的故障率为 $7\times10^{-6}$/年。由电气元件所导致的故障率的原因是由于使用高故障率半导体器件和一定故障率的电阻器和电容器所导致的。通过各种制定机械和电气测试制度的措施以及生产制度可以改善这个问题，这在零故障策略框架中有相关的规定。

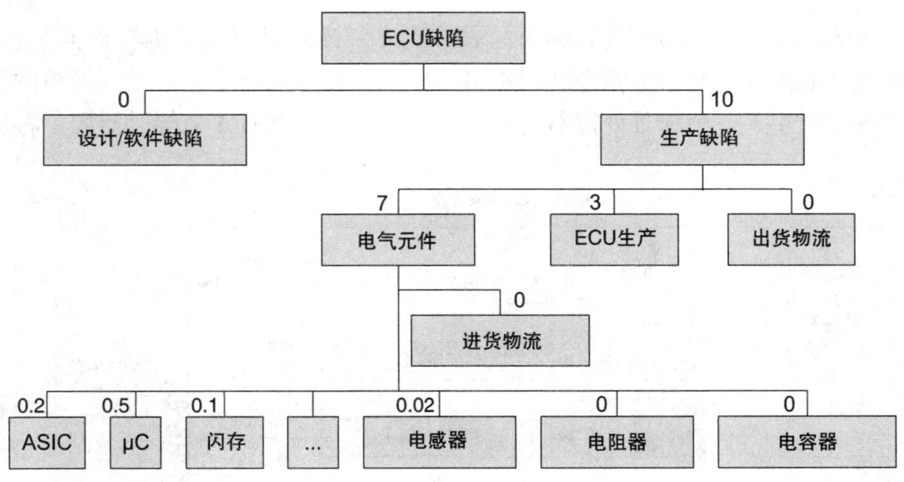


图 4-2　电气元件可靠性要求/$10^{-6}$

## 4.2　计算机架构和可编程硬件

为实现某项功能需要配置一系列硬件平台，在应用范围上各硬件平台有各自的优点和缺点，重要的解决方案如图 4-3 所示。图 4-3 中的列表并不完整，但列举了用于可编程硬件的多用途处理器（μC、DSP），除所列举的类型外，还有计算机的类型和硬件的种类，例如粗晶架构、ASIP（应用特定的集成电路）和 GPU（图形处理单元）等，这些在下面的内容中将不再讨论。

多用途处理器的特点是在处理任何应用程序时可以优化处理量，就好比在台式电脑中使用的那样。在应用程序执行期间可能会出现很多干扰，但多用途处理器在各种应用中能快速地执行命令，这样的处理器依靠的是随机预测、从高速缓存存储系统读取和内部操作运行规划的灵活性机制。

多用途处理器又称为 CISC 处理器（复杂指令集计算机），是包括专业指令具有一个大指令集的处理器。复杂指令集的机动性在于代码的高效率。由于这样

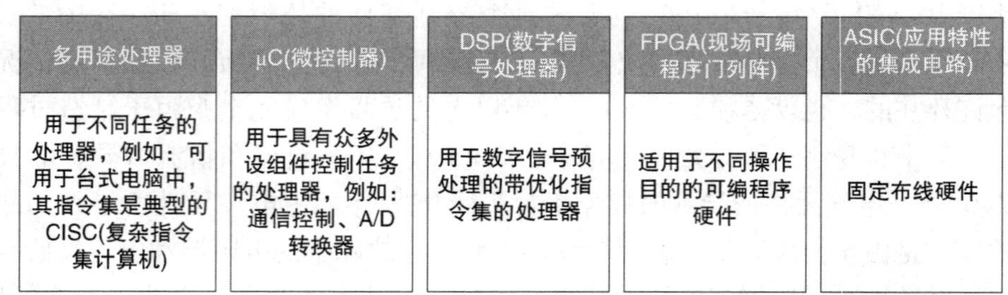


图 4-3　计算器类型和可编程序硬件

的处理器能读取所存储的冗长的大的媒体程序，因此可以减少内存访问的次数。在处理器的内部，复杂的指令映射在微程序上，复杂的指令由一系列简单的微操作组成。图 4-4 是奔腾Ⅲ处理器的原理框图，该处理器有 3 个解码器用于将复杂

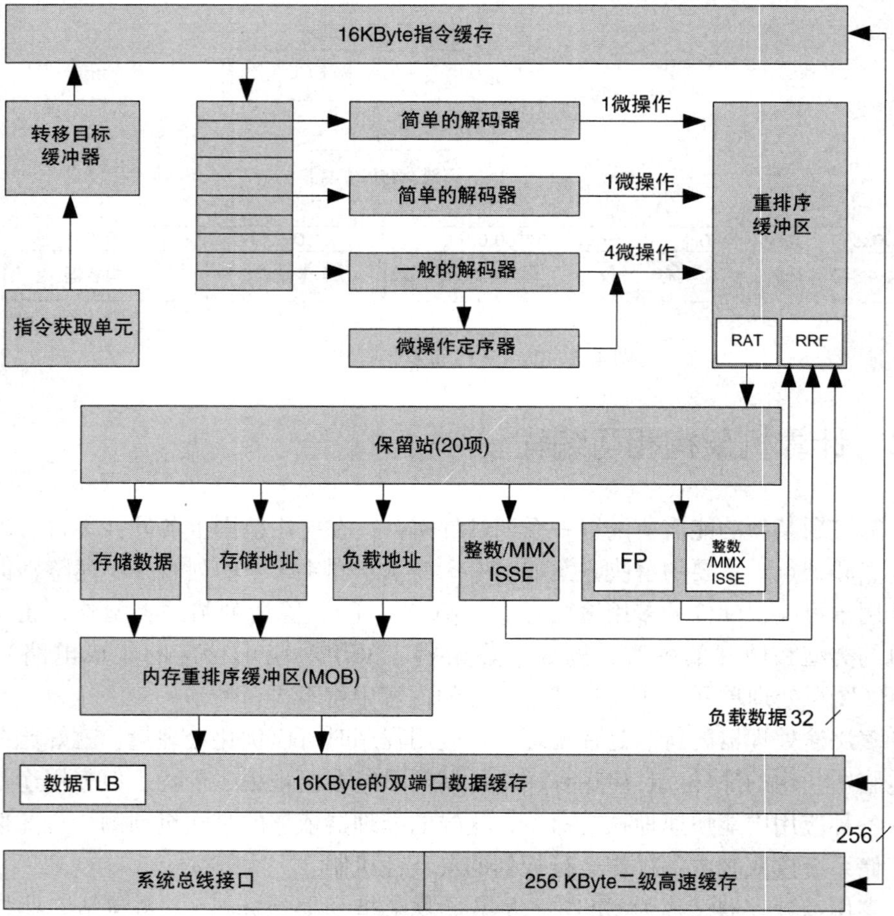

16KByte指令缓存
转移目标缓冲器
指令获取单元
简单的解码器
简单的解码器
一般的解码器
微操作定序器
1微操作
1微操作
4微操作
重排序缓冲区
RAT
RRF
保留站(20项)
存储数据
存储地址
负载地址
整数/MMX ISSE
FP
整数/MMX ISSE
内存重排序缓冲区(MOB)
负载数据32
数据TLB
16KByte的双端口数据缓存
256
系统总线接口
256 KByte二级高速缓存

图 4-4　奔腾Ⅲ处理器的原理框图［BU07］

的指令编译成简单的微操作，微操作在达到并行的执行单元（驱动、内存、INTEER/MMX 等）之前是通过预留站的重排序缓冲器运行的。

微控制器（μC）和数字信号处理器（DSP）属于特定域处理器。微处理器是典型的 RISC 处理器（精简指令集计算机），它配有许多外设组件，例如信息控制器、A/D 转换器、闪存/RAM 存储器等，通过这些外设组件在嵌入式系统中能更好地完成控制和调节任务，这只需要少数外设组件。图 4-5 所示是典型的微控制器的原理框图。除了上述所提到的外设组件控制器还配备有：

1）锁相环（PLL），通过不同的内部通信生成。

2）脉冲宽度调制（PWM），用于控制传感器。

3）监控定时器，借助于它在 ECU 错误的情况下可进行复位。

4）一系列的接口如 UART 或者 SPI。

5）与时间有关的定时器/计数器控制。

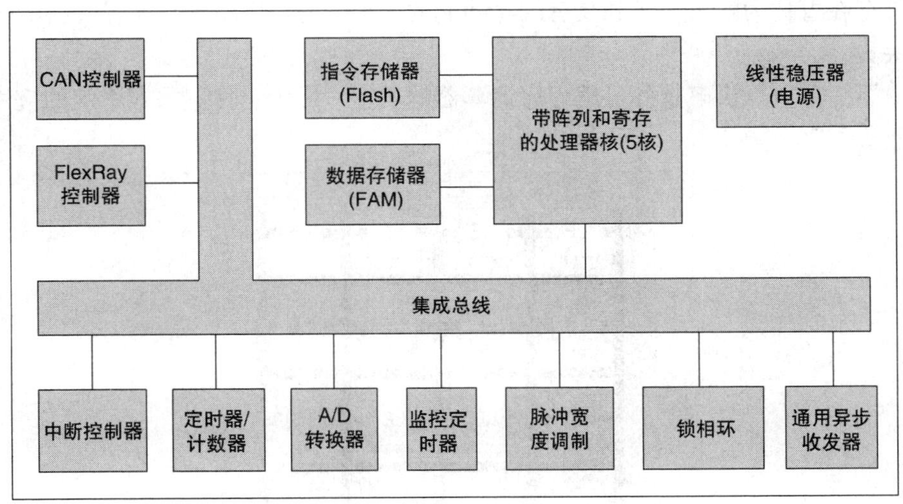


图 4-5　具有外设组件、内部电源和内部存储块的微控制器原理框图

另外，控制器还配备线性稳压器，通过它可以将电源电压（如 12V）转换成典型的车载电压（如 3.3V、5V 或 12V）。

与多功能处理器不同，微控制器只有几个等级的线路，这些线路将在今后的章节中进行详细的讲解。

DPS 也属于特定域处理器，在嵌入式系统中它属于使用优化，配有传感器和执行器连接端口。为了数字信号的处理，指令集也是优化的，典型的例子是 MAC 指令，MAC 为乘法累加，并给乘法累加的结果赋值，这种操作可用于过滤处理，如 FIR 过滤或用于离散的交叉相关的运算。另外数据字段可分为不同的子数据字段。如果要处理每像素 8bit 色深的图像数据，32bit 的数据字段可分成 4 × 8bit 后用 4 个像素同时运算。在嵌入式系统中配置多功能处理器，就很难区分 μC 和 DSP，因为存在多个由一个或多个 RISC 处理器组成的处理器架构以及用于数字信号处理的特殊计算单元。

FPGA（现场可编程序门列阵）可用于替代可编程序软件计算器，FPGA 有可编程序逻辑单元组成，通过网络相互连接在一起。图 4-6 是 FPGA 的结构原理图。每个逻辑单元都由一个查询表组成，输入端需要 4bit 的带宽，该输入地址的值在该查询表中占据 1bit，输入地址由 D 触发器提供，或直接由逻辑单元的输出端提供，D 触发器用于一个值的中间存储。逻辑单元和 FPGA 端子通过网络相互耦合，网络由垂直的和水平的导线，在节点处通过晶体管相互耦合或彼此分离。晶体管的控制以及在逻辑单元中具有多路复用器控制的查询表中的内容通常通过 SRAM 单元存储在 FPGA 中，在每一次启动 FPGA 时 SRAM 单元必须重新写入。另外存在着称为耐熔熔丝和具有闪存功能的 FPGA 的替代品，其配置关机后也不会丢失。

下一节重点讲解软件可编程序计算器的类型，因为它在嵌入式系统的应用很广泛。

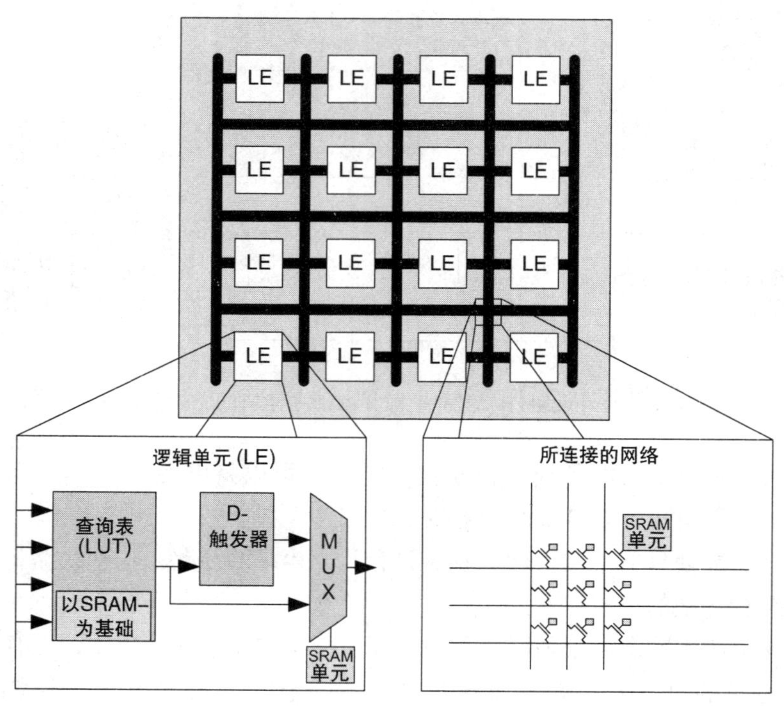


图 4-6　具有重要组件（接口、寄存器、ALU 和控制器）的处理器核

## 4.3　处理器组件

下面将详细讲解处理器的各个组件，最基础的内容是正时特性以及执行软件对时间行为上的影响，关于处理器和微控制器的课题可参阅［WB05、BU07］等资料。

### 4.3.1　处理器核

简单的处理器由地址和数据总线接口、寄存器组、控制器和算术逻辑单元（ALU）组成。处理器核通过接口与其他组件如存储器或输入输出接口相连。当数据或指令集到达接口后，处理器核开始对指令集进行处理，而数据先存储在寄存器中，控制信号由运行的指令生成，用于寄存器组和 ALU 的控制。当信号到达寄存器组和 ALU 后，数据就从寄存器中取出进行重新处理，其结果被写入寄存器中进行进一步的处理，或者通过接口将数据放到处理器内部的存储器中。

简单处理器核的结构如图 4-7 所示，当代的处理器引入了新的技术，以提高其质量吞吐量及其性能，主要有：①并行处理技术和缩短组合式路径；②具有闪存的存储结构以便快速进行下载和存储；③为在线程级别和任务平面上并行处理的多核结构。

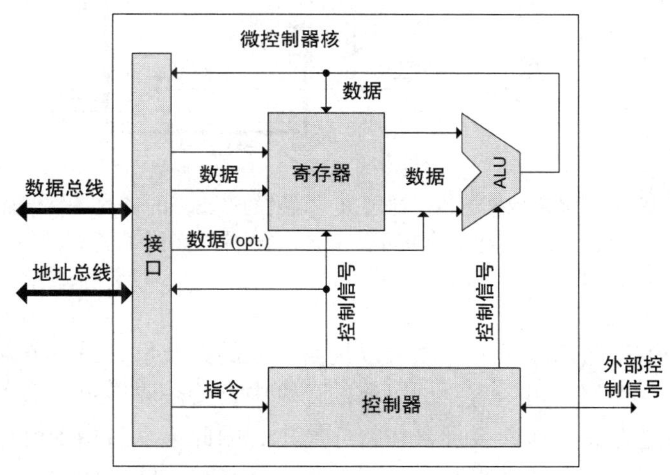


图 4-7　简单处理器核及其重要的组件（接口、寄存器、ALU 和控制器）

### 4.3.2　数据通道

数据通道可理解为某种加工类型的处理器结构，在数据通道内指令可不在 1

个时钟周期内被执行，可在许多个时钟周期内被执行，最长的组合路径可以借助寄存器进行划分，以便能提高时钟频率，借助于这项技术可提高指令的吞吐量。图 4-8 为 DLX 数据通道的一个实例，它被分成了 5 个级别：

1）指令获取：数据通道的第 1 级是从存储器中获得指令。

2）指令解码：数据通道的第 2 级是对指令进行解码，这时要为后面的处理单元生成所有的控制信号，处理的值来自指令或寄存器集。

3）指令执行：在这一级要进行的是对指令的处理。如果指令需要跳转，就要计算出跳转率；如果需要添加指令，在这一级中就要添加；如果指令是加载处理，就要计算出存储地址，等等。

4）存储：如果在指令执行级别中需要将结果写入存储器中或需要从计算地址中读出数值，在这一级中就需要建立内存访问。

5）写回：在这一级别中，将前面两个数据通道级别的值再写入寄存器，以便用于以后的计算。

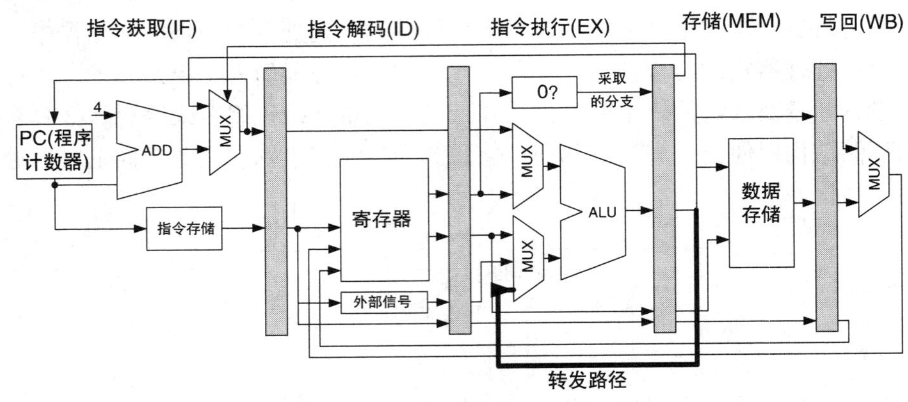


图 4-8　5 个级别的 DLX 数据通道，通过执行级别的输出端的转发路径与输入端相连，因此执行级别的计算结果可以在下一个时钟周期中再进行处理

1. 转发

通过这一数据通道级别一方面可以提高指令的吞吐量，另一方面能确定使吞吐量减小的指令序列。指令需要从以前的计算中直接获取结果，这条指令必须等待直到结果通过存储和写回级别存在寄存器中，因此第二条指令就存在着一个等待时间，这可通过转发技术来避免。图 4-8 为具有转发路径的 DLX 数据通道图，执行级别的结果通过寄存器又回到了算术逻辑单元（ALU）的输入端。

对于软件实时的评价意味着一个缺失的转发路径，软件的执行路径与指令序列和指令间的数据关联有关，在评价时应考虑到这种情况。

2. 推测执行

在指令执行中没有规律可循的是跳转指令，跳转指令的目标地址是在执行级别中经过计算而形成的，按照这个级别就能确定，哪个跳转目标的指令能加载到数据通道中，因此，在指令获取或指令解码级别中的指令可能就是无效的。借助于推测执行可以真正找出必须丢掉或应减少的无效指令。这里有一个简单的机制，如1bit和2bit－预测，将过去和将来连在一起，例如用1bit的预测可以表示接收一个突变的状态或不接收一个突变的状态，如果预测的突变出现了，就保持这个状态，否则就改变预测状态，在下一个突变中提供相反的状态。在奔腾Ⅲ架构中实施的是gshare算法，这种算法可通过相关的所有全球分支机构做出精确的预测，并用决策（T＝采取、N＝不采取）的模式来表示预测。一个单独的分指令例如环形指令可用TTTNTTTN来表示，而if－then－else语句可用TNTNTN来表示，可实现相关的不同组合的分指令，例如，具有if－then－else的环形指令就可用TT NT TT NT TN TT NT TT NT TN来表示。

一般来说，这个技术可提高数据通道的吞吐量，但这也会给软件的正时评价带来问题，因此，必须为具有推测程序的处理器确定程序的运行时间，在最坏的情况下，必须在指令预测之前进行假设，而多数情况下这会高估导致的运行时间。

3. 超标量单元和乱序执行

由于不同的操作需要不同的时间，常常需要一个或多个时钟周期，也就是说，加法运算例如执行级别只占用1个时钟，而乘法运算需要占用3个时钟，这就会在数据通道中导致返回阻碍，因此，指令获取和指令解码不得不停止。为了避免返回阻碍，将在执行过程中没有使用到的资源充分利用起来，便引入了超标量单元，它是一种并行处理方式，如图4-9所示。执行级别分为整数单元、乘法单元、浮点加单元和除法单元，它们可并行工作，在指令执行时需要所需时间是不同的。

借助超标量单元就可以实现指令在数据通道中的超车，在错误的序列中也能够计算出正确的结果，但必须避免不同方法的指令调度。一方面，编译器可确定与超标量单元相适应的指令的静态序列；另一方面，处理器可改变指令的序列。在编译过程中尚不清楚，目标处理器是否有超标量，指令是否按顺序进行处理，但处理器的动态调度可改变指令顺序，这种情况称为乱序执行。但乱序执行不是在任何情况下都能改善数据通道中的吞吐量，如下述案例。

第1个案例有3个并行执行单元，分别为加载/存储单元（LSU）、指令单元（IU）和多周期指令单元（MCIU），在这3个并行单元上运行下面的程序［Lund－quist］：

```
A    LD     r4,     0(r3)
B    ADD    r5,     r4,     r4
C    ADD    r11,    r10,    r10
D    MUL    r12,    r11,    r11
```

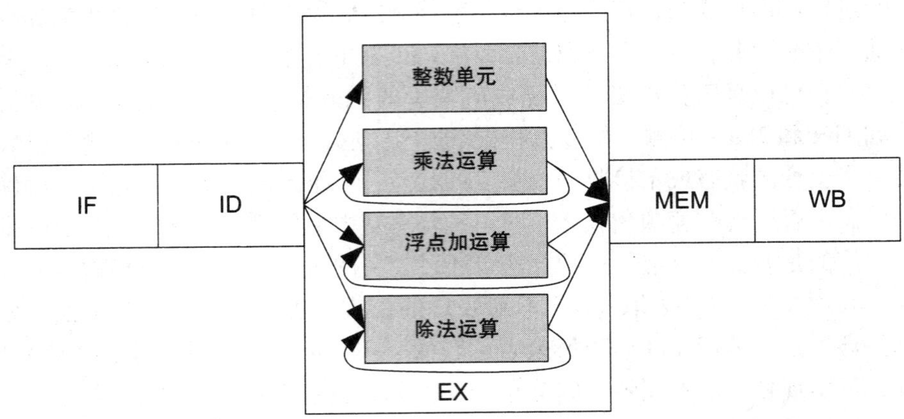


图 4-9 具有多个并行执行单元（整数单元、乘法运算、浮点加运算和除法运算）的超标量数据通道，可同时处理多个指令

E　　MUL　　r13,　　r12,　　r12

图 4-10 是第 2 个案例，通过缓存未命中改变了执行序列。第 1 个案例中指令按照顺序从 A 到 E 开始执行，到 12 时序时完成。第 2 个案例中加载指令导致了一个缓存未命中，由于 A 和 B 之间存在数据关系，指令 B 未被执行，相反，处理器将指令 C 提前执行，与指令 C 相关的指令 D 和指令 E 也提前开始。尽管缓存未命中，但总的来说，从第 11 时序开始，执行时间得到了改善。

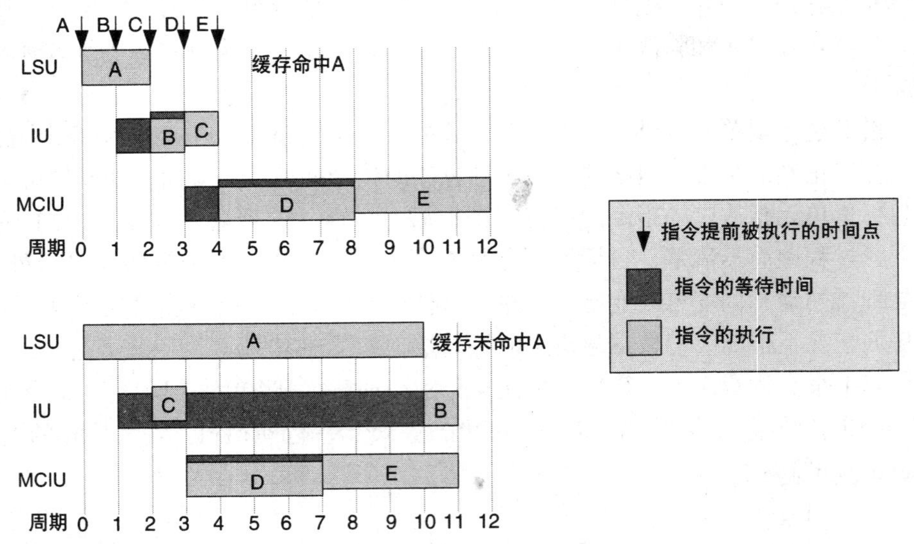


图 4-10 超标量单元可能会导致时间紊乱，在图上方的案例中指令 A、B、C、D 没有出现紊乱，但在下方的案例中导致了指令 A 缓存未命中。尽管缓存未命中，但在下方案例的执行时间却较短

下面的案例是个特例，在相同的超标量单元上将执行下列程序：

| | | | | |
|---|---|---|---|---|
| A | LD | r4， | 0(r3) | |
| B | MUL | r5， | r4， | r4 |
| C | LD | r6， | 0(r5) | |
| D | MUL | r11， | r10， | r10 |

该案例中，前 3 个指令之间具有数据相关性，而与下面的指令没有关系。在图 4-11 中的第 1 个案例有缓存命中，第 2 个案例有缓存未命中，因此执行的顺序只需要指令 A，并开始并行执行指令 D，最后是指令 B 和指令 C，所导致的运行时间为 27 个时钟周期。如果动态调度不改变从指令 B 到指令 D 的运行顺序，则指令 B 和指令 C 就能提前 3 个时钟周期被执行。第 2 个案例说明，在一定情况下，运行顺序的改变会导致不良的吞吐量。

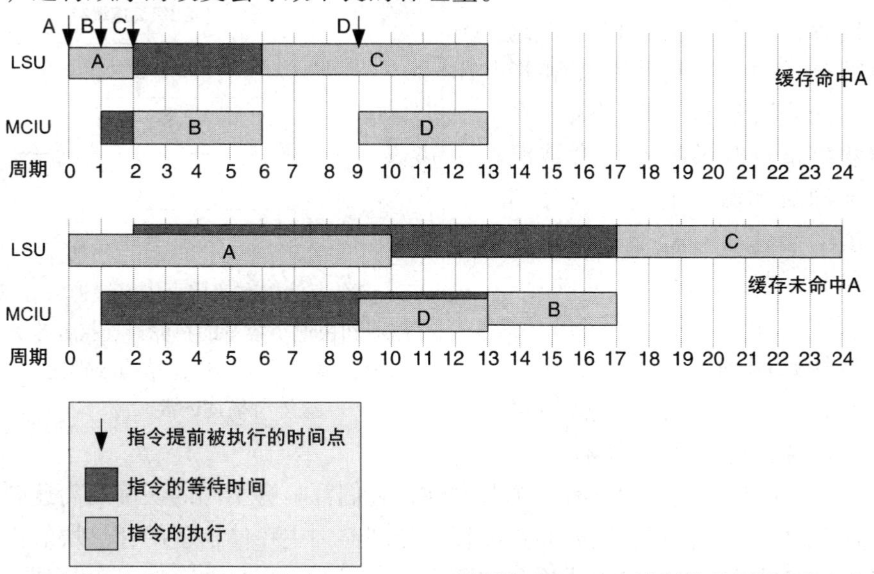


图 4-11　图上方的情况是运行指令 A、B、C、D 时缓存命中 A，下方的情况是缓存未命中 A，从而改变了从指令 B 到指令 D 的顺序。如果不改变指令的顺序，程序就可以快 3 个时钟周期 [Lundquist]

4. 可选指令

在指令获取和指令解码中存在一种特殊情况，当从指令存储器中下载一个指令，但在执行阶段它不能被执行，这时就会产生一个中断，指令将在软件中就被模拟。在程序的实时评价中必须明确的是，指令是否必须被模拟或是否存在处理器中，这会导致在运行时间上的根本不同。

### 4.3.3　存储器的层次结构

存储器有一个特性，不是快速小容量，就是慢速大容量。处理器的寄存器在每一个时钟周期都会存储另外一个值，当被集成在芯片上时比较昂贵，但相对较小，相对而言，硬盘能提供更多的存储空间，但需要较长的访问时间，基于这种相反的特性，存储器的层次结构应运而生了，它虽然降低了与远距离处理器间的通信速度，但提高了存储容量。图 4-12 所示为常见计算机架构多级存储器的层次结构。寄存器组的下面是第 1 级高速缓存，它分为数据段和代码段两部分。联合架构将数据和指令分为两个并列的存储，因为在存储器中指令和数据在通常情况下必须同时加载。下面各级分别是拓展的高速缓存存储层、主存储层和不易失去信息的存储硬盘。在嵌入式系统中，层次结构的数量不是特别明确，第 1 级高速缓存的下面就是不易流失信息的存储器，如闪存或 ROM 存储器。

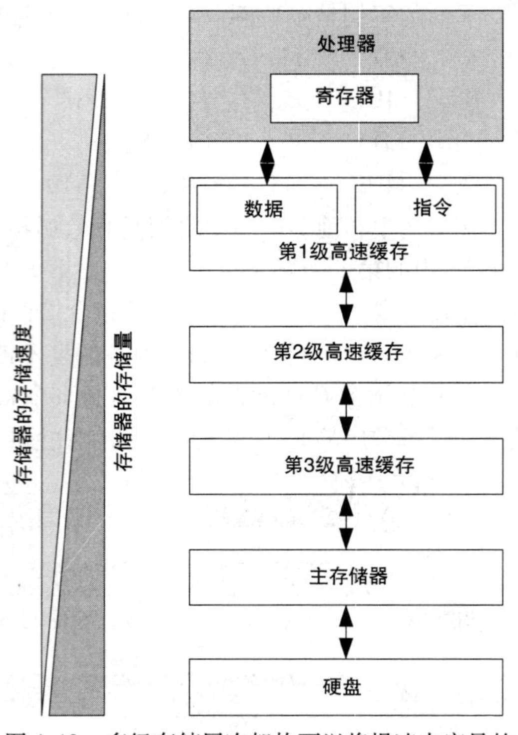


图 4-12　多级存储层次架构可以将慢速大容量的存储器和快速小容量的存储器连接起来，在嵌入式系统中的层次结构级别比这里所描述的要少

这两种存储层次结构具有一个共同性，它们都具有不同的明确的高速缓存结构，它们的任务是在正确的时间点能提供处理器中主存储器里的存储块。由于高速缓存的容量没有主存储器或硬盘的那么大，因此，它只能存储一部分数据，由于这个原因将导致 4 个问题，应在高速缓存架构中进行有效的解决。

1）在高速缓存中主存储器块的映像：这会遇到一个问题，主存储块是否允许存储在高速缓存的任意位置、多个确定的位置或高速缓存中的确切位置。

2）查询策略：如果允许主存储器存储在高速缓存的多个位置上，在处理器进行存储访问时，是否能立刻查询到正确的位置

3）替换策略：如果必须要从高速缓存的新的主存储块上加载，就会出现一个问题，哪些主存储块将被新的存储块所替代，当主存储块存储在高速缓存的多个位置时，自然就会出现这个问题。

4）主存储器和高速缓存的一致性：处理器在高速缓存中存储一个值，这个值必须加载到主存储器上，如果不这样，这个值将被新的主存储块所覆盖，这将

出现数据的一致性问题。相反，外设组件可以改变主存储器中的值，在高速缓存中的值也必须改变。

对于时间行为上的缓存影响应考虑到从主存储器到缓存的映像和特定关系的替换策略，一般来说，有 3 个映像策略，如图 4-13 所示。

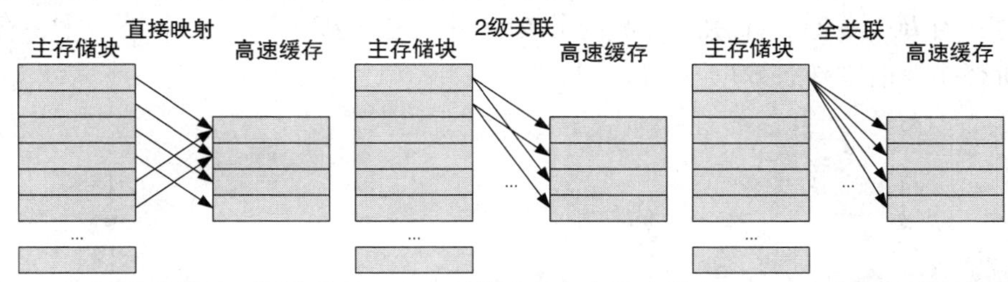


图 4-13　从主存储块到缓存块的 3 个映射策略。在直接映射中，每一个主存储块都与高速缓存器中一个指定的块相对应；在 2 级关联的缓存中，主存储器可以和高速缓存器中两个指定的块相对应；在全关联中每一个主存储块都可以与高速缓存器中任意块相对应

1）直接映射：每一个主存储块都与高速缓存器中一个指定的块相对应。

2）全关联映射：每一个主存储块都可以与高速缓存器中任意块相对应。

3）组组关联映射：每一个主存储块都可以与高速缓存器中一定量的块相对应，例如在 2 级关联的缓存中，主存储器可以和高速缓存器中两个确定的块相对应。

对于直接映射不存在替换策略问题，因为主存储块对应着一个指定的缓存块。对于全关联的缓存可采取以下替换策略。

1）FIFO（先进先出）：高速缓存中旧的主存储块将被替换。

2）LRU（最近最少使用）：高速缓存中长时间不被查询的主存储块将被替换。

3）随机：随机选取高速缓存中的主存储块被替换。

在阐明了存储层次结构的功能之后，下面将阐述其对软件时间行为的影响。

由于高速缓存仅仅是主存储器的一部分，因此处理器对高速缓存的访问就会出现缓存命中和缓存未命中两种情况。当所需要的数据已经位于缓存中并传送到 CPU 上，则为缓存命中；但数据不在高速缓存上，首先必须进行下载时，则为缓存未命中，由于下载所需的时间要明显长于缓存命中所需要的时间，因此 CPU 必须暂时停止运行直到得到所需要的数据为止。在软件运行时，由于这两种情况的存在，会出现运行时间的不同，这只是有条件的预测而已（见第 7 章）。

在访问时间可以变化的高速缓存的案例中，已经讨论了作为替换策略的伪最近最少使用的高速缓存。对于多级相关联（一般≥4 级）的高速缓存，LRU 的执行是昂贵的，正是由于这个原因，在 CPU 中引入了概率，总是将最长的使用过的元素替换掉，这种方法是伪 LRU，每个高速缓存块可以以最大字节运行，例如在功率 PC 架构中所使用的。图 4-14 所示为具有 4 个块 $L0 \sim L3$ 的高速缓存，每个块中有 3 个字节 $B0$、$B1$ 和 $B2$。处理器在高速缓存块上建立了一个访问，字节沿着到块的路径进行赋值，且总显示在分支空间的另一侧。例如，一个访问的赋值为 0，其结果则是 $B0=1$，$B1=1$ 保持不变，因为它出现在分支空间的另一侧，只有当一个新的主存储块加载到高速缓存上时，才对空间进行从上至下重新赋值：当 $B0=0$ 时，注意，右侧的分支空间，这时 $B2=0$，则 $L2$ 被一个主存储块所替换，最终导致 $B0=0$，$B2=1$。

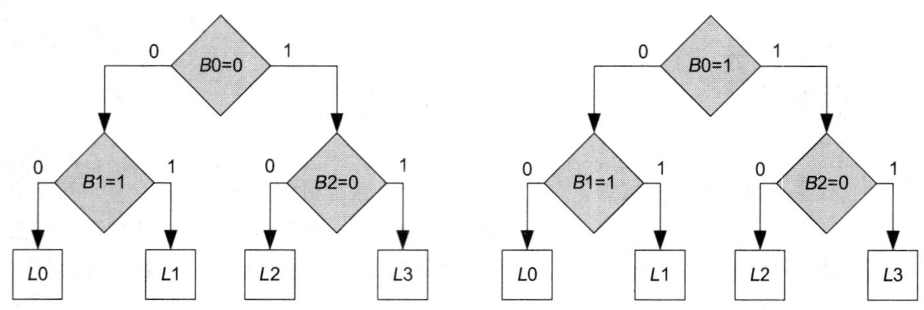


图 4-14　伪最近最少访问（PLRU）是一种替换策略，用于具有高关联的高速缓存中。当元素 $Lx$ 进行访问时，PLRU 将元素 $Bx$ 倒置后沿着路径到达元素 $Lx$，元素 $Lx$ 必须被替换掉，$Lx$ 被选用，从 $B0$ 开始显示

但这种伪 LRU 方法有明显的风险，占用已有的缓存，将会导致多米诺效应，常常会导致必要的缓存未命中。

在图 4-15 中有两个高速缓存，一个缓存从块 c、d、f 和 h 开始运行，另一个从块 c、h、d 和 b 开始运行，两个块具有不同的初始值和不同的 PLRU 字节，存储块从高速缓存中的下载顺序都是 c、d、f、c、d、h。在图左侧的高速缓存中已经存储了 4 个不同的缓冲块，在图右侧的高速缓存中所有的存储块都包含异常块 f，因此在第 3 步时就出现了缓存未命中，在高速缓存中块 h 被块 f 所替代，上述序列中的最后一个缓存访问必须为缓存中的块 h，如果不这样，又会导致缓存未命中，块 f 被块 h 所替代，又回到了高速缓存和 PLRU 字节的初始状态。在图左侧的案例中序列的重复运行不会导致缓存未命中，而在图右侧的案例中会导致两次缓存未命中。采取图左侧高速缓存程序的运行速度要比采用图右侧高速缓存时快，案例［Ber06］表明，这种多米诺效应能重新稳定。对于实时系统来说存在一个问题，就是这种多米诺效应的出现是不可预测的，因此，当确定一个程序的运行时间时，必须考虑到最坏的情况也就是最大数量的缓存未命中。

在 PLRU 高速缓存中所出现的多米诺效应不仅仅在这种替换策略中会出现，［RWT+06］指出，在其他的替换策略如 FIFO、轮循调度和随机替换中也会出现多米诺效应。

高速缓存的替换会导致所谓的暂存存储，这种存储类型是一种小容量快速存储，相当于将高速缓存安装在 CPU 上，和高速缓存的不同点在于，通过高速缓

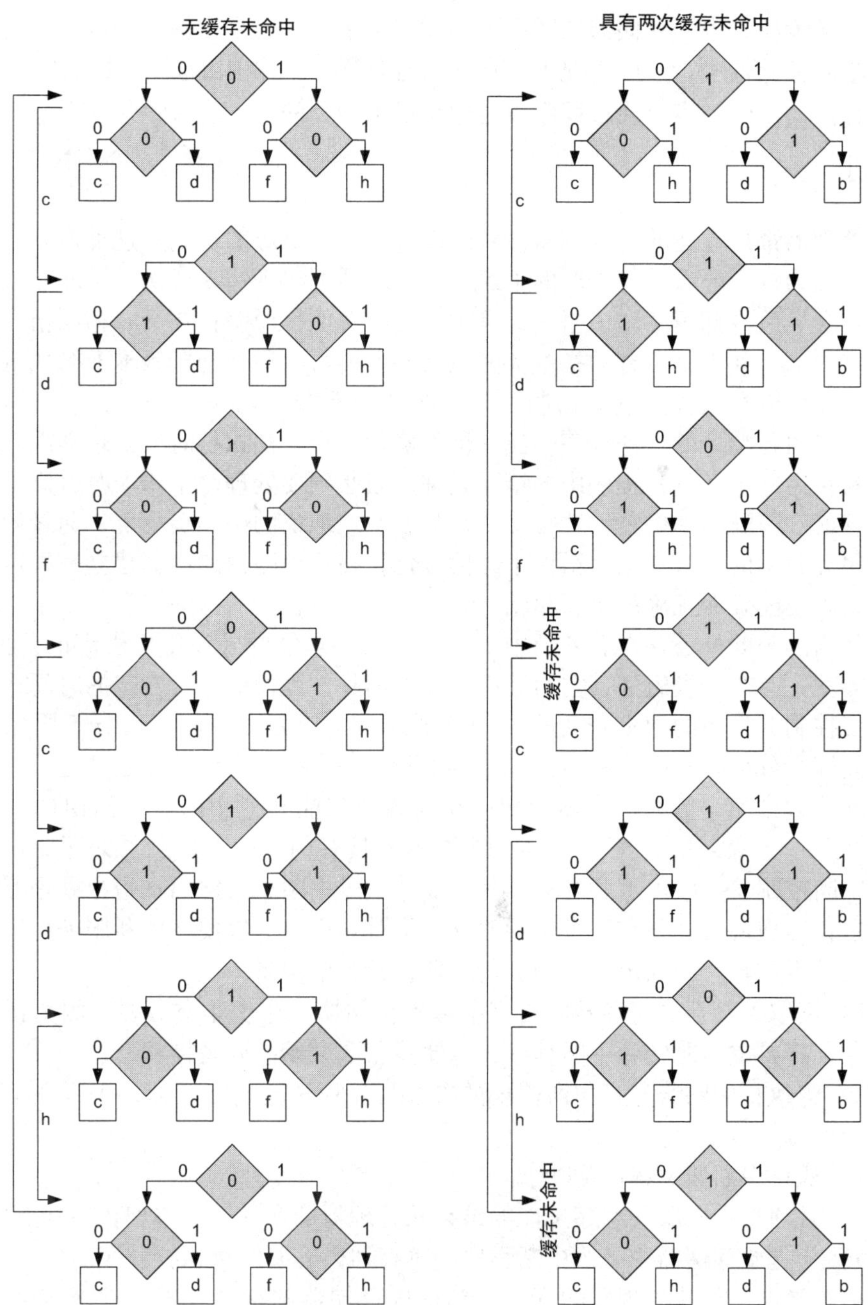


图 4-15　PLRU 会导致多米诺效应，两个高速缓存的初始值是不同的，当程序重复访问元素 c、d、f、c、d 和 h 时，左侧情况下不会导致缓存未命中，而右侧情况下每重复 1 次会导致两次缓存未命中

存的替换策略，中间存储器的类型不是动态发生的，而是在确定的可编时间内存储在临时存储器中，一般情况下，在临时存储器中所使用的是变量或指令顺序，临时存储器中的内容是通过程序或通过编译来划分的。

### 4.3.4 中断

处理器都配有能够对内部事件和外部事件做出响应的机制，这种机制也称为中断，因为这会导致运行程序的中断。当处理器上出现错误或例外情况必须要处理时，会导致内部程序的中断，这可用下面的案例来说明：在具有相同指令集的处理器内部，并不是所有的指令都能在硬件上的每一种处理器版本上被执行，而各个指令可以在软件上进行仿制，虽然在性能上会出现缺点，但价格上却很便宜。为了执行指令的软件程序，当一个不确切的指令被执行时，处理器能解决内部中断；另一个案例是程序中的错误处理，当必须要处理一个错误时，驱动系统和程序就会引发内部中断，这会出现在具有一定地址的中断指令上，通过地址将中断服务路由的错误类型和错误来源信号化，在这种路由的内部建立一种错误的处理，以便能确保正确的重新驱动。

除内部中断外还存在着外部中断，这是由处理器的外设组件引起的，例如，计时器就是一个外设组件，它给处理器提供信号，以便能运行一定的时间，或者是通信控制，将新的数据包传递给处理器。为了使处理器能够区分不同的中断源，能够区分计时器中断和通信控制器中断，一个行之有效的方法就是给中断源的中断因数排序，借助于中断因数，在列表中就能知道中断服务路由的起始地址，在下一步就会发生跳转。图 4-16 所示为具有相应中断控制器的存储器的结构，中断控制器接收内部和外部两种中断，通过中断源判定出在指令处理器的什么位置会出现跳转，并在这个位置建立一个跳转指令，以便在中断服务程序的起始地址发生跳转。中断出现后的运行一般包括 5 个步骤：

1）读取处理器的寄存器并提交给起始存储器，这步非常必要，因为按照中断服务程序要重新跳转到中断程序，以便能获取原始的处理器状态。

2）将执行中断服务程序所需要的参数写入处理器的寄存器，否则在下一步时将会被覆盖。

3）执行中断服务程序的功能。

4）必须将中断服务程序可能的结果从处理器的寄存器中移到存储器上。

5）从起始存储器中下载中断程序的寄存器内容并继续执行程序。

有些操作，如从处理器的寄存器到堆栈存储器的存储（第 1 步）是不允许被下一个干扰中断，否则就不会重新建立起源程序，另外，发现效率原因的意义在于能够避免中断服务程序被一个新的干扰所中断，基于这个原因，中断控制器就有可能阻止或屏蔽一个中断源。在屏蔽时尽管接收了所出现的结果，但通过及时处理，就会将所屏蔽的内容废除掉。

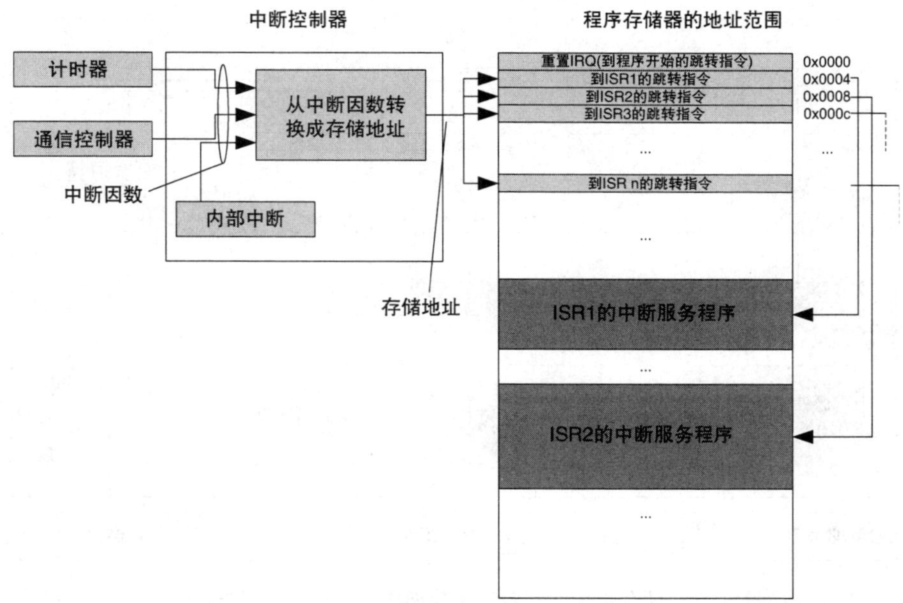


图 4-16　中断处理器接收内部和外部中断，按照中断源在程序存储器中引用跳转指令，通过跳转指令在中断服务程序的跳转地址上发生跳转

通过干扰引起的程序中断与时间效应有关，在具有高速缓存器的系统中，预判功能替换策略应能重新使用运行程序中概率大的程序块，这个程序块保存在高速缓存中，具有中断服务程序的中断应负责交换非预测性缓存的访问，其他内容的高速缓存在进入中断服务程序时可从程序中退出。

### 4.3.5　多核架构

在现在的笔记本电脑中使用的就是多核架构，以便能够通过并行处理实现性能的提高，而不是通过高的时钟频率来提高性能。在嵌入式系统中，使用双核架构不仅能提高效率，而且能获得更好的安全性。在锁步操作中，处理器的两个核同步运行相同的程序，并对每一个结果进行对比，这种情况在以后不会再被关注了。相反，在文献中应出示包括哪些多核架构的设计草案，以便能够提供实时的确定的多核架构，一个重要的标准就是公共资源的利用。图 4-17 所示为一个多核架构案例，多核处理器的核通过片上总线相互连接在一起，并通过这个总线相互通信，由处理器核控制的外设组件也连接在相同的总线上，处理器架构中所有核都有各自的指令缓存，它们可通过共同的闪存接口对外部闪存进行访问，所有核使用的公共资源是片上总线和闪存接口。通过这个案例清楚地看出，片上总线是一个瓶颈，甚至关系到多核处理器的运行效率，即便是两个核对不同的外设组件进行访问，其中的一个核必须等到另一个核访问结束为止。

当两个作业同时访问外设组件时，对于单核处理器来说就可能出现冲突。当

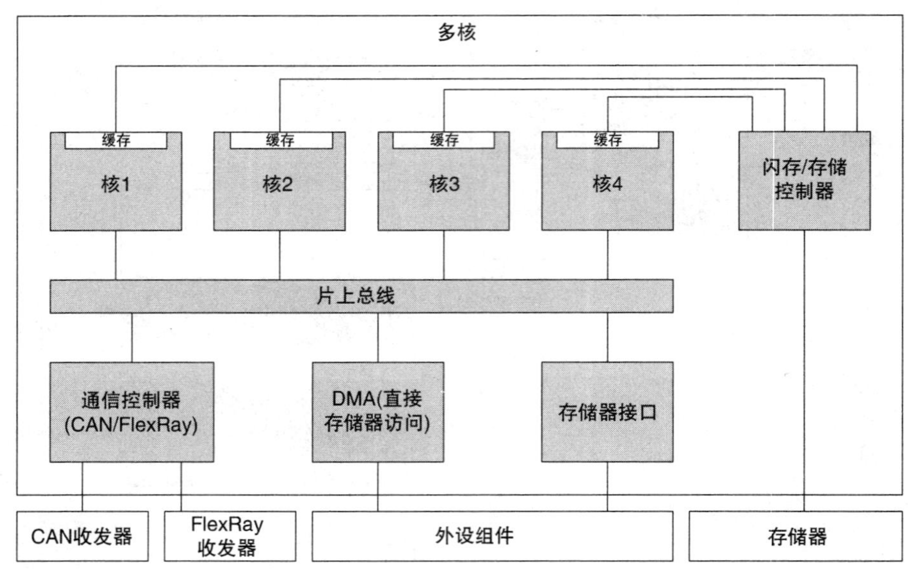


图 4-17　具有 4 核处理器的多核架构，它们通过共同的片上总线进行通信，通过共同的闪存接口对外部存储器进行访问

占用外设组件的低优先权作业被需要同样外设组件的高优先权的作业中断时，就会出现死锁，这种情况下，低优先权的作业就会阻碍高优先权的作业，因为低优先权的作业在占用外设组件。高优先权的作业受限于其高的优先权，低优先权的作业要无偿提供外设组件。这种阻碍在顺序处理中可通过优先权级上限协议来解决，低优先权作业就会暂时提高其优先权成为高优先权的作业。当其他作业在其他处理器核上受到阻碍时，在并行的处理器核中，作业可以在处理器核上继续运行，因为它并没有占用外设组件。在多核处理器中分两种不同的情况：①两个作业在一个处理器核上顺序运行而被外设访问阻碍；②两个作业并行运行而其中一个作业必须等待［NSE10］。第 1 种情况可通过所提到的优先权上限协议来解决，而第 2 种情况需要仲裁策略，使不同处理器核的作业能够访问相同的资源，这种仲裁有先到先服务策略，如图 4-18a 所示，尽管核 1 上的作业具有高的优先权，但核 2 和核 3 对外设组件的访问延迟了核 1 的访问，这是优先权反转的一个类型，这可通过具有兼顾作业优先权的仲裁机制来避免，如图 4-18b 所示。

出现死锁的另一种情况是不同核上的进程对公共资源进行交替访问时，如图 4-19 所示，核 1 上的作业占用着资源 1，还需要资源 2 以便能继续运行，这时，其他核上的作业正占用资源 2，还需要资源 1 以便能够继续运行，这种情况下就会导致交替阻碍，就会出现死锁。

在使用公共资源的其他情况中，尽管没有出现死锁，但影响了作业的执行，这在［NSE10］中有描述，里面讲述了在访问公共资源时或被阻碍时作业被中断

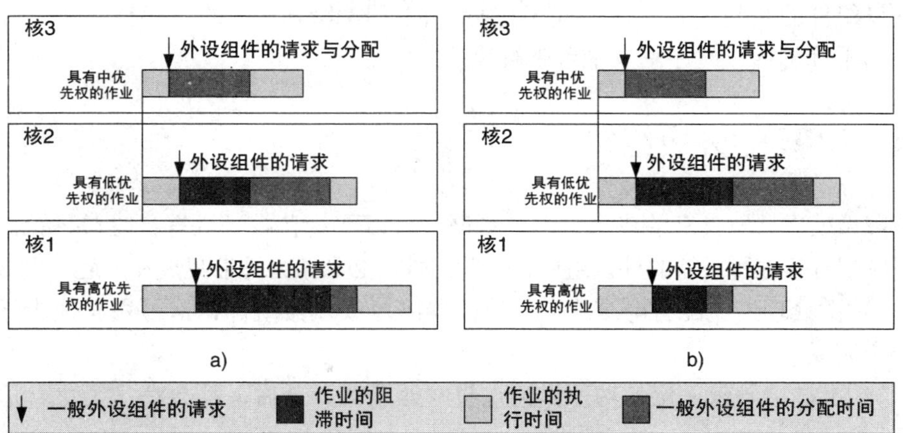


图 4-18　图 a）所示的情况为多核架构中，对公共资源的访问采取先到先服务的仲裁策略，当低优先权的作业比高优先权的作业提前占用公共资源时，会导致与优先权不符的情况；在图 b）中考虑到了作业优先权的情况，作业的处理时间与其优先权相适应

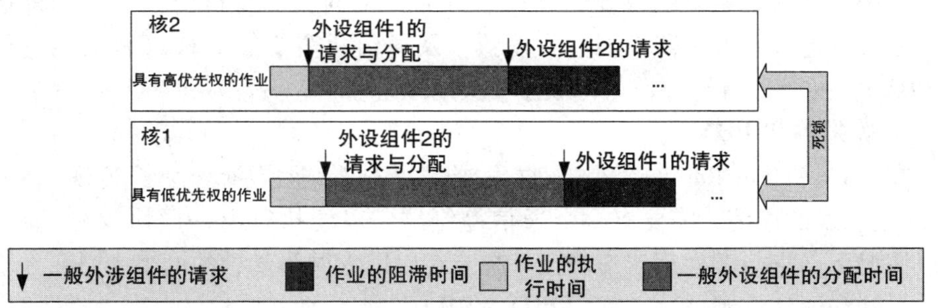


图 4-19　多核 CPU 对公共资源的交替访问会导致死锁

的各种情况。

对于具有实时系统的多核架构可应用以下的设计建议［CFG+10］：

1）在时序分析的框架内，应避免具有来自共享资源的干扰的正时异常，如在投机运行中出现的时间异常。

2）指令处理器核和数据处理器核应是独立分开的。替换策略应适应高速缓存中对程序的访问概率。由于各个处理器核的运行是不同步的，因此对高速缓存器的访问顺序不确定，此外，在两个处理器核上运行的指令代码一般情况下也是不同的，因此，存储器会导致指令在同一高速缓存器上的不必要的干扰。

3）替换策略应与高速缓存器一起来避免多米诺效应。

4）由于访问时间是有限的，因此处理器核在一般片上总线上的访问应是确定的，否则处理器核在片上总线上所需要的通信将会被中断。在源自于［WGR+09］的多核架构中，片上总线被交换总线所替代，因此，处理器核对不同外设组件的访问可无干扰地同步进行。在［KOESH07］的替换概念中，片上总线的干扰可通过时序触发平台来解决。

## 4.4 CPU 的外设组件

除微处理器所具有的典型组件（如时序、PWM、监控部件等）之外，控制系统还应配备其他所必需的外设组件，这些组件不必和微处理器集成在一起，例如：

1）微处理器应配备电源或电源监控器以及收发器组件，这可用其他半导体技术来完成。

2）电源会导致一定的功率损耗，与微处理器分开后，都会在一个更合适的温度下运行。

3）电源供给和监控组件能满足具有传感器和执行器的 ECU 的功率需求。

4）尽管很少使用，但复杂的外设组件比微处理器的集成组件要贵，按照生产策略，分立元件的数量比高集成元件的数量多很多。

明确了嵌入式系统的重要的外设组件后，下面我们将讲解如何选用外设组件，主要有电源、电源监控器、收发器以及通信所需要的 PHY（针对物理层面的 PHY），此外还有与外设组件顺序相关的系统基础基片。

**1. 收发器和 PHY**

在 CAN 和 FlexRay 总线中，收发器被看成物理层面。为了实现 CAN 或 FlexRay 总线的通信，需要有一个通信控制器，以便执行上一层协议层的指令，一般情况下，它与微处理器集成在一起。在以以太网为基础的网络中，一般不称为收发器和通信控制器，而称为 PHY 和 MAC。

在 CAN 总线系统中，收发器不仅仅是为了实现控制单元与其他总线元件间的通信，它还可以打开和关闭控制系统。图 4-20 所示为收发器、电源和微控制器之间连接关系的原理图。为了获取所需电压，收发器上有一个内部电压调节器，可通过熔断器直接与蓄电池相连接。为了能识别 CAN 总线上的活动，需要有一种逻辑关系。为了使总线活动可用，电源控制器为所有控制单元提供所需电压。为了能够实现微控制器的高速运行，电源应为电路中的微控制器提供合适的电压。收发器的外部需要接通，其内部也需要接通，在接通过程中，通过收发器的接线端子提供接通信号，在关闭过程中，控制器通过 CAN 收发器的关闭端子提供关闭信号，于是收发器就能通过电源控制器关闭控制单元的电源。此外，还有其他的控制单元的关闭方法。在控制单元之间可设有唤醒系统，控制单元通过唤醒信号可以唤醒总线上的其他组件。图 4-21 所示为 CAN 收发器的控制示意图，唤醒端子与唤醒电路相连接，为了能通过总线实现唤醒，在该案例中，唤醒端与地线相连接。CAN－H 和 CAN－L 之间的两个电阻为终端电阻。

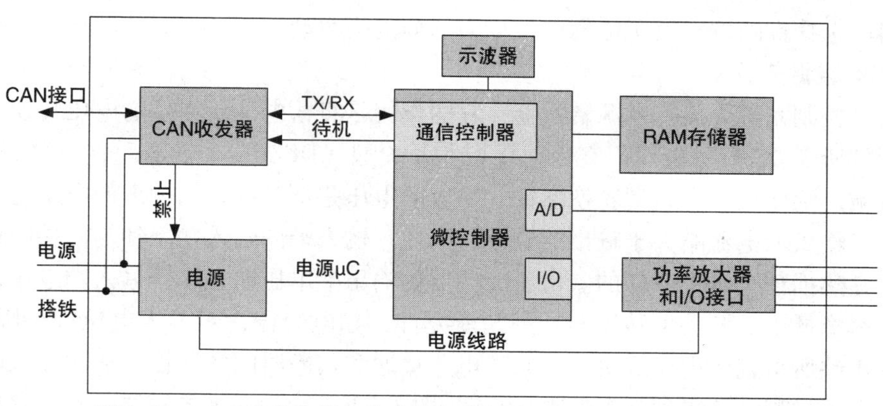


图 4-20　对于总线来说，收发器不仅仅起到物理方面的连接关系，
它还能控制控制系统的唤醒和关闭

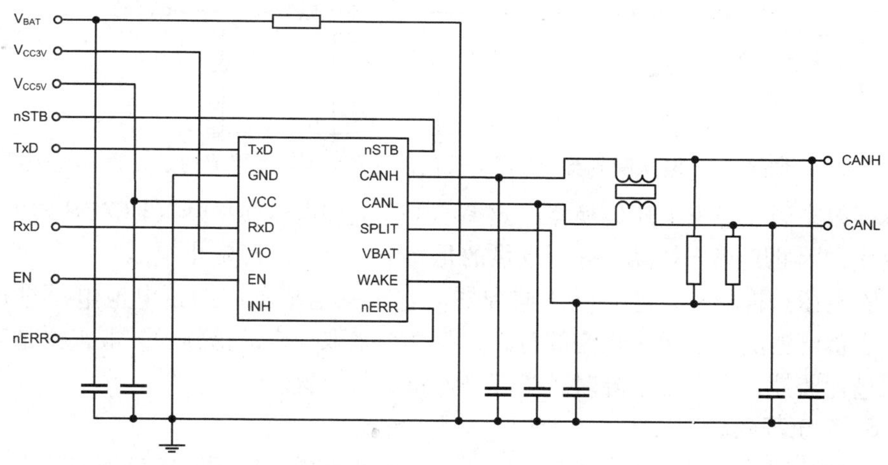


图 4-21　CAN 收发器的控制原理图

汽车上典型的网络系统采用的就是这种通过总线来唤醒的机制，这不仅仅用在 CAN 总线中，还用在 FlexRay 总线中，在计算机网络中具有比较机制，当然在关闭状态时功率的消耗是不一样的。在以以太网为基础的网络系统中，所使用的系统唤醒机制是 LAN 唤醒，它需要接通 PHY。当 PHY 获得魔术包时，PHY 将系统唤醒，这种机制中所有用电元件所需要的功率消耗都是 mW 级的。当发动机不工作时，汽车上的用电设备所需要的电源不是来自电源插座，而是来自蓄电池，这时的功率需求是 μW 级的。

此外，收发器还支持可选择的唤醒机制，在 CAN 总线的通信中，并不是所有的控制系统都必须处于激活状态，在总线中，通信只限于一定的控制系统之间，因此，只需驱动网络中的必需元件，以降低网络上的功率消耗，这种电控系统组的选择性唤醒在汽车电气中被称为部分网络驱动［AUT10b］。

**2. 电源转换器**

在控制系统中装有电源转换器，它的作用是将蓄电池所提供的电压转换为电子元件所需要的5V电压，它分为线型和开关型（DC/DC转换器）两种转换器，前者被广泛使用。在线型转换器中，输入的电压是不变的，而输出的电压是可调节的，输入的电流略大于输出的电流，因此，输入端的输入功率和输出端的输出功率在热损耗上是不一样的。由于转换器的输出端电压明显小于输入端电压，因此效率降低了。开关型转换器是用储能元件，如电容器，对输入电压进行限制，在输出端所得到的电压取决于输入端电路接通和切断时间的比值。通过输入端电路的开关过程，便得到一个EMV电流。图4-22所示为一个电压调节器，它包含由多个电容组成的滤波器、过电压保护器和反击性保护器。

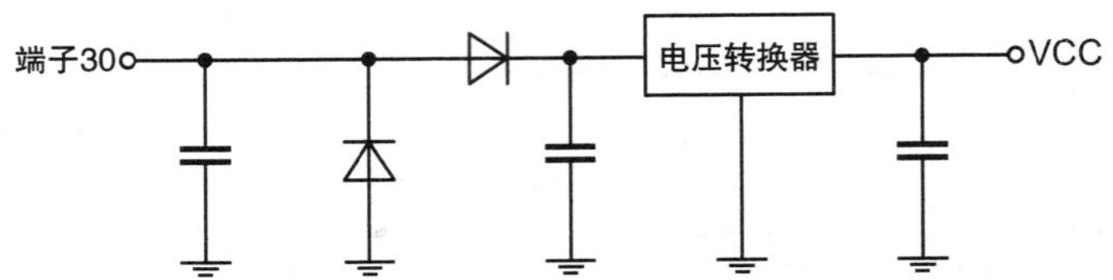


图4-22　电压调节器电路图，其包含由多个电容器组成的滤波器

一般来说，线型电压转换器的效率小于开关型电压转换器（DC/DC转换器）的效率，因此其热损耗高，它所提供的是一个一个无故障输出电压。

除电压转换器外，还有电压监控器，它对一定范围内的蓄电池电压进行监控，当蓄电池电压超出了规定的范围，就必须采取一定的措施。一般来说是对低电压进行监控，当电压下降时，微控制器将进行重置。

**3. 系统基础芯片**

系统基础芯片包含所有的半导体元件，一般来说是以相同的半导体技术为基础，几乎是所有控制系统所需要的，包括电压转换器、电压监视器、总线收发器、监控器、功率驱动器和唤醒逻辑。通过SPI串行接口，这些组件可以与微控制器相连接并进行匹配。

伴随着端子数的减少，可靠性越来越高，系统基础芯片的可选择性也提高了，可通过少量端子的串行接口的控制来支持其需求。此外，在线路板上可将微控制器和具有高热损耗的电源彼此分开［SSB08］。

## 4.5　案例分析：电控单元的替代架构

下面将讨论3个电控系统层面上的替代架构，并分析其优缺点以及技术上的可行性，从现有架构出发来研发并评估电控单元的替代架构，这里将借鉴前几章中所使用到的评估方法。

### 4.5.1　初始情况

由于集成电路具有价格优势和空间优势，因此，从已有的电子/电气架构出发，今后所需的电控单元的数量在减少。在架构研究的框架内来探讨两个电控单元合成的可能性。图 4-23 所示的电子/电气架构具有 1 个前车身电脑（BCF）、1 个网关（GW）和两个独立的电控单元，图 4-24 所示为两个电控单元的内部所实现的功能及其所具有的运行功能。前车身电脑具有 1 个 CAN 接口和 1 个 LIN 接口以及多个输入和输出接口（I/O），前车身电脑能实现玻璃的升降（驾驶人侧）、座椅的调整（驾驶人侧）和驾驶室内灯光的控制。网关有 4 个 CAN 接口，其功能具有诊断（主）、终端控制和路由功能。在研究的基础内应找到一种方法，将这些功能集成在 1 个电控单元上或者在 1 个电控单元的处理器上，此外，还要考虑接口技术和功能范围的拓展。作为现有接口的拓展，该网关包含有 FlexRay 总线接口和双端口以太网开关，前车身电控单元还需要拓展两条 LIN 总线。借助于载荷管理可拓宽了网关的功能，如空调的功能可作为前车身电脑的附加功能。新的研发目标是尽可能研发出体积小巧的、物美价廉的而高效的网关以及前车身电控单元。

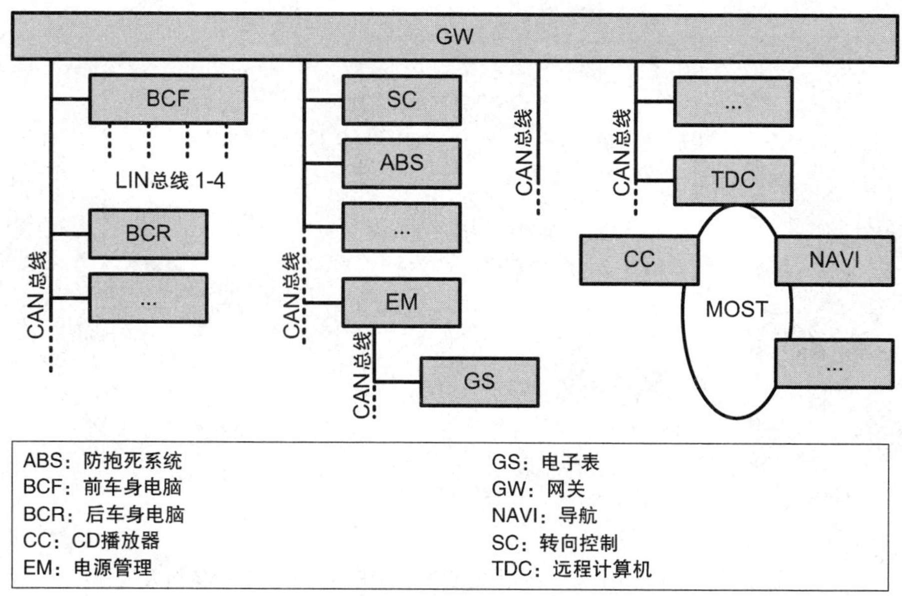


图 4-23　现有组件网络架构部分示意图，所列举的是两个电控单元（GW 和 BCF），在下一代汽车上应考虑将它们集成在一起

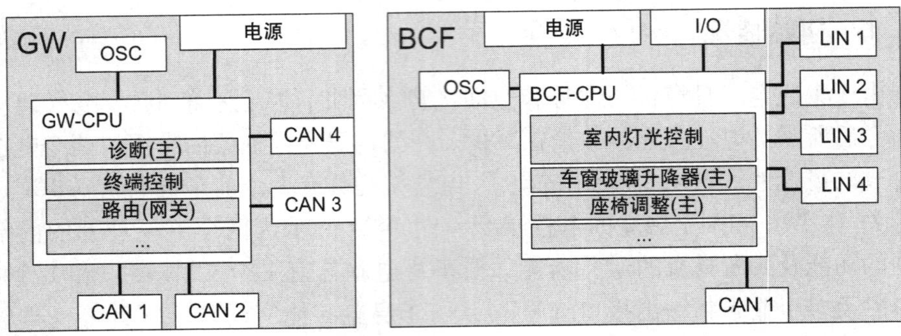


图 4-24　在当前系统中网关和前车身电脑所实现的功能

### 4.5.2　研发团队

在着手研究替换架构之前，有必要先把研发团队确定下来，他们可提出各种有效可行的解决方案，图 4-25 所示为该团队组成人员的构成。

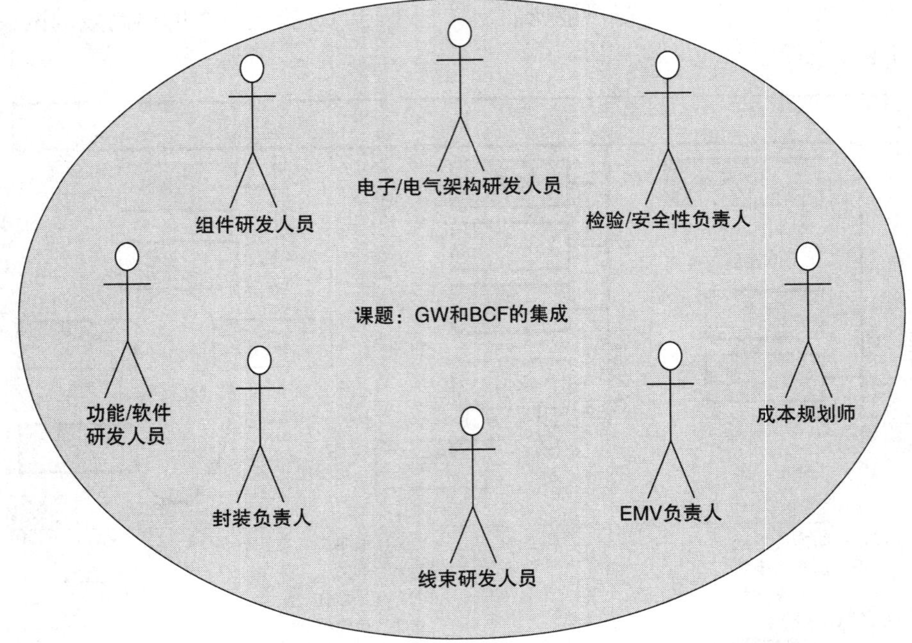


图 4-25　新架构评价所必需的研发者和电子/电气架构参与人员

1）电子/电气架构研发人员的任务是尽可能地进行架构革新，他们的作用是利用自己的专长对新的架构进行评估，然后能给出各自的综合评价结果，最后经所有架构研发者进行讨论后给出最终结论。

2）组件研发人员对于电控系统的研发意义重大，他们的经验和方法对最后的结果起着至关重要的作用，尤其是在非技术方面，例如，对研发经费的评估，他们也属于现有的和潜在的供应商层面。

3）功能/软件研发人员的任务是对功能要求进行评价，然后通过软件来实施，并给出对存储器、计算性能和执行时间的要求。

4）封装负责人的任务是确定产品在汽车上可能的安装空间，使产品结构变得尽可能紧凑。在产品设计时封装负责人也是合作伙伴。

5）线束研发人员的任务是设计出合理的线束，借助于所需要的结构空间来确定线束的长度和线束的横截面积。

6）EMV 负责人的任务是在安装新的产品后保证电磁兼容性能得到相应的满足。

7）检验/安全性负责人的任务是对新产品的测试进行评估，制定出完整的安全措施以确保安全。

8）成本规划师的任务是负责制定新产品的价格指标，在现有的基础上评价出生产成本的增减。

### 4.5.3　替代架构

首先要确定出替代架构的潜能，为此列举了 3 个案例，如图 4-26 所示，并对这 3 个架构案例进行了评估。架构 1 是以前解决方案的升级版，它拓展了其功能范围，并对接口技术进行了改良；架构 2 以盒中盒解决方案为基础，采用了双处理器，网关和前车身电脑间彼此独立，功能互不影响，两个处理器有各自独立的电源和壳体；架构 3 将所有的功能都完全集成在一个处理器上。

### 4.5.4　组件汇编

表 4-2 为前车身电脑所需组件列表，除列有组件的价格外，还考虑到了电控单元的安装费用（1.00€）和电磁兼容性评估费用（1.5€），表中所列举的价格只有一个订单额度，只是对该案例进行一个说明。BCF 微处理器的 ROM 为 1.5MByte、RAM 为 512kByte。

表 4-2 右侧所列为网关所必需的组件，网关所使用的微处理器的 ROM 为 2MByte、RAM 为 684kByte。替代架构 3 所采用的微处理器的 ROM 为 3MBit、RAM 为 1024kByte，其所需组件列表见表 4-3。

### 4.5.5　替代架构的评价

对于 3 种不同替代架构的评价可从以下几个方面来进行：

1）电路板面积的评价。

2）包装和安装位置。

架构1

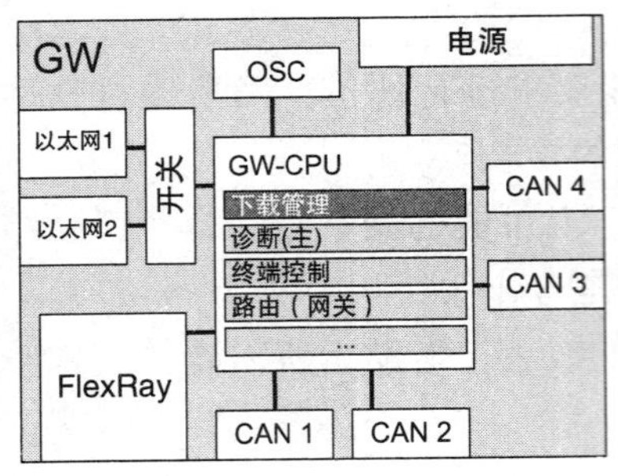


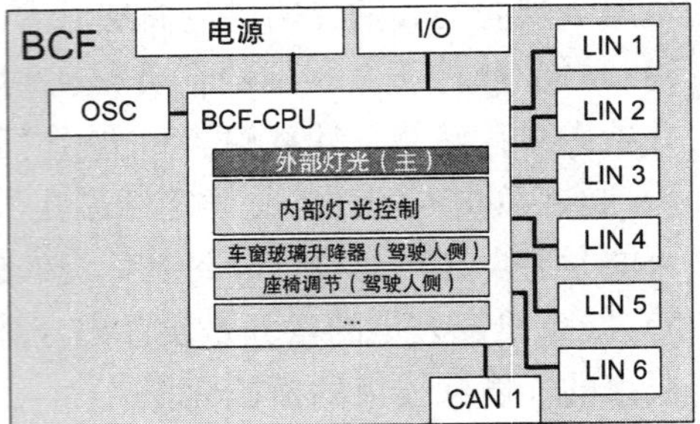


架构2

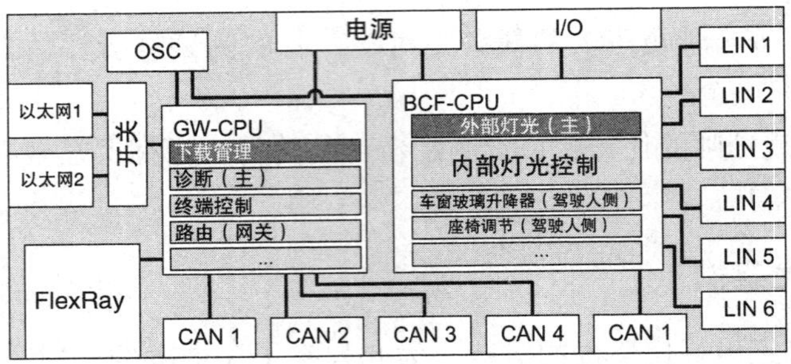


架构3

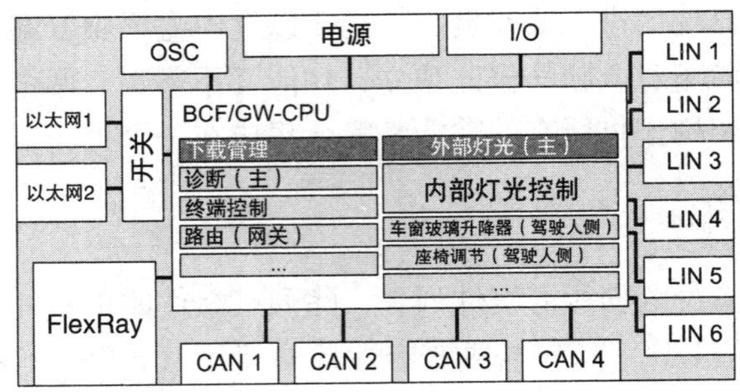


图 4-26　3 种不同架构的比较。架构 1：在已有电控系统的基础上不断地进行完善（拓展）；架构 2：盒中盒方案，两个微控制器有各自的壳体、电源电压以及电路板；架构 3：完全集成的解决方案，由一个公用的微处理器来实现各项功能

3）运行环境：存储器和计算能力。

4）价格。

5）其他标准：货源、研发的难易程度等。

**1. 电路板面积**

通过元件的敷设可确定电路板的面积，敷设时可按元件间所需最小间距来进行布置，在此基础上可确定在一条印制电路上可敷设元件的数量。图 4-27 所

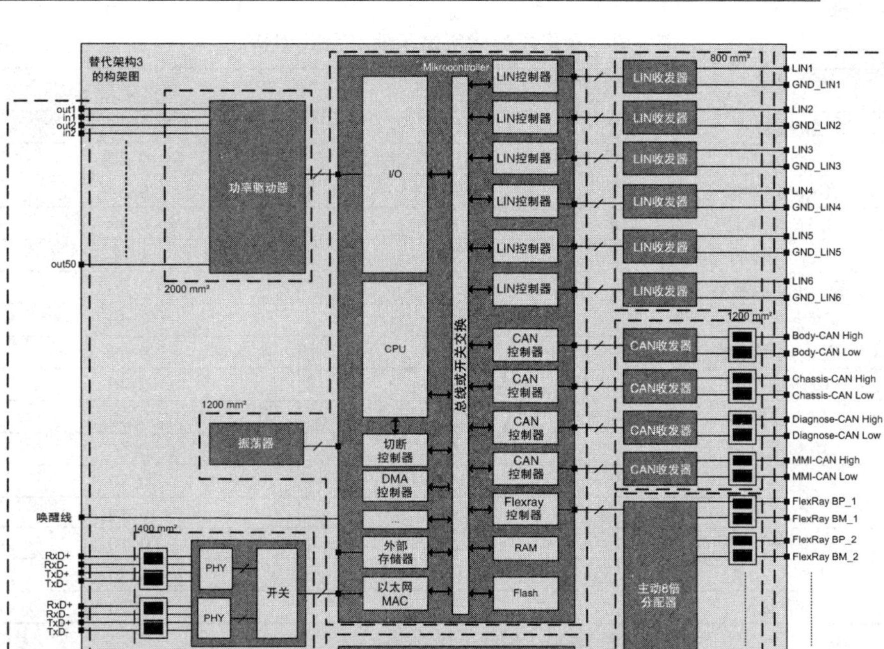


图 4-27　替代架构 3 电路板

**表 4-2　左表：BCF 所需组件列表；右表：网关所需组件列表**

| 组件 | 数量/个 | 单件价格/€ |
| --- | --- | --- |
| 微控制器 | 1 | 8.00 |
| 石英钟 | 1 | 0.20 |
| LIN 收发器 | 6 | 0.40 |
| CAN 收发器 | 1 | 0.60 |
| vCAN 限制器 | 1 | 0.40 |
| 电压调节器 | 1 | 0.40 |
| 功率驱动器 | 20 | 0.50 |
| 电容器 | 81 | 0.10 |
| 电阻器 | 82 | 0.10 |
| 晶体管 | 21 | 0.10 |
| 4 层电路板 | 1 | 1.20 |
| 壳体 | 1 | 1.00 |

| 组件 | 数量/个 | 单件价格/€ |
| --- | --- | --- |
| 微控制器 | 1 | 6.00 |
| 石英钟 | 1 | 0.20 |
| CAN 收发器 | 4 | 0.60 |
| CAN 限制器 | 4 | 0.40 |
| FlexRay 星形耦合器 | 2 | 1.50 |
| FlexRay 限制器 | 8 | 0.40 |
| 以太网开关 | 1 | 7.50 |
| 以太网限制器 | 2 | 0.70 |
| 电压调节器 | 1 | 0.40 |
| 电容器 | 75 | 0.10 |
| 电阻器 | 69 | 0.10 |
| 晶体管 | 8 | 0.10 |
| 4 层电路板 | 1 | 1.00 |
| 壳体 | 1 | 0.80 |

表 4-3 全集成架构所需组件（替代架构 3）

| 组件 | 数量/个 | 单件价格/€ |
|---|---|---|
| 微控制器 | 1 | 10.5 |
| 石英钟 | 1 | 0.20 |
| CAN 收发器 | 5 | 0.60 |
| CAN 限制器 | 5 | 0.40 |
| FlexRay 星形耦合器 | 2 | 1.50 |
| FlexRay 限制器 | 8 | 0.40 |
| 以太网开关 | 1 | 7.50 |
| 以太网限制器 | 2 | 0.70 |
| 电压调节器 | 1 | 0.40 |
| LIN 收发器 | 6 | 0.40 |
| 功率驱动器 | 20 | 0.50 |
| 电容器 | 95 | 0.10 |
| 电阻器 | 99 | 0.10 |
| 晶体管 | 25 | 0.10 |
| 4 层电路板 | 1 | 1.80 |
| 壳体 | 1 | 1.70 |

示为对替代架构 3 电路板面积的评价，深灰色表示的是组件，组件周围的虚线表示的是组件或组件群之间所需要的最小间距。通过这种方法，可估算出所列举架构需要的电路板面积。

替代架构 1：网关需要 2000mm$^2$，前车身电脑需要 3000mm$^2$。

替代架构 2：4700mm$^2$。

替代架构 3：4000mm$^2$。

通过比较可以看出，全部集成的替代架构 3 最节省空间，由于替代架构 2 只有 1 个公共电源而比替代架构 1 节省 300mm$^2$。

**2. 封装**

在评估出所需要的电路板面积后，还需要确定架构所需壳体的大小，根据封装的价格，封装负责人可确定出安装空间，测试出合理的安装位置，为了便于理解，对这方面的内容只进行简要的介绍。

**3. 运行环境**

表 4-4 所列为各个软件组件在功能、基础软件以及驱动系统等方面所需要的运行环境。替代架构 1 和替代架构 2 所需要的存储器是一样的，对于替代架构 3 来说，由于只需要必要的基础软件，因此降低了对存储器的要求，ROM 只需要 260kByte，RAM 只需要 50kByte。各替代架构所需要的 CUP 运行时间也是不一样的，由于替代架构 1 和替代架构 2 所用的两个微处理器都是独立的，因此，这两个替代架构的 CPU 运行时间是一样的，替代架构 3 用的是集成的微处理器，所用微处理器的计算能力要高于替代架构 1 和替代架构 2，因此，尽管是集成的，

却缩短了 CPU 的运行时间。

表 4-4　各个软件组件的运行环境

| 软件组件 | ROM/kByte | RAM/kByte | 替代构架 1 和 2 所占用的 CPU 运行时间（%） | 替代构架 3 所占用的 CPU 运行时间（%） |
| --- | --- | --- | --- | --- |
| 玻璃升降器（主） | 150 | 20 | 10 | 9 |
| 座椅调节（主） | 50 | 10 | 2 | 1 |
| 车内灯光 | 220 | 80 | 12 | 8 |
| 其他的 SW－Cs BCF | 300 | 70 | 15 | 10 |
| 总线上的 LIN 模块 | 8 | 6 | 3 | 2 |
| 下载管理 | 250 | 80 | 2 | 1 |
| 终端控制 | 170 | 70 | 5 | 3 |
| 诊断（主） | 520 | 90 | 5 | 3 |
| 其他的 SW－Cs. GW | 200 | 60 | 5 | 3 |
| 总线上的 CAN 模块 | 7 | 5 | 3 | 2 |
| FlexRay 模块 | 50 | 17 | 15 | 9 |
| 以太网模块 | 10 | 20 | 10 | 8 |
| 网关 | 260 | 100 | 15 | 11 |
| 基础软件（操纵系统） | 260 | 50 | 8 | 6 |

表 4-5 所示为 3 个替代架构所选用微处理器的运行环境要求，替代构架 3 的拓展空间不是很大，它可支持以前的高的 CPU 运行载荷，以确保无故障运行，这里所提到的实时分析法将在第 7 章到第 9 章进行详细介绍。

表 4-5　各替代架构所需运行环境

| 软件组件 | ROM/kByte | RAM/kByte | 所占用的 CPU 运行时间（%） |
| --- | --- | --- | --- |
| BCF（替代构架 1 和 2） | 1035 | 366 | 59 |
| GW（替代构架 1 和 2） | 1748 | 507 | 83 |
| 全集成（替代构架 3） | 2523 | 723 | 92 |

**4. 成本**

3 个替代架构的初始成本的估算要充分考虑到电控系统的加工成本和原材料成本，其他的费用，如在 2.1.5 节中所提到的 EHPV 或者线束成本，可忽略不计，借助表 4-2 和表 4-3 可消除所用元件的价格系数，各替代架构所需成本见表 4-6，其成本包括元件成本、EMV 成本和组装成本。

替代构架 1 的成本为 97.20€；在制造费和材料费上替代架构 2 比替代架构 1 节省 4.90€，主要原因是在替代架构 2 中只使用了 1 个壳体和 1 个公共电源；替代架构 3 的成本比替代架构 1 低 25.70€，替代架构 3 主要节省在其所使用的微处理器上。

**5. 其他标准**

借助于其他标准，研发者可对 3 种替代架构进行进一步评估，重点评估的是

表 4-6　各替代架构所需成本的对比表

| 软件组件 | 总的费用/€ |
| --- | --- |
| BCF（替代架构 1） | 44.80 |
| GW（替代架构 1） | 52.40 |
| 盒中盒（替代架构 2） | 92.30 |
| 全集成（替代架构 3） | 71.50 |

替代架构 3，要明确当前的供应商是否已经配备了如此复杂的电控系统。一般情况下，系统的测试和安全性检测都要在 OEM 内部进行，应考虑到如此复杂的系统应使用何种已有的流程来进行处理。另外，组件和软件研发者是否看好在替代架构 3 中所使用的集成架构的观点也是非常重要的。

从企业家的眼光出发，得出一个最终符合现状的决定，就要考虑到所有标准、相反的意见和建议，以便统筹全局。当没有其他标准或其他标准很难完成时，单纯考虑加工成本和原材料成本就做出的决定通常是不正确的。

在架构研发过程中经常出现的情况是，最终的决定不取决于指标和量化的多少，而是取决于利润的大小。在下面的案例中，会遇到建立在非技术基础之上的技术性决定，需要说明的是，这里所选用的案例纯属是假设，仅仅是为了明确一个社会现实。

第 1 个案例是将一个电控系统与其他电控系统组合在一起，每一个电控系统都配有自己成熟的原配组件，并允许其中某个系统具有少数的复杂组件，因此，有可能会出现对组件的支配权进行强烈争夺情况，从电子/电气架构层面，这种情况可通过其明确的技术优势来进行裁决，在对两个电控系统进行集成时，各个方面都能得到改善，借助于已有方案高成熟度的参数，市场潜能和与现有车辆滞销的对比，这项工作将会变得比较简单，因此，这个问题应能得到正确解决，但在具有定量目标的正规模式中却难得到答案。

与组件的集成相类似的第 2 个案例也建立在组件层面之上，将某个组件的功能迁移到另外一个组件上，就可以对这个组件产生重要的影响，这样的功能转换可用在驱动系统组件中。驱动系统电气化要求大的电池组必须能得到足够的冷却，能在最佳的环境温度下进行工作。空调系统是按照人们的意愿来对车内环境进行冷却或加热，因此，就会产生一个问题，车上哪些区域需要按照要求来进行冷却或加热，是否所有的区域都要进行同样的冷却或加热。

第 3 个案例是在现有的技术基础上对架构技术进行评价，与已有技术相比较，替代架构 3 在技术上具有明显的价格优势，能完成各项复杂的功能，在以后的应用中具有很大的灵活性，相对于其缺点，在测试中，这项技术表现出了更多的优点，在这种情况下，最终的决策取决于主管，是否以这样的技术交流为目的，也取决于自己的组织单位以及对供应商的信任。

# 第5章 通信基础

在当代汽车架构中存在着许多通信协议和通信技术，主要的通信技术有：

1）局域互联网（LIN）。它是按照主/从原则进行工作的串行总线系统。LIN网的最大传输速率为20kbit/s［LIN03、LIN10］。

2）CAN网。它是具有优先传递信息的串行总线系统，其特点是可以支持1Mbit/s的传输速率［Rob91］。

3）FlexRay总线。其信息传输的基础为TDMA，两个通道的传输速率均为10Mbit/s［Rau07，Fle10a］。

4）MOST。它用于多媒体信息的传递，其最大的传输速率可达150Mbit/s。MOST总线为环形拓扑结构［MOS05、MOS10］。

5）LVDS（低电压差分信号）应用在要求高传输速率的地方，例如用于传输视频数据。

6）具有传输协议的以太网目前多用于闪存接口和诊断接口，今后具有传输协议的以太网将作为系统总线成为汽车网络的一部分［SKB+11］、［RHH+07］。

应用在汽车上的每项通信技术都有其特有的解决通信的方法，下面将重点阐述4项通信技术，CAN、FlexRay、LIN和以太网，因为它们一方面具有高的传播速率，另一方面从第7章开始，实时的评价将以这4种网络为基础。

## 5.1 通信系统

在汽车上，电子/电气架构中存在着不同的通信系统，最重要的通信系统是CAN和FlexRay，因为不管是现在还是将来，在网络架构中它们都具有重要的作用，在下面的章节中将重点阐述其相关的知识，为了掌握有其知识将会引入一些重要的文献。

### 5.1.1 CAN

CAN是汽车上最常用的通信系统，其最大传输速率为1Mbit/s。在当前的网络架构中，CAN的传输速率可分别为125kbit/s、250kbit/s和500kbit/s。在汽车上，500kbit/s 高传输速率 CAN 会受限于拓扑结构。CAN 总线的仲裁多采取 CSMA/CR 方法，可识别和解决多个信息间的冲突，这种仲裁建立在与信息优先权相匹配的明确的标识符上，在网络中只允许发生一次。每条信息最大可以传递 8bit 的有效数据。

图 5-1 所示为 CAN 数据帧的结构，数据要进行 NRZ 编码，信息的一部分用于填充位，以便进行 CAN 节点的同步传输，下面先介绍 CAN 总线的基本原理。

#### 5.1.1.1 CAN 数据帧的组成

如图 5-1 所示，CAN 数据帧由不同的域组成。从起始帧（SOF）开始，后面是识别符，根据不同 CAN 版本识别符长度分为 11bit 和 29bit 两种，在 CAN2.0 版本中，识别符的长度为 11bit，在 CAN2.0B 版本中，可支持 29bit 长度的识别符。在 CAN 网络中，识别符具有两项功能，第 1 项功能是借助于识别符可让接收器识别出该信息是否带有自己所需要内容，是否扔掉该信息或者将信息传递给处理器；识别符的第 2 项功能是总线中的仲裁，可根据识别符判定数据中的优先权，小的数具有高的优先权，而高的数具有低的优先权，具有高优先权的信息优先发送。必须清楚的是，在网络中不允许同时出现同等优先权或相同识别符的信息。远程传输要求位（RTR）定义为信息是否包含数据或是否请求发送相应的数据。位 r1 为标识符扩展位，位 r0 表示保留位。接下来的是关于数据域长度的信息，数据长度代码（DLC 域）由 4bit 组成，数据域所提供的有效数据字节长度为 0 ~ 8，具有传递数据的有效数据是预先规定好的。通过循环冗余码检查可以识别出信息的传输错误。应答域（ACK）设定为两个分隔符（DEL），当应答域设定接收信息时，在信息中分隔符具有一定总线电平。结束域（EOF）和帧间空间（IFS）也具有一定的总线电平，它们在 CAN 数据帧的全部。

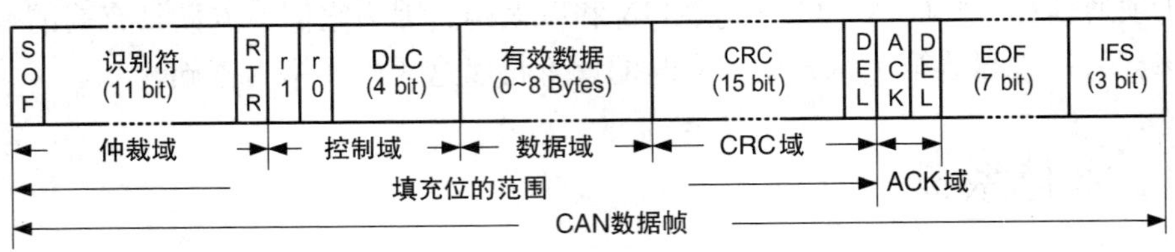


图 5-1　CAN 数据帧的组成

#### 5.1.1.2 总线仲裁

仲裁在起始帧位（SOF）之后，按照 CAN 的版本，仲裁分为 11 或 29 识别符位。每一个需要发送信息的控制单元可通过标识符中的同步位占据总线，同时检测总线上的电压水平与其电压水平是否相符合，以检测出该信息是否会占据总线。例如，信息在总线上占据的是逻辑 1，而其他的信息，在总线上占据的是逻辑 0，则从总线上读回 0，在总线上逻辑 0 比逻辑 1 有优势。当发送位和读取位间存在着误差时，信息将被节点收回，将不再被发送，而其他节点可以发送信息，最后识别符保留在节点上，因为每个识别符只允许在总线上出现一次。

图 5-2 所示为 3 个发送信息的案例，最上边的一行显示的是发送信息的逻辑字节数，最下面的一行显示的是总线的电平，直至识别符字节 5 所有发送信息，从总线上读取的字节数都是相同的，它们是总线所特有的，从字节 5 开始信息 2 和总线电平之间就产生了偏差，因此，信息 2 从总线上返回并进入接收模式。信息 1 从字节 2 开始也出现了相同的情况，信息 3 保持不变，它传递的是最高优先级别的识别符，因此，只允许继续传递它的剩余信息。其他节点访问到发送器 3 的信息并更新后又传送到总线上。

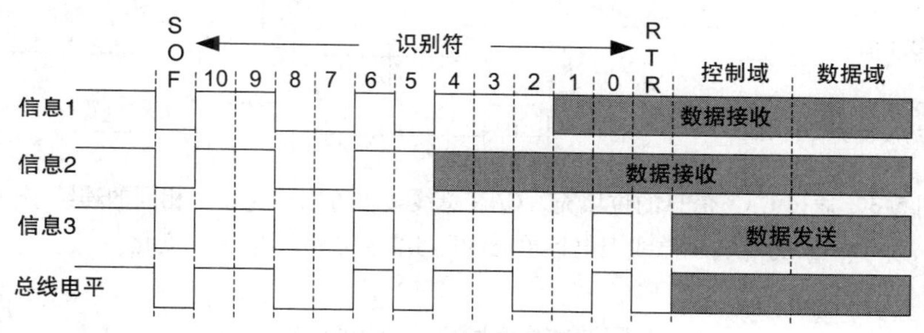


图 5-2　CAN 信息的仲裁

### 5.1.1.3　总线上的同步传输

总线上的各个单元在总线上互不相关地进行字节数的扫描，因此，它们应保持同步，以便在相同的时间内能扫描相同的字节，这种同步取决于电平的变化或者总线上两个字节之间的边。为了严格实现电平的变化，在总线技术中使用了位填充原则，每 5 个或更多的字节发送器就发给一个填充位，在接收时被扔掉。图 5-3 最上面的一行表示的是所发送的字节串数，在字节串中经过 5 个相同的字节到字节 7 后填充了一个间隔位，因此，总线的电平改变了，接收器也读取相同的字节数，并在字节 7 后扔掉填充位。在 5 个相同字节后若没有发生电平的变化时，将一直采用这种方法，这种情况发生在字节 15。接下来在 4 个数据字节后电平发生了变化，由于在字节 15 后填充了一个填充位，就出现这样的情况，通过 4 位相同字节的机械填充位产生了 5 个相同的位。这种额外增加的填充位增加了总线的额外负载。

为了实现总线上的同步，在 CAN 总线上把 1bit 分成了 3 个节点：1 个是 InSync，1 个是 TSeg1，第 3 个是 TSeg2，每个字节键入的时间点必须位于 TSeg1 和 TSeg2 之间。为了实现总线上的同步，在节点 TSeg1 和 TSeg2 中划分了区域 SJW1 和 SJW2（同步跳转宽度）。在接收信息时，在同步节点内部的边缘等待，在这种情况下，接收器开始接收 TSeg1 并在结束时键入，然后开始接收 TSeg2。

这个过程结束后，下一个字节开始等待，其原理如图 5-4 上部所示。当字节发送的时间比字节接收的时间长时，将会检测到节点 SJW1 的边缘，这种情况下，SJW1 会被重新更新，后面所有的字节都被延伸以适应后面的情况，如图 5-4 左下所示；当字节发送的时间比字节接收的时间短时，将会检测到节点 SJW2 的边缘，这种情况下，SJW2 被立刻停止，接收器开始接收下一个字节，如图 5-4 右下所示，这种情况没有边缘出现，因为传递了两个相同的字节，不会出现重新同步的情况。

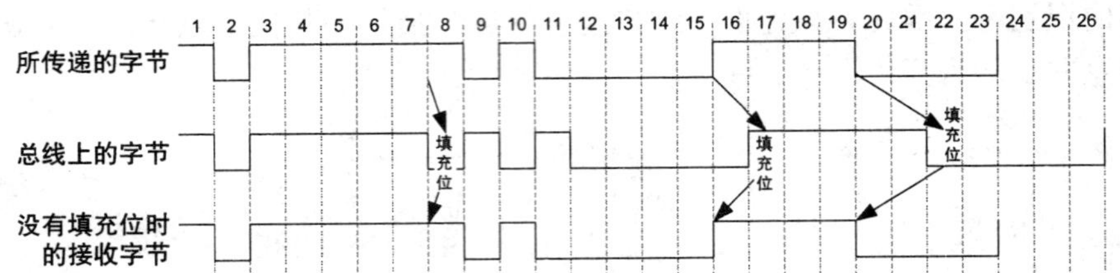


图 5-3 通过 CAN 信息的位填充，CAN 总线最多可以传递 5 个相同的连续字节，为了实现总线上电控单元的同步需要有一个电平的变化

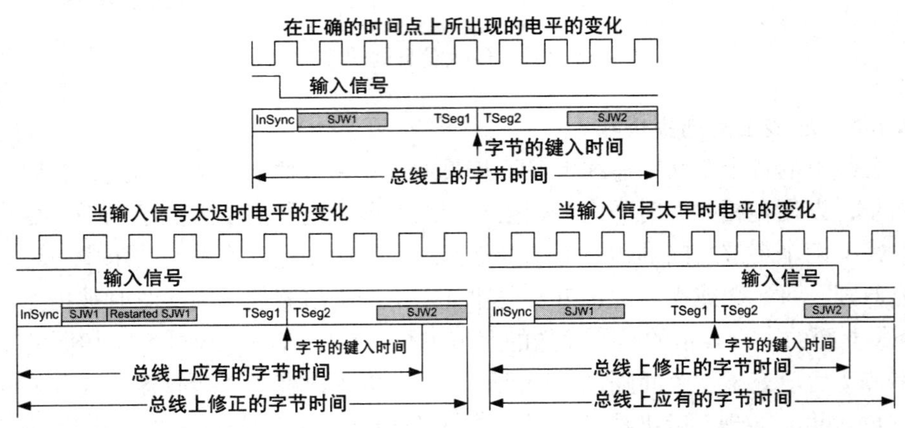


图 5-4 在 InSync 区域的内部必须应出现的电平的变化（上图）；太迟时在 SJW1 字节的内部所建立的电平的变化（左下）；太早时在 SJW2 字节的内部所建立的电平的变化（右下）

#### 5.1.1.4 错误识别

为了能识别 CAN 总线中的错误，引入了 15 个位长的循环冗余检查（CRC）、借助于 CRC 可以识别出最常见的传输错误以及字节自身的缺陷。CRC 检测完成后，开始接收并对信息进行测试，所有具有逻辑 0 的接收节点都能接收到信息，接收到信息后会产生一个应答位，发送器就会知道最少有 1 个节点接收到了正确的信息。当一个节点识别出传输错误时，就会发送一个主动错误标志指示错误，这个主动错误标志由 6 个连续的 0 组成，这种错误标志的形式破坏了位填充规

则，所有节点因此识别出错误的位填充后就都会发送一个错误标志。错误标志后是错误分隔符，最后开始传递一个新的具有帧间空间的信息，整个过程如图5-5所示。

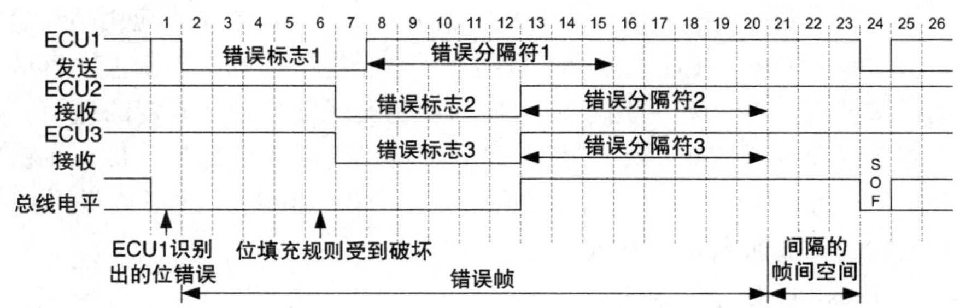


图5-5 ECU识别出错误信息后，通过破坏位填充规则产生一个错误标志，这个错误标志有6个0组成，最后出现一个错误分隔符并开始新信息的传递

#### 5.1.1.5 发送类型

在CAN总线上传递的信息分为几种不同的类型，发送类型描述的是，对于确定的信息，发送器将采取怎样的时间行为，表5-1描述的是CAN信息常见的时间行为。

**表5-1 CAN信息的时间行为**

| 发送类型 | 时间行为 |
| --- | --- |
| 周期性 | 具有固定的周期 $T_{cycle}$ |
| 随机 | 随机出现（事件驱动，在最不利的条件下以最小的传输间距 $T_{min}$ 发送） |
| 功能处于激活状态（BAF） | 具有固定周期的时间激活（当功能被激活时） |
| 周期性随机 | 一直以一定的周期激活，考虑到最小传输距离，在一个周期内可以随机产生信息 |
| 快速循环 | 具有两个固定周期的激活：激活功能不起作用时为长周期 $T_{slow}$，激活功能起作用时为短周期 $T_{fast}$ |
| 循环与需求重复 | 与重复周期数量相关的周期性发送 |
| 无 | 定义任意行为 |

另外，还可按偏移来定义CAN信息的类型，通过偏移可以避免干扰发射行为，例如在网络启动时。在AUTOSAR中，偏置分为StartDelay和ComTxModeTimeFactor。

### 5.1.2 FlexRay

自2001年起，通信系统FlexRay开始在不同的OEM、供应商和半导体制造商等财团内部得到应用。发展伙伴关系的动机要求在通信技术中应用高安全的线控技术X-by-Wire，在这个前提下就出现了汽车电子和电气控制，没有这些就只能用机械控制。FlexRay可用于多项控制，能实现安全的和确定的通信。在新一代汽车上已配有了FlexRay，当然，在应用技术上需要更高的宽带，在物理层面上要求FlexRay具有1路或2路驱动。在连接模式中有直线形或星形拓扑结构，其最大的传输速率为10Mbit/s。

#### 5.1.2.1 FlexRay信息的组成

FlexRay同CAN一样是信息性通信系统，一条FlexRay信息由3部分组成：头部、数据部和尾部，借助于这种信息结构FlexRay节点总能发送正确的信息。FlexRay信息的结构如图5-6所示，其头部具有5个字节，包含以下内容：保留位、有效数据前言指示位、空帧指示位、同步帧指示位和起始帧指示位。

1）保留位：保留位的长度为1bit，是为FlexRay以后的拓展而预留的位，默认的保留位为0，每一个接收节点都将忽略掉保留位。

2）有效数据前言指示位：有效数据前言指示位的长度为1bit，用于指示在有效节点内部是否具有最佳的数据矢量，可分为两种不同的情况：①在静态段的内部进行信息传递时，用有效数据前言指示位表示在有效数据段开始时建立的是网络管理的数据矢量；②在动态段的内部进行信息传递时，用有效数据前言指示位表示在有效数据段开始时建立的是信息ID。当在有效数据段开始时没有建立网络管理的数据矢量或信息ID，则有效数据前言指示位为0。0帧指示位表示有效数据前言指示位的值没有意义，有效数据段不包含任何数据。

3）空帧指示位：空帧指示位的长度为1bit，用于表示何时在有效数据段内部建立数据。当空帧指示位为0时，表示有效数据段没有任何有用的数据，所有有效数据段都是0；当空帧指示位为1时，表示有效数据段中包含有效的数据。

4）同步帧指示位：同步帧指示位的长度为1Bit，用于表示所处理的信息是同步信息。同步帧指示位可能会更新，一般在同步点进行更新，当这一位更新时，所有接收点都会更新其同步点。当同步帧指示位为0时，信息可不同步。

5）启动帧指示位：启动帧指示位的长度为1bit，用于指示何时启动信息，这一位表示对启动信息的处理。当启动帧指示位为0时，没有启动信息，只允许冷启动节点发送启动帧；当同步帧指示位改变时，启动帧指示位也随之改变。

6）帧ID：帧ID长度为11bit，用于确定在哪个时隙中传递信息。在一个网络节点内部，每个ID只允许使用1次。在一个通信周期内传递的每个信息必须有有效的帧ID，帧ID的取值为1~2047。

7）有效数据长度：有效数据的长度为7bit，用于表示有效数据段的长短，其长度值为有效数据字节数的二分之一，例如，当有效数据段字节数为64Byte时，有效数据的长度为32Byte。

8）起始CRC校正：起始段的CRC校正的长度为11bit，用于确保启动帧指示位、帧ID和有效数据长度的安全。

9）循环周期数：循环周期数的长度为6bit，用于表示周期数的值。

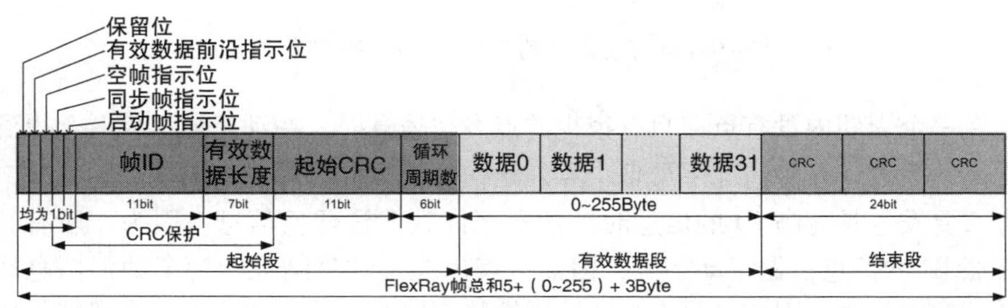


图5-6 FlexRay信息的结构

有效数据段的长度为0～254Byte。对于在一个通信周期内的静态节点内部的信息，用有效数据段开始的12Byte来表示网络管理的数据矢量。对于在一个通信周期内的动态节点内部的信息，用有效数据段的开始表示可选择的信息ID，这允许发射点进行过滤。在有效数据段中可选择性信息ID具有2Byte的长度。在有效数据段的起始信息中包含有信息ID，用有效数据前言指示位来表示。

结束段的长度为3Byte（24bit），包含有一个数据段和CRC校正段，用于检验有效数据段的数据是否正确。

#### 5.1.2.2 总线仲裁

FlexRay是按一定规则的通信周期进行工作的，这样的通信周期包含静态段和网络空闲（NIT）。NIT用于内部协议处理，在这段时间内没有信息在媒体上出现。在通信周期的静态段内采取的是TDMA策略，用这种策略可以确定各个点的时间槽，在时间槽的内部允许一个确定的点发送信息。一个点可以支配调试后的一个或多个时间槽。

通信周期的结构如图5-7所示，一般来说，通信周期的静态段可添加动态段。动态段采用微型槽的方法对总线进行访问，固定的动态槽按照一定的规律发送信息。当静态槽发送信息时，可允许使用动态段中的槽；当ID指示发送具有槽序号的信息时，动态段中的点可以一直发送信息；当没有点发送信息时，所有的点等待一个微型槽的时间，并将它的槽数加1；当槽数增加时，所有的点将测试新的槽数是否适应其发送的信息，与槽数相适应的点发送信息，而所有的其他点接收信息并等待增加槽数直至信息被完全接收，这种情况，一直持续直至动态段结束。发送动态信息最迟的时间点用参数 pLatsTx 来表示。

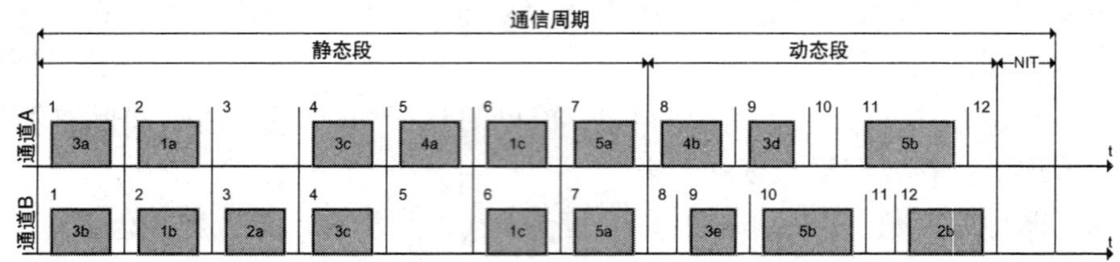


图 5-7　FlexRay 在静态段和动态段 2 个通道内进行通信的案例

在一个周期内没有点或只有很少的点发送信息时，在动态段结束时会得到一个更高的槽数，这种情况下可多个点发送信息，因此，可能会出现这种情况，一个点需要发送具有高 ID 的信息时，却不允许其发送任何信息，因为，所有其他具有低 ID 的信息占据了动态段，因此，就出现了这种结果。为了确保信息能在任意周期内发送，则信息要么与通信周期静态段相联系，要么在动态段能提供低的优先权。

通信周期的 4 个正时层次如图 5-8 所示，最上层为通信周期的通信周期层，包含有静态段、动态段、符号窗口和总线空闲时间（NIT）；仲裁层中将静态段分成了各个静态槽，点通过 TDMA 方法来访问哪个槽，在这一层中还把动态段分成了各个微型槽；在宏拍层中槽进一步分为通信宏拍，通信宏拍是最小的通用国际单位；最下面一层是微拍层，微拍用于产生通信宏拍，微拍直接产生点的示波频率。

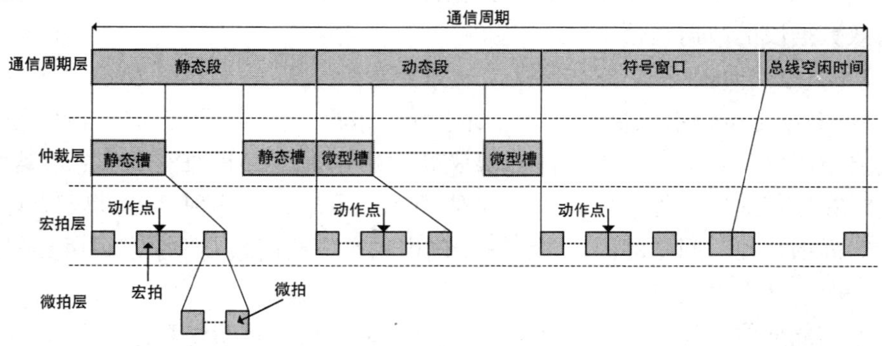


图 5-8　FlexRay 具有 4 个时间层，最上层是通信周期层，通信周期分为静态槽和微型槽。槽、符号窗口和 NIT 由宏拍组成，而宏拍由微拍组成

### 5.1.2.3　总线参与者的同步与启动

与多数处理器一样，FlexRay 的启动阶段是个复杂的过程。FlexRay 的通信基于共同的时间基础，但在 FlexRay 的启动阶段并没有建立这种时间基础，因此，

在启动阶段必须在簇中形成同步，基于这个原因须在 FlexRay 的主节点上消除误差，因此，主节点不能只简单地提供时间基础。总线的启动由冷启动节点完成，冷启动节点有很多个。第一个发送信息的冷启动节点又称为主冷启动节点。当节点被唤醒并完成初始化后，就可以在主控制器发出命令后进入启动程序。下面将详细描述簇的唤醒过程，整个唤醒过程可借助于图 5-9 来描述。

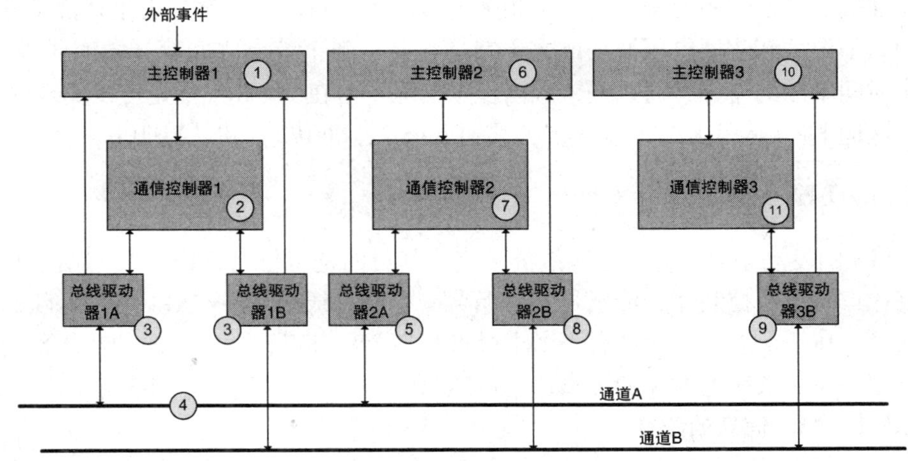


图 5-9　FlexRay 的唤醒过程

1）主控制器 1 由外部事件唤醒，从休眠模式进入正常模式，唤醒后节点开始初始化，在初始化阶段通信控制器 1（CC1）被唤醒（电源由断开转为闭合）。

2）主控制器 1 唤醒与之有关的 CC1 并使之初始化。

3）主控制器 1 唤醒两个总线驱动器（BD1 和 BD2）。

4）主控制器 1 通过 CC1 的通信通道发出唤醒总线的指令，CC1 进入启动状态，使两个总线驱动器进入唤醒模式。在每一个通信通道上，驱动器一个接一个地被唤醒，这样一个通道就被唤醒。图 5-9 所示为通道 A 首先被唤醒。

5）通过唤醒模式，通道 A 中的所有驱动器被唤醒，从休眠模式进入工作模式，在这个过程中，所有相关的控制器被唤醒。

6）主控制器 2 完成初始化阶段。

7）主控制器 2 唤醒与其相关的 CC2 并使之初始化。

8）CC2 完成初始化后进行测试，测试总线驱动器 BD2 是否被唤醒，如果没有，则主控制器 2 唤醒 BD2。

9）在两个通道上对所有被唤醒的主控制器进行测试，测试两个通道是否已被唤醒，如果没有，则一个或多个主控制器给 CC 提供唤醒命令来唤醒这两个通道（见第 4 步）。在通道 B 启动阶段将唤醒所有该通道上没有被唤醒的总线驱动器。

10）与通道 B 相关的各个节点通过启动阶段指令的发送被唤醒，总线驱动器 BD3A 和 BD3B 将主控制器 3 唤醒。

11）主控制器 3 将 CC3 初始化。

12）两个通道被唤醒后，启动完成，每一个主控制器可向其相关的 CC 发送启动命令。

在嵌入式通信系统中，每一个相关的节点都有自己的时钟，由于外部条件的不同，如温度变化、电压波动或由于制造误差，各个节点之间存在着时钟差异，各个时间基准的差异可通过嵌入式同步来消除，这在 FlexRay 中是可以实现的。

课题 FlexRay 引用的相关资料来自［Rau07，Fle10a］和［Fle10b］

## 5.1.3　LIN

LIN 的发展是对已有网络系统的补充，其目的是将价格低廉的技术用于具有数字接口简单的控制器、传感器和执行器。LIN 总线是以主/从结构为基础的通信技术，在一个总线上允许有一个主节点和多个从节点，总线上的仲裁能预判时间行为，在一条线上 LIN 的传播速率可达 20kbit/s。

### 5.1.3.1　LIN 信息的结构

LIN 信息由帧头和响应组成，如图 5-10 所示。具有标识符号的帧头是由主节点发送的，并通过标识符号标明了信息内容的地址。信息的内容位于响应，由主节点或者从节点发送到总线上。帧头由间隔域开始，标志着一个新帧的开始，间隔域最少有 13bit，其后面是至少 1bit 的间隔定界符，再后面是具有固定值 0x55 的 8bit 的同步域。受保护的标识符域由 8bit 组成，开始的 6bit 用于标识 64 个不同信息的地址，其中两个地址用于诊断，两个地址用于今后的拓展功能，因此只有 60 个地址用于支配数据，受保护的标识符域最后的 2bit 表示的是优先权，用于保护开始的 6bit。

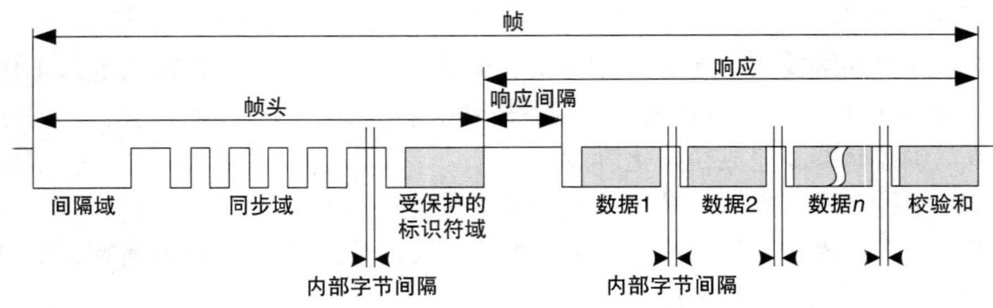


图 5-10　LIN 总线的信息由总线主节点发送的头部和由主节点或从节点产生的响应组成

响应由数据域和校验和组成。数据域的长度位于 1Byte 和 8Byte 之间，校验和由8bit组成，表示数据或者数据和标识之间的反转之和。如果只有数据影响了校验和的计算，就产生一个典型的LIN信息。拓展的LIN信息考虑到了校验中数据和识别符号。如图5-10所示，在各个数据与校验和之间存在着一个间隔，这个间隔明确指出，在LIN网中，从具有开始位的字节处开始，在具有结束位的字节处结束，因此，不是传递了8bit，而是传递了10bit。

#### 5.1.3.2　总线仲裁

LIN的协议以调度表为基础，这个调度表可确保LIN总线不过载。调度表以时基为基础。一个典型的时间间隔表示5ms或10ms。图5-11所示为在一个通信过程中所采用的时基。主节点在一个确定的时基开始传递数据，将帧头发送到总线上，从节点通过帧头的识别符知道接下来将传递什么数据。如图5-11所示，信息1从从节点1开始传递，信息2是从主节点传送到从节点。通过这样的仲裁机制就可以避免发生冲突，只有一定的传输类型在总线上才可能引起冲突。

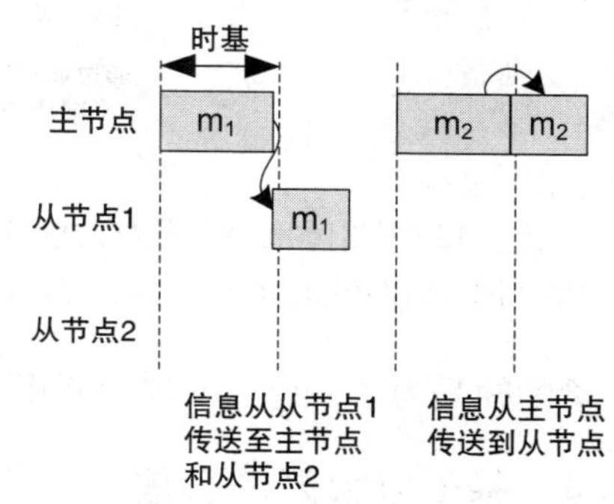


图5-11　在LIN总线中，主节点在时基开始时开始传递信息，信息的帧头之后是来自于从节点或主节点的响应

#### 5.1.3.3　传输类型

为了能够实现优先的、事件可控性的或偶发的传输特性，LIN总线支持不同类型的信息传递。无条件帧由帧头和响应组成，帧头是由主节点在总线上发送的，响应是由从节点或主节点在总线上发送的，它们与发送行为相适应，这在前面已经描述过了。通过事件触发帧可以实现多个从节点对总线产生响应，否则就要为每个从节点预留带宽。在一定的时间点主节点开始发送帧头，而其他的从节点需要传递新信息时只传递响应。当没有从节点传递信息时，将不使用所保留的时间间隔；当多个从节点传递信息时，在总线上会产生冲突，这时主节点必须解决这种冲突，使某个节点单独产生查询，如图5-12所示。主节点将带有识别符0x10的帧头发送到总线上，两个从节点对此产生响应，这会导致冲突，主节点识别到这种冲突后就转换到冲突模式。从节点2首先进行查询，并传递具有识别符0x12帧头的信息，随后从节点1查询具有识别符0x11帧头的信息，最后两个从节点传递它们的信息，主节点返回其原有的运行模式。

偶发帧是由主节点同时传送的信息组，传送偶发帧时需要检测是否有当前数据，当没有当前数据时，就不传送信息；当在同一时间需要传送多个信息时，信息按照优先权的高低进行传送。

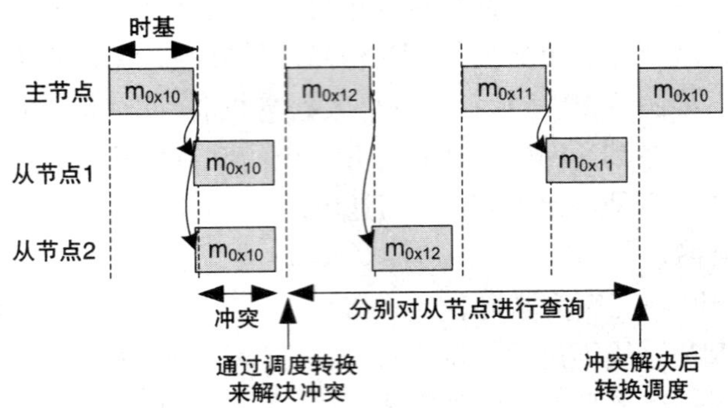


图 5-12 在以事件触发类型的信息中可能会出现冲突，因为这时多个从节点要在同一时间发送信息，因此主节点必须按照一定的顺序对从节点依次进行查询

诊断帧是为了一定目的如诊断用的，预留帧是为今后的拓展而预留的。

### 5.1.4 基于以太网的通信

以太网在汽车上的应用越来越广泛，网络协议（IP）、传输控制协议（TCP）、用户数据报协议（UDP）或拓展，如具有 IEEE1722 传输协议的音视频桥接（AVB），作为高的协议层将被应用在汽车上需要高带宽标准接口的诊断领域和闪存领域。以太网也将被应用在以目前的汽车技术不能进行传输多媒体数据的网络上。

为了能使不同协议之间相互规范化，下面简单描述一下以太网的层和协议，如图 5-13 所示。在图 5-13 的左侧是具有传输协议 IEEE1722 的以太网 - AVB 的结构，右侧是 TCP/IP 协议层，分别列举了以太网头部数据、IP 头部数据和 TCP 头部数据的事例。

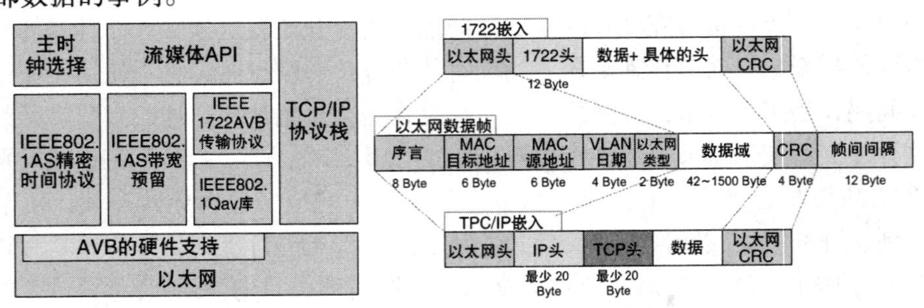


图 5-13 在汽车上不同应用场所涉及的协议层

在 IEEE802.3 中，框架图所示的以太网的物理层已经标准化，100Mbit/s 和 1Gbit/s 以太网的初始标准分别是 100Base - TX 和 1000Base - T。在汽车技术中，由于对电磁兼容性的要求很高，已有的标准需要配备滤波电路才能满足要求，因

此就需要阻尼和抗干扰装置。物理层是一个典型的可分式模块，称为 PHY。PHY 通过 MII（媒体独立接口）与微控制器 DSP 以及开关相连。计算层和开关用于安全层（MAC 层、媒体访问控制），用于确保具有 CRC 机制的以太网帧的安全，避免产生错误。此外，可通过 MAC 地址建立节点地址，以便开关能与网络中目标 MAC 地址中的以太网帧相适应。除开关外，在计算机网络中还有路由器。3 者之间连接技术的特征如下：

1）在 OSI 模式中，网络集线器在层 1 上运行，只有一个分布函数。通过网络集线器把所有的连接站分成可支配的带宽。相对于中继器，网络集线器多数情况下可支配多个接口，网络集线器还可串联起来。

2）开关在第 2 层（安全层）上工作，能直接关闭设备之间的联系，控制图 5-13 左侧所支配的整个带宽的总的通信路径。现在开关已是一项典型的技术，在以太网中可将各个模块连接起来。

3）和网关一样，路由器工作在 OSI 模式中高的层面上，负责如协议转换等功能。网关也用于高协议层（例如 IP、TCP、UDP、应用程序数据等）信息，用于完成分布函数的功能。

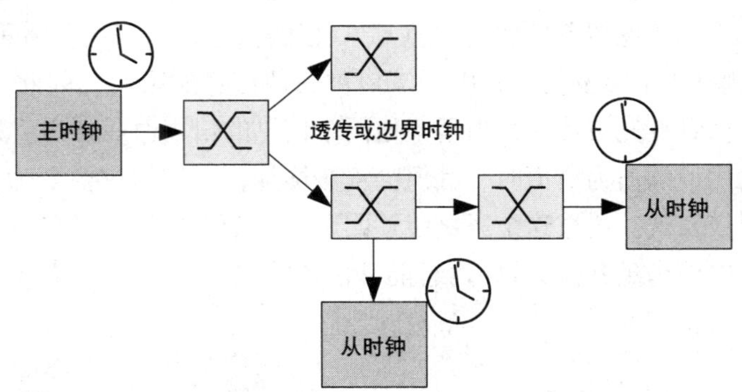


图 5-14 通过主时钟使在主控制器附近的相邻节点间保持同步，在网络中，同步的时基呈树状结构

以太网 AVB 标准（IEEE802.1AS、Qat、Qav、BA）为以太网 MAC 层的拓展，它通常由 3 个元素组成：①全球时钟同步协议；②带宽预留协议；③流量整形标准和输出端不同的 FIFO 优先权。

在时钟同步时，时间值例如在 UTC 或 TAI 格式中的，由网络中的中央节点提供，中央节点将时间值传递给开关，它将进一步分割网络中的时间值，时间值将以分支的形式在网络中传递。开关在同步中起到两个功用：①边界时钟在输出端拥有从时钟，而在输入端拥有主时钟；②开关作为透传时钟向同步包传递，时间戳可校正开关中时间包的停留时间。为了避免在驱动时各个节点时钟之间的漂移，建立了周期性同步，并在 10ms 或 100ms 内重复一次。同步信息将在两个节点之间来回发送，以确定传输是否延迟。

带宽预留是考虑到动态变化的网络及其安全，以便支配数据源之间和一定安全带宽发送的安全性。这里不再考虑为了使一个路径能通过网络而预留足够带宽的机制。

在节点的输出端应建立流量整形，输出端由多个通过一个端口协议连接在一起的 FIFO 存储器组成。图 5-15 所示为具有一个序列的输出端口，上面两个 FIFO 存储器用于 AVB 信息的整形，下面的两个 FIFO 存储器用于标准的以太网信息如 TCO/IP 信息流的整形。在 AVB 标准中具有以信用值为基础的整形，这种整形为 FIFO 建立了一种信用值，所等待的信息位于输出端 FIFO 中，信息不会从 FIFO 中被取出。当信息从 FIFO 中被发送时，将删除其信用值。在空的 FIFO 中，信用值的值设为 0；只要信用值不是负值或者端口没有被其他信息所占用，就允许信息发送。通过这种策略，一方面流经整形器的带宽受到了限制，另一方面整形器缩短了突发脉冲的尺寸，以便其他端口的信息能够被传送。图 5-16 所示的两种情况是整形方法的案例［IEEE09］。在图的左侧，信息在 FIFO 中等待，因为其他信息占用着 FIFO 输出端口，它在这段时间内建立了信用值，当信息传送时便消除信用值。虽然在传送的末端还保留着信用值，但 FIFO 已经清空，则信用值将重新设置为 0。图 5-16 的右侧有 3 个突发信息，由于端口被其他信息所阻碍，因此首先要建立信用值。第 1 个信息首先被传送，由于其他两个信息的信用值一直为负数，它们同时被阻滞。当信用值的值为负值时，其值会慢慢增加，一旦信用值变为 0，第 3 个信息将通过端口被发送。通过这个案例能够明确，一个突发信息将在一个长的时间段内进行分发，以便满足其他 FIFO 信息能够传送的原则。

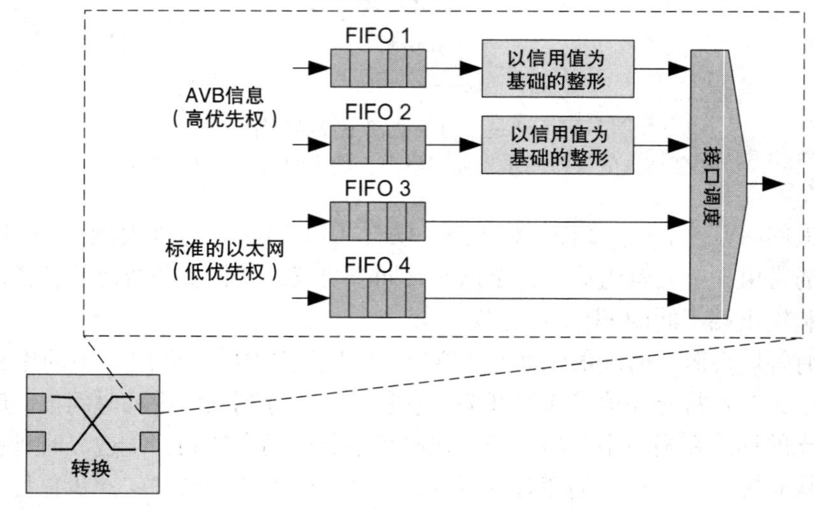


图 5-15　在输出端口一个开关可以支配多个具有一定优先权的 FIFO。对于 AVB 开关，在 FIFO 后面存在着以信用值为基础的整形，端口是具有固定优先权的调度

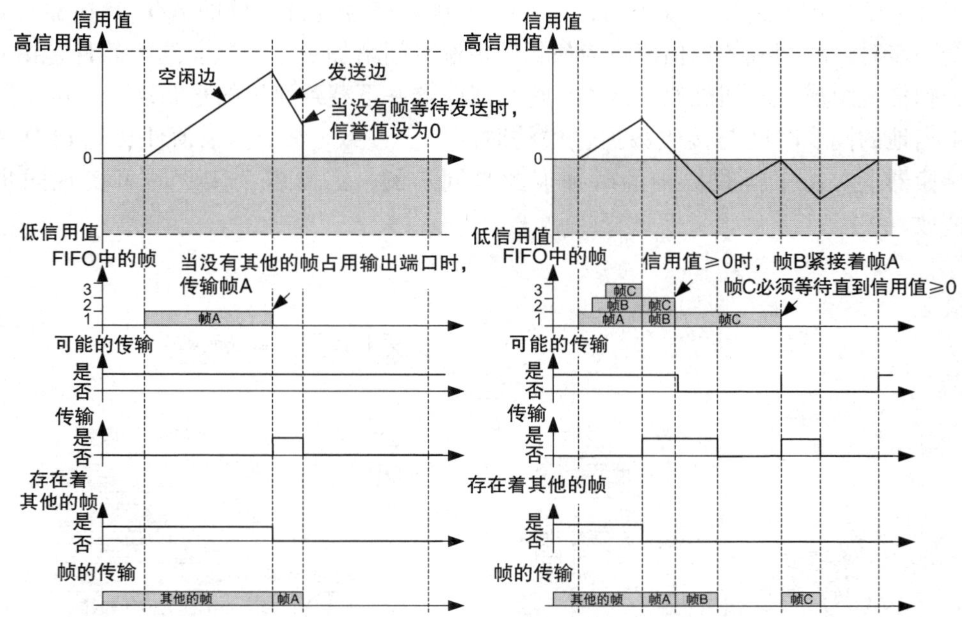


图 5-16 当 FIFO 中存有信息且不允许发送时，在以信用值为基础的整形中将建立一个信用值。当 FIFO 发送信息时，信用值将被消除；当 FIFO 被清空时，信用值将设为 0［IEE09］

如图 5-15 所示，端口调度将决定来自哪个 FIFO 的哪些信息可以在输出端口进行传递，这种调度策略是可以变化的。AVB 可提供一种静态优先权调度，可使来自 FIFO 的具有高优先权的信息被接收直至接收完所有的信息，然后再接收来自 FIFO 的具有低优先权的信息。当然还有其他的调度策略，如加权循环调度算法或差额循环调度算法。加权循环调度算法是采取 FIFO 中一定数据的量并进行发送，数量与其权重相适应，这种调度的弱点在于权重。由于以太网为基础的网络中软件包的大小是变化的，因此，就存在着 FIFO 中软件包存储的所需数据量可能不是最佳的。差额循环调度算法［SV96］在加权循环调度算法的基础上进行了修改，当差额数大于下一个 FIFO 中软件包的软件包数时，就将发送信息，一般情况下，当差额数增加到一个确定数值时，下一个 FIFO 将被检验。软件包每发送一次，差额值就减少一定软件包的数。

借助于时钟同步、宽带预留和流量整形这 3 个机制，多媒体和数据流在以太网 AVB 中的传递将成为可能，所使用的传输协议是 IEEE1722。在传输协议中提供了具有阈时的数据，阈时是一个时间值，在这个时间值内接收器应对数据进行加工。从当地时间进行计算，节点之间的同步加上一个常数，这个常数取决于网络中信息所需要的最长传递时间，其目的是使两个信息接收器能同时处理所接收到的数据，即使它们不是在同一时间达到，其原理如图 5-17 所示，这是一个基于音频信号传输路径［Boa08］，以48kHz音频信号进行扫描的A/D转换器每6个同步时钟时间戳的扫描值将为最长的传输时间增加一个常数。这个软件包由6个扫描值组成，时间戳通过网络传递给接收器并下载到那里的存储器中。接收器中当地的同步时间与接收数据包中的时间一旦一致，6个扫描值便传送到D/A转换器上。由于接收器中的时钟彼此是同步的，因此多个接收器可实现同步播放。

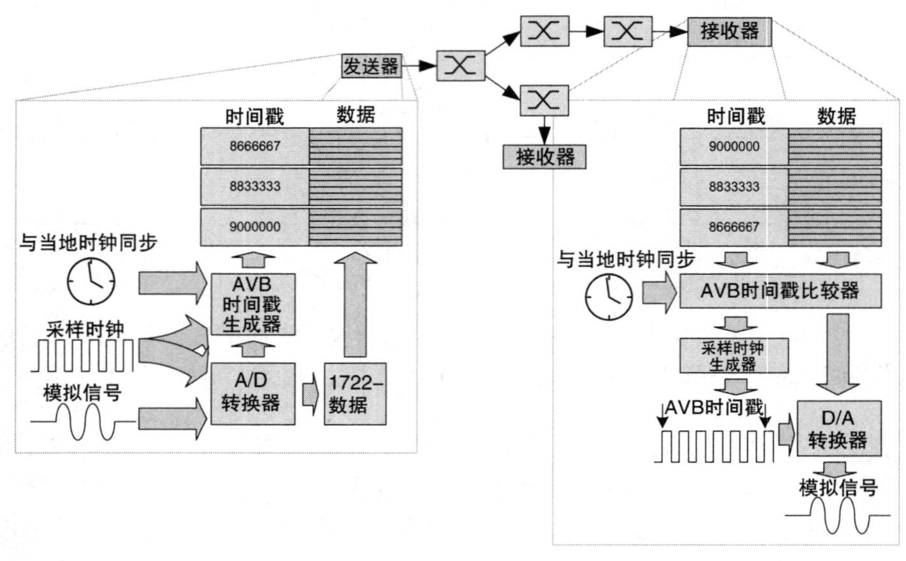


图5-17　借助于音频源的数据传输，在接收时音频采样器提供一个陈述时间，并通过网络进行传递，在接收时达到陈述时间的时间点，并在D/A转换器上提供一个时间戳，因此，所有接收器同步提供一个音频数据

与IEEE1722栈并列的还有协议层，如具有用户数据报协议（UDP）或者传输控制协议（TCP）的网络协议（IP），在此基础上以下的情况就不会再出现了。

在以当前汽车拓扑结构为基础的以太网上，拓扑结构和电控网络的形式是不同的。在以CAN或者FlexRay为基础的网络有一个具有主动或被动星形连接的一般总线，而以以太网为基础的网络由点对点的链路组成，它们通过开关彼此连接在一起，在MOST网络中，在物理层面上具有点对点的连接关系，它们形成环状的拓扑结构，MOST环中每一个相连的带宽都在环中的电控单元上进行拆分，图5-18是各拓扑结构的比较。

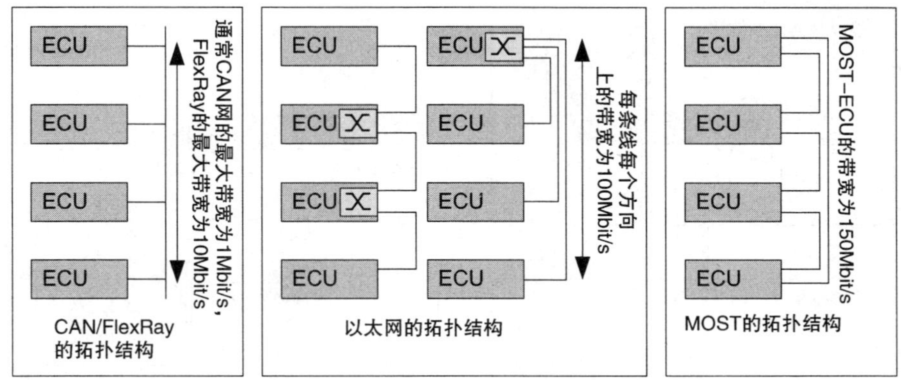


图 5-18　与 CAN、FlexRay、LIN 和 MOST 等通信网络相比较，以太网在物理层和逻辑层上是点对点的网络结构

## 5.2　总线的配置

各个总线的配置是电子/电气研发过程的固定部分，按照新车功能的选择应适用于各个功能范围的研发，在软件组件的基础上将各个功能范围进行划分，在电控单元软件组件分区的基础上可确定软件组件和电控单元内部之间的软件组件部分，确定总线通信的哪一部分是必需的。在总线通信分区的基础上可为总线创建配置，在创建时应注意基本要求，还应注意配置所遵循的一般规则，信号在 PDU 上映射的描写。图 5-19 所示为在研发过程中总线配置的分类。

PDU 的配置和信号原则上与协议无关，首先通过各个信息的定义添加协议的具体内容。PDU 所具有的几个重要的属性如下：

1）名称：PDU 的命名。

2）发送类型：明确 PDU 是否是周期性地、随机或周期性地、随机发送的。

3）周期：PDU 的循环时间。

4）偏移：描述的是电控单元软件初始化完成后到 PDS 第一次被发送时的时间。

5）长度：描述的是 PDU 的长度（单位为 bit）。

对于 PDU 来说，具有相同的映射信号和起始位。起始位描述的是在 PDU 内部的哪个位置开始进行信号的排序，并提供记录，哪个控制单元发送 PDU，哪个控制单元接收 PDU。

对于信号来说具有以下重要属性：

1）名称：信号的命名。

2）发送类型：描述信号是如何发送的，要满足 PDU 的要求，发送类型有周

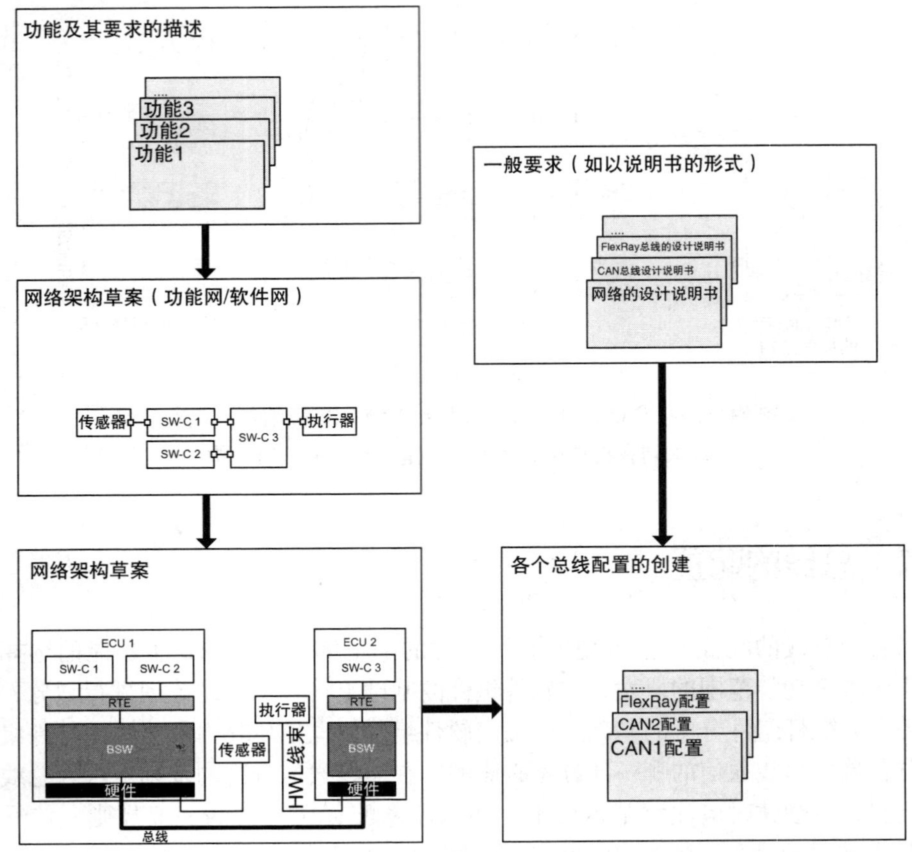


图 5-19 在研发过程中所创建的总线配置的类型

期性的、随机或周期性的、随机的。

3）周期：信号的循环时间。

4）长度：表示的是信号的长度（单位为 bit）。

5）范围值：可描述应用程序的信号，例如温度范围值的描述：信号值 0x00 表示 -40℃；信号值 0xFF 表示 +50℃。

## 5.2.1 CAN 总线的配置

为了配置 CAN 总线，应先明确协议的具体属性，确定哪些信息需要传递。最重要的协议的属性有：

1）名称：CAN 总线的命名。

2）速率：CAN 总线的传输速率（单位 kbit/s）。

此外，还应明确与之相关的电控单元包括在电控单元上所映射的信息，CAN

总线的信息具有以下属性：

1）名称：信息的命名。

2）标识符：信息的识别。

3）发送类型：按照所映射的 PDU 的要求分类。

4）周期：信息的循环时间。

5）消振时间：表示两个彼此相临信息间需要的最小的距离。

6）偏置：按照所映射的 PDU 的要求所得到的值。

7）长度：表示信息数据域的长度。

此外，必须为每一个信息编制发送器和接收器，必须对 PDU 和信号进行分配。

### 5.2.2 FlexRay 总线的配置

为了配置 FlexRay 总线，应先明确协议的具体属性，确定哪些信息需要传递。FlexRay 协议的具体属性有：

1）名称：FlexRay 总线的命名。

2）速率：传输速度（单位 Mbit/s）。

3）版本：目前，FlexRay 总线有不同的协议版本，各版本之间存在着差异，要确保用于相匹配的通信控制器。

4）周期：FlexRay 所需循环时间的大小。

5）通信宏拍：通信宏拍所持续的时间。

6）静态槽：槽的数量。

7）微型槽：在动态段中微型槽的数量。

8）网络空闲时间：网络空闲时间的长短。

此外，必须明确与之连接的电控单元及其所发送的信息，FlexRay 总线的信息有以下属性：

1）名称：信息的命名。

2）槽：发送信息的槽的编号。

3）循环重复：表示信息是否每次循环发送一次还是 $2^n$ 次循环发送一次。

4）多次循环重复：表示一个信息在一个循环周期内需要多次发送。

此外，必须对每一个 PDU 的信息进行分配，以便使每个信息都能到达相应的发送器或者接收器控制单元。

### 5.2.3 LIN 总线的配置

为了配置 LIN 总线，应先明确 LIN 协议的具体属性，确定哪些信息需要传递。LIN 总线协议的具体属性有：

1）名称：LIN 总线的命名。

2）速率：LIN 总线的传播速度（单位 kbit/s）

3）版本：目前 LIN 总线有着不同的协议版本，要确保电控单元与所用版本的 LIN 的协议相匹配。

此外，必须明确所连接的电控单元及其发送的信息。在作为主节点的电控单元和作为从节点的电控单元的配置中，信息有以下属性：

1）名称：信息的命名。

2）长度：数据域的大小。

3）标识符：信息的识别。

此外，必须对相应信号的信息进行分配。

## 5.3 安全应急通信

电控单元之间的通信在安全性能上具有较为严格的要求，在具有复杂传感器的应用等级中，例如，汽车通过对环境检测而实现对汽车的控制，传感器及其对其信息进行处理的电控单元之间的通信必须是安全的。由于需要通过多个总线和网关进行通信，因此必须确保这些复杂通信路径的安全，所传递的信号要求不失真、不丢失，在应用时必须要做到。在当前的通信技术中，简单的检测机制是不能满足要求的，因为它只能处理一种错误类型，就是只能处理在物理媒介传递时信息内容的失真。此外，可能出现的典型错误还有信号丢失、信息的无序重复置换和延迟，这些错误是由于物理作用如腐蚀等或由于系统设计有缺陷而导致的。在系统操作范围内出现的错误会附加在信息上或出现掩码，可通过以下机制来处理这样的错误：

1）序列号：通过在与安全性相关的通信关系的信息中连续的编码，接收器可以识别出信号的丢失、无序的重复或置换。

2）时间戳、时间测量和期望：检测延迟时存在着不同的可能性，一方面信息中的时间戳可以确定对旧信息的帮助，可能在一个通信圈内发送信息或者确定发送器和接收器之间的通信时间。这个时间不期望很大，因为会出现一个错误。通过时间戳可以识别出错误，如交换或无序的重复，因为两个信息包不能被同时发送。

3）连接身份验证：通过通信节点的连接身份验证可以避免信息的插入或掩码率。

4）反馈（英：Acknowledgement）：通过是否或对哪些信息进行反馈，按照反馈的类型将截获不同的错误形式。

5）数据安全：通过验证码使数据得以安全是典型的识别信息错误的方法。

6）冗余与交叉对比：通信中有不同类型的冗余，一方面有时间冗余，使信息重复发送或在信息中数值重叠打包，另一方面有空间冗余，在两条总线上或两个路径上进行信息的并列发送，两种冗余最终会导致交叉对比，以确保冗余接收的值是相同的。

为了能够确保网络中所有点对点路径的安全，必须直接使用或已经使用了所提到的机制。要确保在错误存储器中所存储的数据的安全，可直接在功能数据库的应用层上保证数据的安全，如图5-20所示，数据通过不同的协议层并通过网关的CAN总线和FlexRay总线传送给接收节点，在这里它再次通过不同的协议层，并借助于验证器的验证库进行验证。

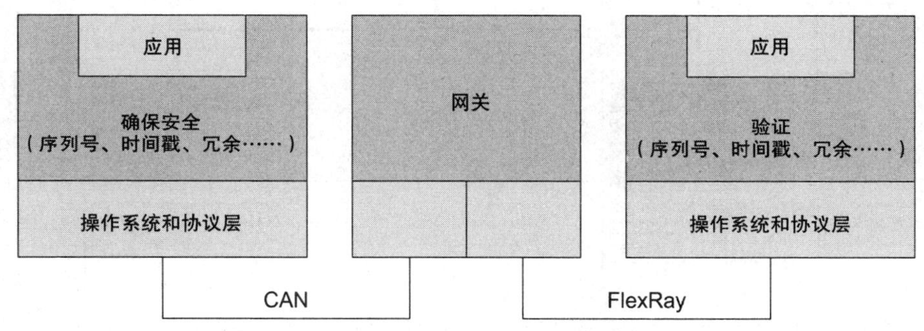


图5-20 在点对点的安全性上，借助于序列号、时间戳和冗余等的应用来确保通信在整个通信路径中的安全

## 5.4 案例

案例是以3.4节中的内容为基础，这里将介绍具有停车功能的软件网络，介绍电控单元的软件组件分区以及引导出调度所得到的配置。首先应对其他控制单元的多余功能进行分区，并在配置的基础上创建通信系统。图5-21所示为包含电控单元所有分区功能的网络架构，超声波电脑USS与4个超声波传感器US1到US4相连接。对4个传感器信号进行处理及评估的软件组件在超声波电脑上进行了分区，激活停车辅助系统的开关以及发出警告声的扬声器与电脑的控制单元（BE）相连接。作为软件组件的开关的评估和警告信号生成器在电脑的BE上进行了分区。电脑USS和电脑BE与CAN总线相连接。另外，显示器控制单元（AZ）用于控制显示器，显示器控制单元在电脑上进行了分区，该电脑和PMM电脑通过FlexRay总线相连接，网关负责两个总线之间的通信。

通过电脑上软件组件的分区，每个数据单元可产生用于控制单元间的信号，数据单元在总线信号上的映射可以实现控制单元的贯穿通信。出于接口的要求制

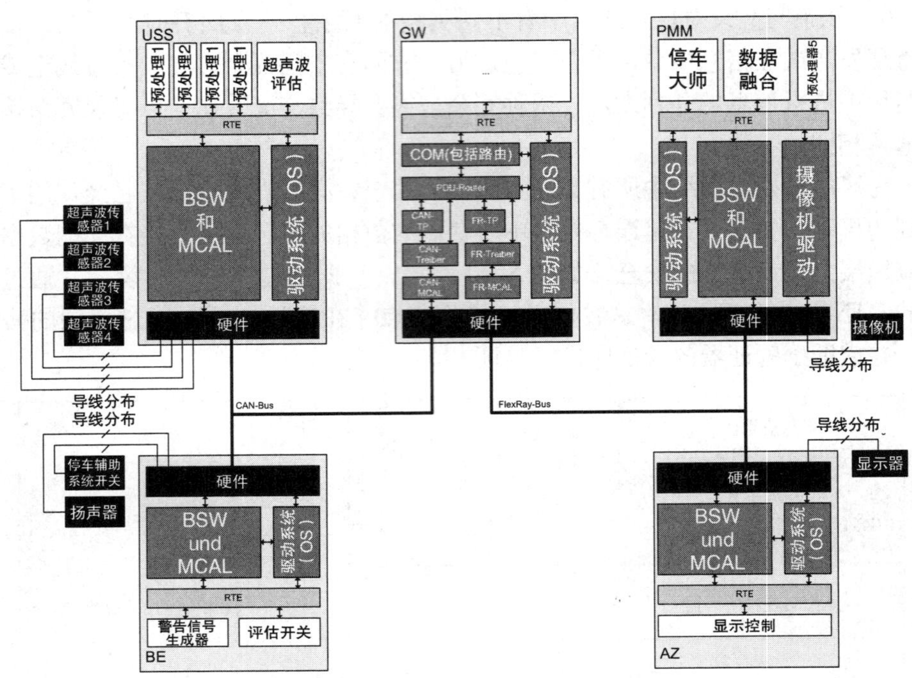


图 5-21　包括图 3-4 中的软件网络的分区软件组件的停车辅助系统网络架构

定了信号的属性，表 5-2 所列举的是所有必要的总线信号及其属性，这是基于与每一个端口和数据单元相关联的要求。在表 5-2 中，左侧的前 5 列为信号的名称及其属性，最后一列是与每一个数据单元的链接。

在总线信号的基础上可建立 PDU，这与所使用的总线类型没有任何关系。表 5-3 所列为所产生的 PDU，其前 5 列为 PDU 的名称及其属性，这是从 PUD 映射信号的属性中得到的，最后一列为各个 PDU 上信号的映射。由上述内容可知，由于 PDU 5 的长度为 16Byte，所以不能直接在 CAN 总线上发送，在能够满足发送要求的系统设计中，该 PDU 最少要分成 2 个 PDU，每个 PDU 最多具有 8Byte 的长度。借助于信号和 PDU，在下一步才有可能完成两个网络的配置并列出网关表。

**表 5-2　总线信号的属性**

| 名称 | 发送类型 | 周期/ms | 去抖时间/ms | 长度/bit | 数据 |
|---|---|---|---|---|---|
| 信号 1 | 周期性 | 10 | — | 48 | De11 |
| 信号 2 | 周期性 | 10 | — | 16 | De12 |
| 信号 3 | 随机性 | — | 20 | 64 | De14 |
| 信号 4 | 周期性 | 10 | — | 32 | De19 |
| 信号 5 | 周期性 | 20 | — | 32 | De16 |
| 信号 6 | 周期性 | 5 | — | 64 | De17 |
| 信号 7 | 周期性 | 5 | — | 64 | De18 |

表 5-3 PDU 的属性

| 名称 | 发送类型 | 周期/ms | 去抖时间/ms | 长度/Byte | 信号 |
|---|---|---|---|---|---|
| PDU1 | 周期性 | 10 | — | 8 | 信号 1、信号 2 |
| PDU2 | 随机性 | — | 20 | 8 | 信号 3 |
| PDU3 | 周期性 | 10 | — | 8 | 信号 4、信号 5 |
| PDU4 | 周期性 | 10 | — | 8 | 信号 4、信号 5 |
| PDU5 | 周期性 | 5 | — | 16 | 信号 6、信号 7 |

## 5.4.1 CAN 总线配置的案例

在前面的案例中，CAN 总线的传播速率为 500kbit/s，表 5-4 所列为在 CAN 总线上传播时所产生的帧，帧的属性是按照帧排列的属性生成的。

表 5-4 CAN 总线帧的属性

| 名称 | 类型 | 周期/ms | 去抖时间/ms | 长度/Byte | PDU | 发送器 | 接收器 |
|---|---|---|---|---|---|---|---|
| 帧 1 | 周期性 | 10 | — | 8 | PDU1 | USS | GW |
| 帧 2 | 随机性 | — | 20 | 8 | PDU2 | BE | GW |
| 帧 3 | 周期性 | 20 | — | 8 | PDU3 | GW | BE、USS |

## 5.4.2 FlexRay 总线配置的案例

对于只使用一个通道的 FlexRay 总线，其重要参数有：

1）名称：FlexRay 总线。

2）传播速率：10Mbit/s。

3）动态段的数据域长：16Byte。

4）周期：5ms。

5）微拍时间：1375μs。

6）静态槽的数量：91。

7）动态段中微型槽的数量：289。

8）网络空闲时间：9625μs

表 5-5 所列为 PDU 在信息上的映射以及发送器和接收器之间的相互关系，前 5 列为帧的名称及其属性，第 6 列为所映射的 PDU，第 7 列为帧的发送器，第 8 列为帧的接收器，接收器是唯一的，而发送器可以是多个电控单元，图 5-22 所示为 FlexRay 配置的示意图。

## 5.4.3 网关的路由表

由 CAN 总线和 FlexRay 总线的配置可以创建网关路由表，按照是否需要与周

**表 5-5　PDU 在信息上的映射**

| 名称 | 周期/ms | 长度/Byte | 时间槽 | 重复 | PDU | 发送器 | 接收器 |
|---|---|---|---|---|---|---|---|
| 帧 4 | 5 | 16 | 1 | 1 | PDU1、PDU2 | GW | PMM |
| 帧 5 | 5 | 16 | 20 | 1 | PDU3 | PMM | GW |
| 帧 6 | 5 | 16 | 21 | 1 | PDU5 | PMM | AZ |

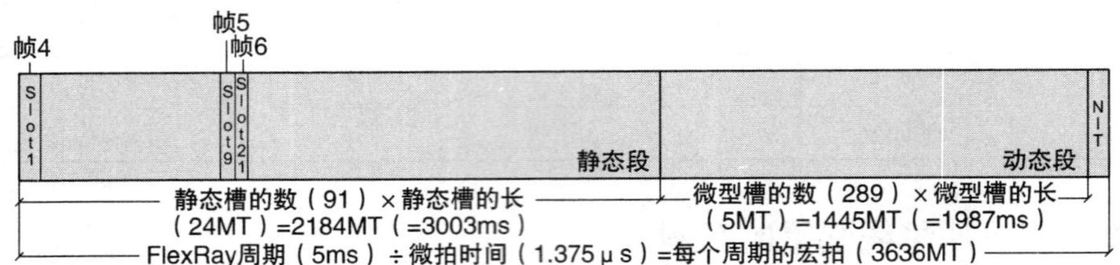


图 5-22　FlexRay 配置的示意图，包括 3 个信息（帧 4、帧 5 和帧 6）的分类

期相适应，例如通过缩减像素采样，可以创建相应的 PDU 路由或信号路由。对于从 CAN 总线到 FlexRay 总线上路由的两个 PDU，可以创建 PDU 路由，对于从电控单元 PMM 发送的与 PDU3 不一样的，可以创建信号路由，因为需要使用其他 PDU（PDU4）用于在 CAN 总线上发送。表 5-6 所列为不同路由之间的关系，图 5-23 所示为两个 PDU（PDU1 和 PDU2）从 CAN 总线通过网关到 FlexRay 总线转换的案例。

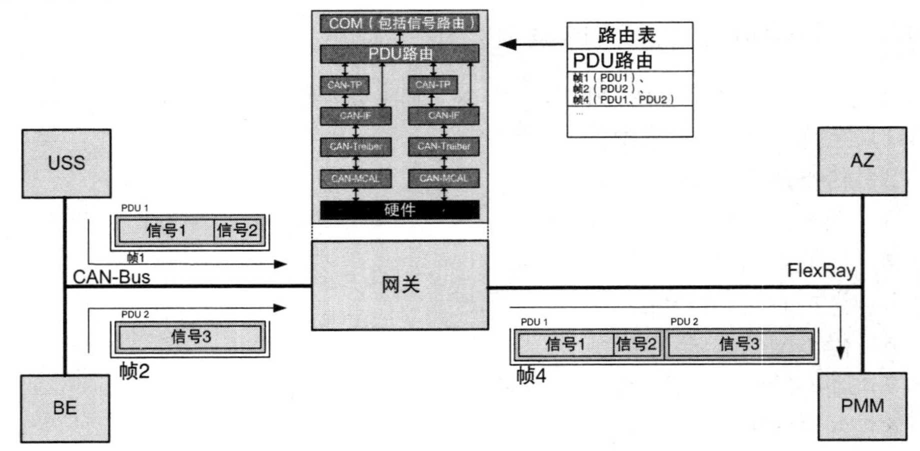


图 5-23　两个 PDU（PDU1 和 PDU2）的路由案例，它们通过帧在 CAN 总线上进行传送，在 FlexRay 总线上路由后，通过帧 3 传送给电控单元 PMM

**表 5-6　网关路由表的配置**

| 来源 | 接收的 PDU | 发送 | 被发送的 PDU | 转换 |
|---|---|---|---|---|
| CAN 总线 | PDU1 | FlexRay 总线 | PDU1 | PDU 路由 |
| CAN 总线 | PDU2 | FlexRay 总线 | PDU2 | PDU 路由 |
| FlexRay 总线 | PDU3 | CAN 总线 | PDU4 | 信号路由 |

# 第 6 章　实时评价的术语和参数

每个专业领域都有其特有的专业语言及其术语，以便能更清楚地阐述事实。在实时评价的领域也具有其特有的术语，将在以下章节中进行阐述，这有利于创建不同的时序评价方法。下面将对术语的定义进行解释，和 AUTOSAR 标准以及 CAN 标准一起对各个术语进行解释。在这一章里需要明确各个术语的定义，这些术语将出现在以后 3 章中的实时评价中。

## 6.1　嵌入式分布式实时系统

在时间要求方面，嵌入式分布式实时系统（英：Real – Time Systems）从根本上不同于一般的非实时系统的计算机系统（例如办公用计算机），对于非实时系统来说主要在于数据处理的正确性及其吞吐量，出于这个原因，该系统工作能力的评价是以所选案例的实验评估为基础的，相反，对于实时系统来说，除了结果的正确性外，对于时间要求的规定也起着核心作用。能导致系统崩溃的时间条件称为刚性时间条件［KOP97］，其他时间条件称为弹性时间条件。实时系统的重要标准还有及时性、同时性、可用性［WB05］和可预见性。

1）及时性是指在 CPU 中的运行以及在总线中的传递都要在所要求的时间范围内完成。

2）同时性也称为同步性，实时系统必须能够同时处理多个事件，以确保多个动作能同时进行，这可通过在一个处理器上的并行处理或在多个处理器上同时处理来实现［SS08］。

3）可用性也称为真实性，相对于一定的时间间隔将系统设定为准备操作。对于可用性 1 来说，在一定的时间范围内，实时系统完全可用。

4）对于可预见性来说，经过系统加工的事件及其功能会产生一个确定的系统状态［Rin02］。

## 6.2　术语的定义

下面术语的定义可用于时间点和时间间隔，它们在实时评价中起着重要的作用，一般规则是，时间点用小写字母表示，而时间段用大写字母表示。

定义 6.1（执行时间/传输时间）：执行时间 $C_i$是一个作业或一个信息在不中断或迟滞的情况下执行或传输时所需要的时间。

定义 6.2（到达时间）：到达时间 $a_i$是一项作业完成时或一个信息传输完毕时的时间点。

定义 6.3（激活时间）：激活时间 $b_i$是作业开始执行或信息开始传输时的时间点。

定义 6.4（执行结束）：作业 $t_i$执行结束或信息 $m_i$传输完成时的时间点，用 $c_i$表示。

定义 6.5（截止点）：截止点 $d_i$是作业 $t_i$的执行或信息 $m_i$的传输必须结束的时间点。

定义 6.6（干扰时间）：干扰时间 $I_i$表示的是开始出现时间和执行结束之间时间间隔的总和，这段时间没有作业的执行或信息的传递，也就是作业或信息被其他的作业或信息干扰了。

定义 6.7（响应时间）：响应时间 $R_i$表示的是作业 $t_i$或信息 $m_i$从开始出现到完成所需要的时间。

图 6-1 所示为以优先权为基础的软件调度的案例。在驱动系统调度的执行作业的列表中，作业 $t_i$在到达时间 $a_i$时开始记录，在激活时间点 $b_i$时开始被执行，因为有高优先权的作业 $t_j \in$ hp（$t_i$）在被执行，这里的 hp（$t_i$）表示的是可执行的高优先权作业的数量。在执行时间 $C_i = C_i^1 + C_i^2$ 之后，作业 $t_i$在时间点 $c_i$被结束，在其截止点 $d_i$之前被完成。作业的响应时间 $R_i$描述的是从到达时间 $a_i$到时间点 $c_i$之间的时间间隔。干扰时间 $I_i = I_i^1 + I_i^2$ 为被高优先权作业 $t_j \in$ hp（$t_i$）迟滞或中断的时间间隔的总和。

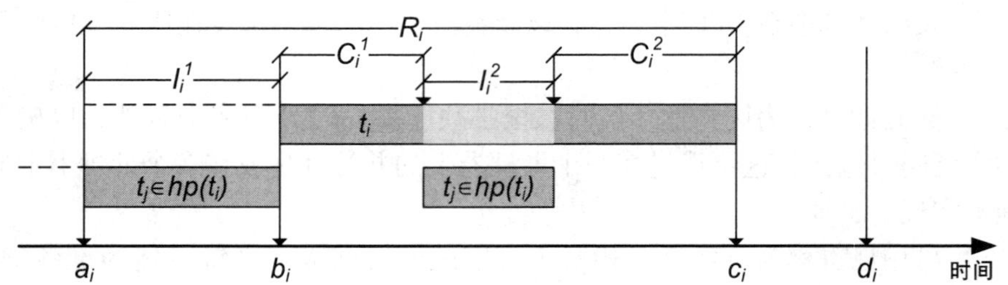


图 6-1　在信息或作业的分析中具有重要作用的时间点（小写字母）和时间间隔（大写字母）

定义 6.8（空闲时间）：空闲时间 $T_{\mathrm{idle}}$是没有作业执行或没用信息传递时的时间。CPU 或传输媒介在这段时间内没有被占用。

定义 6.9（延迟）：延迟是作业 $t_i$或信息 $m_i$晚于截止点出现的时间。由于运行或传输在截止点之内被终止，因此延迟为负值，可按式（6-1）计算。

$$T_{exe,i} = \max\ (0,\ T_{late,i}) \tag{6-1}$$

定义 6.10（超载时间）：超载时间 $T_{exe,i}$ 为作业 $t_i$ 或信息 $m_i$ 在截止点之后还处于激活状态的时间，可按式（6-2）计算。

$$T_{exe,i} = \max\ (0,\ T_{late,i}) \tag{6-2}$$

定义 6.11（缓期时间）：缓期时间 $T_{slack,i}$ 是指作业 $t_i$ 或信息 $m_i$ 在被激活后所允许的最大延迟时间，可按式（6-3）计算。

$$T_{slack,i} = d_i - a_i - c_i \tag{6-3}$$

图 6-2 是在图 6-1 的基础上对事件 $t_i$ 时间量的进一步的描述。

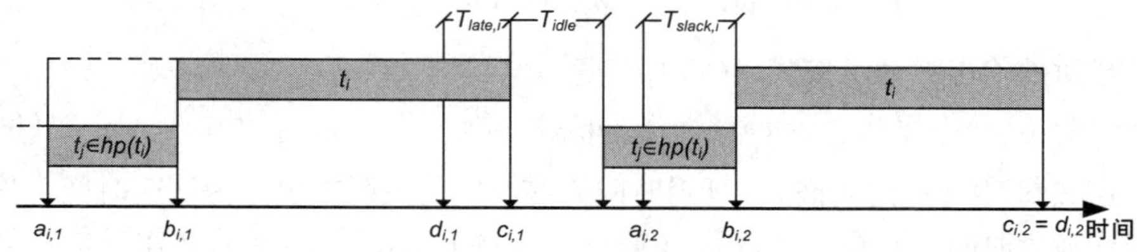


图 6-2　在图 6-1 的基础上对作业时间值进一步的描述

定义 6.12（事件簇）：事件簇 $E$ 是事件 $E_i = \{e_1, e_2, \cdots e_n\}$ 的数量。在实时系统中，事件簇通常写成事件的类型和所出现时间点的集合：$e$ = {事件类型，出现的时间点}。

定义 6.13（周期）：周期 $T_i$ 为两个相同事件、作业 $t_i$ 或信息 $m_i$ 重复出现时的相邻时间间隔。

定义 6.14（超周期或宏观周期）：超周期或宏观周期 $H$ 为调度计划给定的周期，它是系统中所有作业周期的最小公倍数 [Tan03]。

定义 6.15（最小出现间隔或发送间隔）：最小出现间隔或发送间隔 $T_{min,i}$ 是指两个相邻作业 $t_i$ 或信息 $m_i$ 之间必须具有的最短间距。

定义 6.16（抖动）：相位抖动是指作业 $t_i$ 或信息 $m_i$ 与其所规定激活或发送时间点之间的偏差，分为输出抖动和输出抖动，输入抖动表示的是激活时的偏差，而输出抖动表示的是运行或传递结束时的偏差。

图 6-3 所示为具有 3 个事件 $e_{in,1}$、$e_{in,2}$、$e_{in,3}$ 的输入事件簇实例，事件 $e_{in,1}$ 相对于其特有的周期 $T_{in}$ 有一个抖动 $J_{in}$。输入抖动位于事件 $e_{out,2}$ 的输出之前。

接下来描述判断抖动存在的关键点，下面对抖动进行更详细的定义。

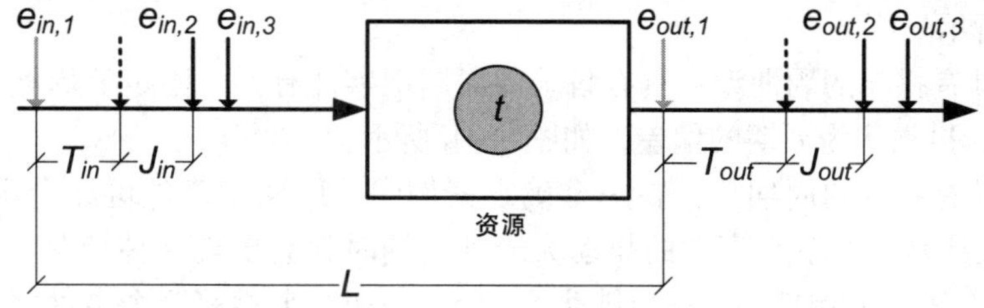


图 6-3　作业、输入事件簇 $E_{in}$ 以及所产生的输出事件簇 $E_{out}$ 案例

定义 6.17（绝对抖动）：绝对抖动是指作业或事件案例之间在总时间上的最大偏差，绝对的输入抖动可按式（6-4）计算。

$$J_{a\_in,i} = \max_k(b_{i,k} - a_{i,k}) - \min(b_{i,k} - a_{i,k}) \tag{6-4}$$

绝对的输出抖动可按式（6-5）计算。

$$J_{a\_out,i} = \max_k(c_{i,k} - a_{i,k}) - \min_k(c_{i,k} - a_{i,k}) \tag{6-5}$$

定义 6.18（相对抖动）：相对抖动是指两个相邻出现的作业或事件案例之间的偏差。相对的输入抖动可按式（6-6）计算。

$$J_{r\_in,i} = \max_k|(b_{i,k} - a_{i,k}) - (b_{i,k-1} - a_{i,k-1})| \tag{6-6}$$

相对的输出抖动可按式（6-7）计算。

$$J_{r\_out,i} = \max_k|(c_{i,k} - a_{i,k}) - (c_{i,k-1} - a_{i,k-1})| \tag{6-7}$$

定义 6.19（延迟时间）：延迟时间 $L$ 在不同的关联中也称为反应时间、停留时间或拖延时间，是指一个动作（或一个事件）及其所出现的动作反应之间的时间段。

定义 6.20（偏移）：偏移 $T_{\mathrm{off}}$ 描述的是系统的等待时间，直到一个作业第一次被执行或一个信息第一次被传输。

定义 6.21（加载）：加载 $U$ 描述的是资源的占用。对于 $n$ 个互不相关的周期 $T_i$ 与截止点 $d_i$ 相同的周期性作业 $t_i$ 来说，加载 $U$ 可按式（6-8）计算。

$$C = \sum_{i=1}^{n} \frac{C_i}{T_i} \tag{6-8}$$

## 6.3 事件模型

描述事件时可建立事件模型，下面在汽车领域内标准事件模型的基础上来阐述所应用的模型。

### 6.3.1 标准事件模型

在有关的资料中经常会出现下列事件模型。

1）周期型：当一个事件以一个固定周期 $T$ 出现时，该事件就是周期型，如图 6-4a 所示。

2）具有抖动的周期型：具有抖动的周期型事件有一个固定的周期 $T$ 以及一个抖动 $J$，抖动 $J$ 为周期的偏差，如图 6-4b 所示。

3）具有突发的周期型：在一个确定案例中，周期型事件可能会出现突发，如图 6-4c 所示。当一个事件的抖动大于其周期时就会出现这种情况，这样的事件具有一个固定的周期 $T$、一个抖动 $J$，$J > T$，和一个相邻两个事件之间所具有

的最小发射间隔 $T_{min}$。

4）偶发型：当一个事件偶然出现时，该事件就是偶发型，该事件没有一个固定周期，只能用一个最小发射间隔 $T_{min}$ 来描述，如图 6-4d 所示。

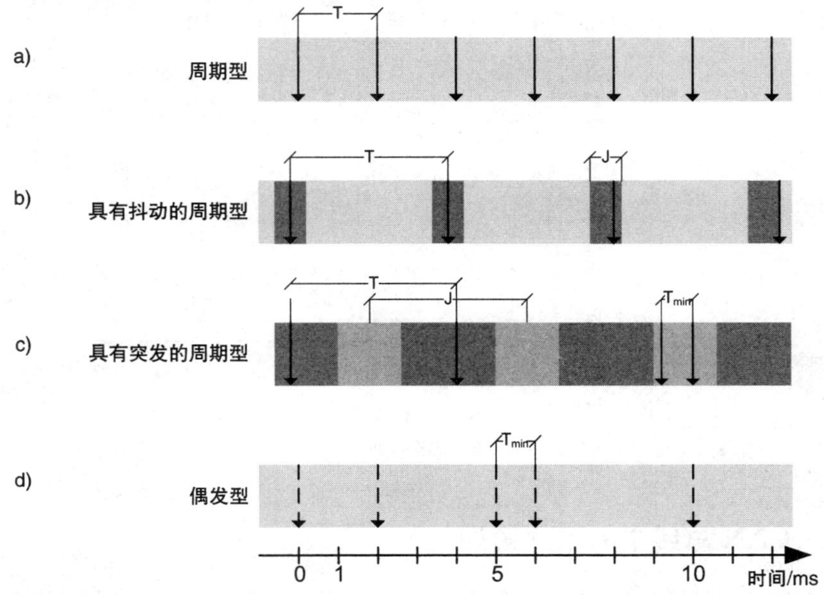


图 6-4　4 个标准事件模型：图 a 为单纯的周期型事件；图 b 为具有抖动的周期型事件；图 c 为具有突发的周期型事件；图 d 为具有最小发射间距 $T_{min}$ 的偶发型事件

## 6.3.2　AUTOSAR 中的事件模型

AUTOSAR 的通信模型按照 I－PDU 可分为发送事件属性和传输模式 [AUT08b]。对于信号来说具有如下 3 个发送事件属性：

1）触发：具有发送事件触发属性的信号如果不具有传输模式周期或无标记，可在相应的 I－PUD 中立刻发送。

2）挂起：如果发送事件属性的信号被定义为挂起，则信号的变化对响应发送的 I－PUD 就没有影响。

3）变化上的触发：如果信号的值与其相应的局域值不一样，具有发送属性变化上的触发信号就在相应的 I－PDU 中立刻发送。只有当信号具有混合传输模式或偶发传输模式时，才有可能在 I－PDU 中发送。

在 AUTOSAR 中，I－PDU 发送的传输模式可分为 4 种类型。

1）周期型：周期型的传输模式是指信号按照一定周期 $T$ 在 I－PDU 中重复发送，如图 6-5a 所示。

2）混合型：混合型的传输模式是指 I－PDU 按照一定的周期 $T$ 重复发送，

同时在一个周期内 I－PDU 还可以偶发发送，如图 6-5b 所示。

3）偶发型：偶发型的传输模式是指 I－PDU 可随时发送，如图 6-5c 所示。

4）无效型：无效型的传输模式是指以 AUTOSAR 为基础软件的 COM 模型不能发送 I－PDU，只能通过特殊的回调功能才能发送 I－PDU。

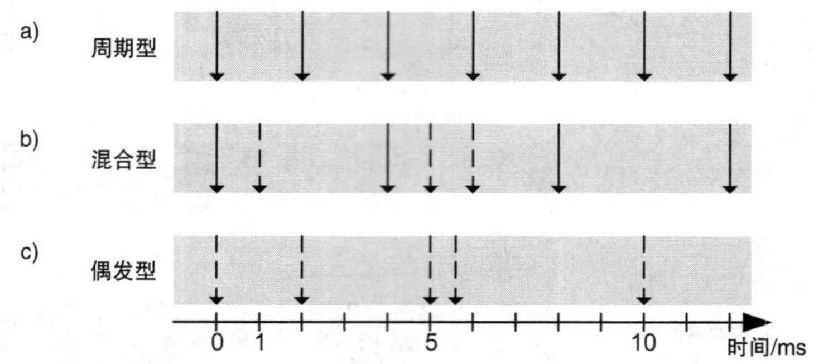


图 6-5　在 AUTOSAR 中，在 COM 上建立的事件模型

a）周期型事件　b）混合型事件　c）偶发型事件

### 6.3.3　CAN 总线中的事件模型

具有复杂 CAN 网络的当代汽车已具有 CAN 信息的属性，其内容和发送接收间的关系在设计阶段就已经确定了，可采用不同的事件模型来描述发送行为，下面将阐述几个常用的模型，事件模型的描述如图 6-6 所示，这也是发送类型的描述。

1）周期型：周期型发送类型的信息永远按照一个固定的周期 $T$ 进行发送。周期型发送类型同样应用于标准模式和 AUTOSAR 中的事件模型，如图 6-6a 所示。

2）偶发型：偶发型发送类型的信息可以在任意时间进行发送。为了均衡信息间的快速发送，每个信息都定义了最小的发送间距，确定了允许发送的具有不同优先权的两个信息之间的间距。偶发型发送类型类似于标准事件模型和突发事件模型（AUTOSAR），如图 6-6b 所示。

3）具有延迟的周期型和偶发型：具有延迟的周期型和偶发型类型的信息按照一个固定的周期 $T$ 进行发送，同时信息还可以偶发发送，这相当于具有最小发送间距 $T_{min}$ 的偶发型发送类型，这种发送类型可以通过 AUTOSAR 的混合事件模型来解释，如图 6-6c 所示。

4）处于激活功能的周期型：具有处于激活功能的周期型的信息在功能被激活时将按照一定的周期 $T$ 进行发送，当功能未被激活时，就不再发送信息，如图 6-6d 所示。

5）处于激活功能的快速型：具有快速发送类型的信息将按照一个不变的周期 $T_1$ 固定发送，信息所分配的功能被激活时，电控单元发送具有小周期 $T_2$ 的信

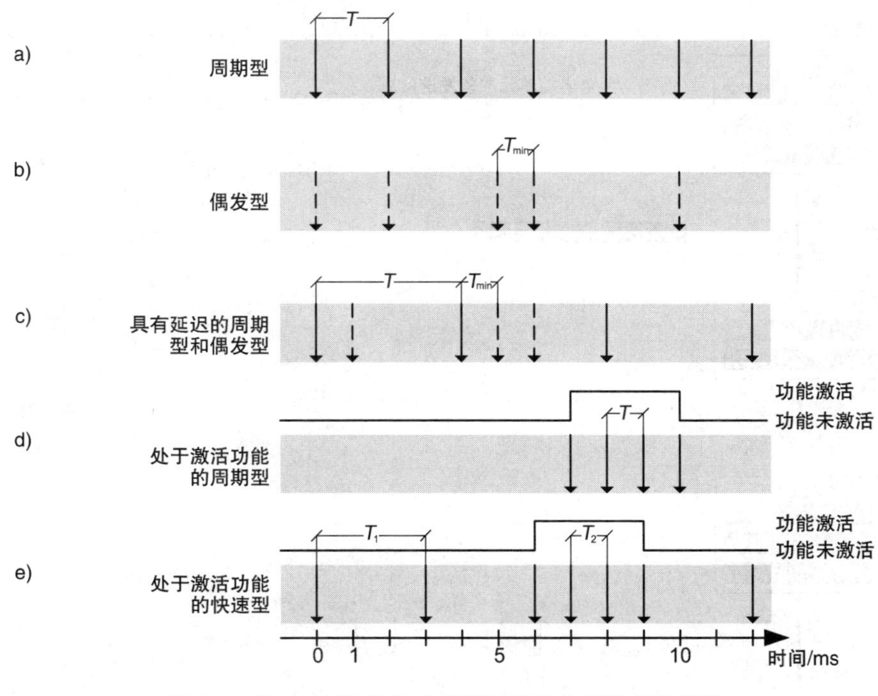


图 6-6　描述 CAN 信息时所使用到的典型的发送类型

息。对于过去和现有功能，两个周期的长定义的是静态的，如图 6-6e 所示。

## 6.4　偏置

除了事件被激活或信息被发送的事件模型外，对于作业或在特殊的 CAN 信息中会用到偏置这个概念。偏置意味着作业首次出现的延迟或者 CAN 信息发送的延迟。下面将具体阐述 CAN 信息偏置分配问题，偏置运行的应用类似于作业。

可以为电控单元所具有的周期性 CAN 信息定义偏置，偏置可提供一个时间段，这个时间段为每个信息必须等待电控单元开始运行（COM 作业初始化）之后到信息第一次被发送这段时间。图 6-7 所示为 5 个周期型信息通过两个电控单元进行发送的案例。图 6-7 上面的情况是没有提供偏置，信息按照优先值的大小依次在总线上进行发送，由于所有信息都是一般性的激活，总线负荷短时间内就达到 100%，也就是出现了突发脉冲。在图 6-7 下部的多数信息都具有了一个偏置，按照电控单元的传输模式不是所有的信息都被立刻发送，由于有偏置，信息 $m_5$、$m_6$ 和 $m_7$ 首次发送被延迟，从而在总线上产生一个空闲时间 $T_{idle}$，其优点是，其他电控单元的信息可以快速访问总线，在接收时有更多的时间用于处理所接收到的数据。

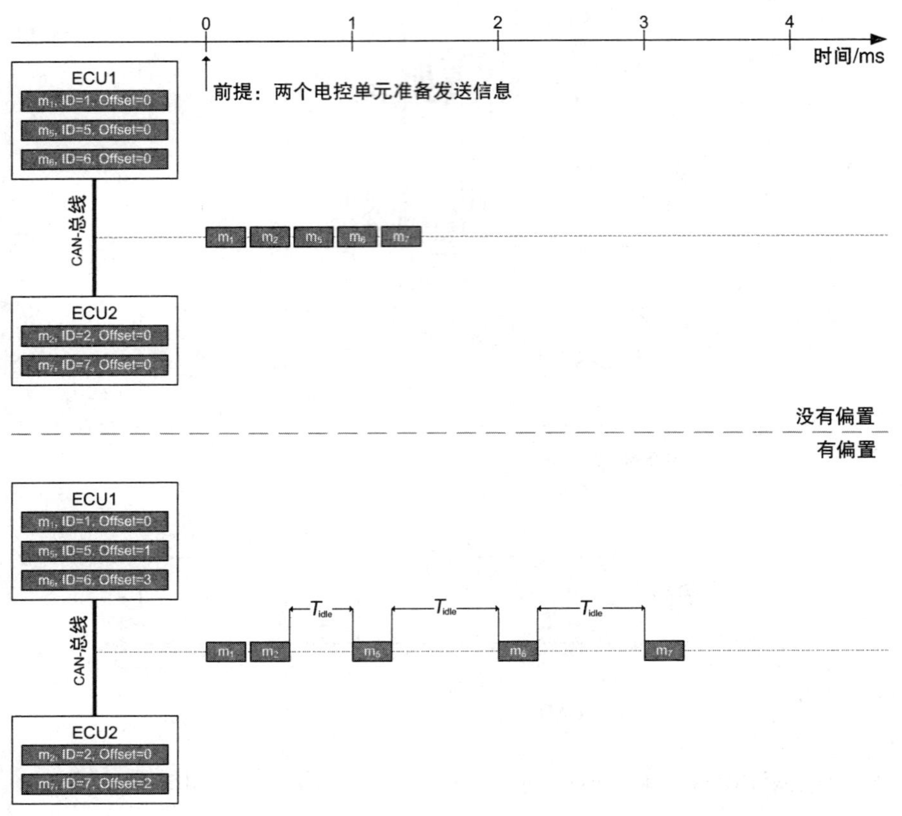


图 6-7　有偏置（下图）和无偏置（上图）时 CAN 的配置实例

## 6.5　实时评价的参数

接下来要阐述的是评价系统时间行为时所需要的重要参数，将对部分有用参数进行定义并通过案例进行讲解，参数的使用方法将在第 7 章到第 9 章中逐步进行介绍。

### 6.5.1　软件评价的参数

1）执行时间：各个作业和功能的执行时间 $C_i$ 都会提供一个详细的关于占用计算资源的时间图表，借助于这个信息的帮助可以做出更好的综合决策，尤其是对已经存在的电控系统，需要拓展其集成功能时，就可以导出与响应时间相关的精确的表述，附加功能对整个系统的影响会到什么程度，以实现更可靠的集成功能。

2）基本负荷：用基本载荷通过周期性作业可以评价资源的加载程度 $U$，这时一般不必关注需要额外计算时间的突发事件。基本负荷的确定值能够说明 CPU 还有多少空闲时间可以使用，CPU 的空闲时间是衡量动态载荷加工能力的一个参数，图 6-8 所示为处理器载荷和基本载荷的使用情况。

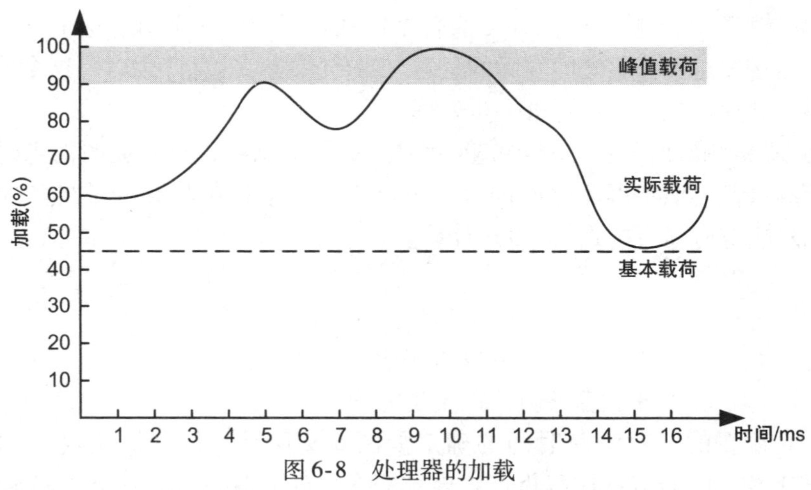


图 6-8　处理器的加载

3）响应时间：通过响应时间可以确保驱动系统的安全，也就是说能够证明所有任务在其截止点 $D_i$ 之前完成情况的可调度性，也就是能力。另外，该值服务于功能/软件研发，例如可确保控制回路的稳定性。

4）中断行为：中断行为是一个重要的参数，会对整个系统的时间行为产生一定的影响。由于中断一般发生在突发事件中，这对系统的动态加载会产生很大的影响。

5）抖动：抖动表示一个作业在不利条件下其周期偏差的大小。和响应时间一样，抖动值 $J_i$ 的确定作为辅助信息可服务于功能/软件的研发，以便能够得到更稳定的反应式系统，如控制回路。

## 6.5.2　通信系统评价的参数

1）周期性的基本载荷：周期性的基本载荷包括所有按照总线配置周期性固定发送的信息，类似于处理器的基本载荷，该值表示总线的基本加载，因此，表示的是载荷下线。

2）周期性峰值载荷：所有具有周期性行为的信息都必须考虑周期性的峰值载荷，也就是说，该信息是在激活功能或者一定驱动模式下发送的信息，借助于峰值载荷值，可以明确动态通信在不利情况有多少容量可以支配。

3）峰值载荷持续时间：峰值载荷持续时间也称突发载荷，表示的是通信的关键时间部分，在此期间信息是不间断发送的，因为这是动态载荷（突发通信）的较高部分。

4）抖动：通过仲裁在 FlexRay 总线和 CAN 总线的动态段会产生信息的抖动，信息的优先权对信息的抖动具有直接的影响，在规范的总线配置和 FlexRay 调度中尤其要重视这种影响。

5）响应时间：响应时间 $R_i$ 是直接纳入系统行为的一个值，这个值表示的是从信息准备发送到接收之间实际的延迟。当传感器有信息产生时，这个值表示信息何时能到达电控单元进行进一步处理。

6）相对响应时间：相对响应时间 $R_{rel,i}$ 是与信息截止点有关的信息时间行为的一个参数，类似于可宽延时间（见 6.2 节），这个值表示还存在多少剩余时间，相对响应时间可按式（6-9）计算。

$R_{rel,i}=\dfrac{R_i}{d_i}$，当

$R_{rel,i}<1$：信息在截止点之内发送完毕；

$R_{rel,i}\geqslant 1$：信息未在截止点之内发送完毕。 (6-9)

CAN 配置的相对响应时间的确定如图 6-9 所示，具有优先权 1、15、98、101、271 和 308 的信息在截止点之内被完全发送，具有优先权 399 的信息正好位于关键时间段的界限上，在以前的案例中，关键时间段的开始位于≥80% 处，具有优先权 375 的信息的相对响应时间为≥100%，也就是说，在最坏情况下超越了截止点（响应时间 > 截止点）。

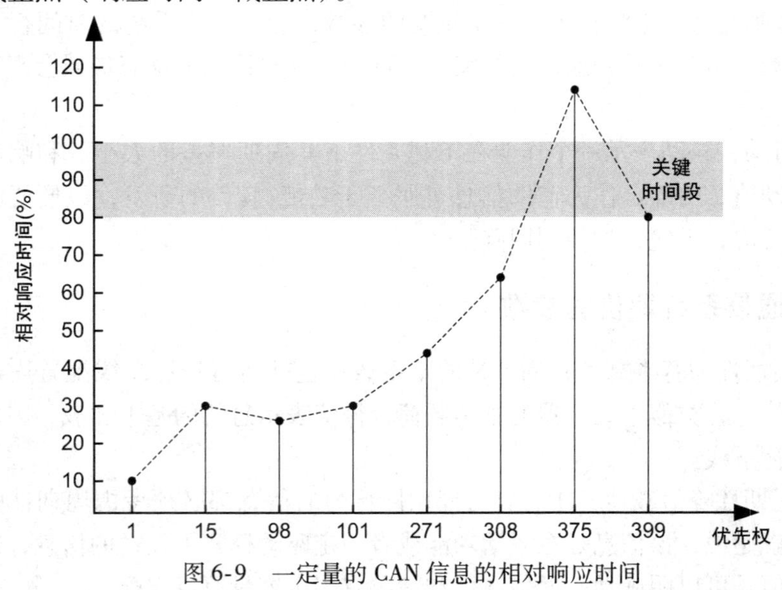


图 6-9 一定量的 CAN 信息的相对响应时间

### 6.5.3　嵌入式系统评价的参数

1）通信载荷：功能间的通信载荷表示各个功能之间有多少信息在交换，该参数的值很重要，因为可以实现稳定的分区决定。通过多个数据之间彼此交换的功能执行，可以降低通信系统的通信载荷。图 6-10 所示为 3 项功能以及彼此之间的通信容量，通过功能 1 和功能 2 在电控单元（ECU1）上的分区，CAN 总线上所产生的通信容量为 29.5kbit/s。

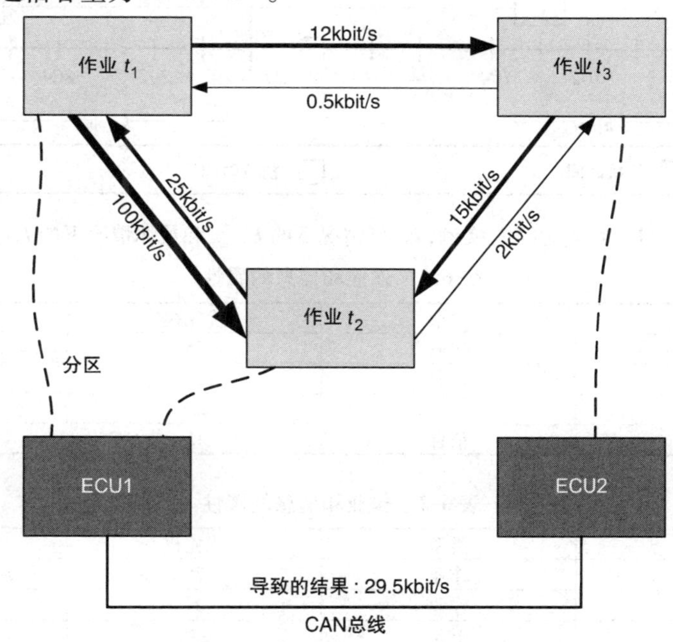


图 6-10　3 项功能及其彼此之间的通信容量以及分区后在总线上所造成的通信载荷

2）点对点的延时：点对点的延时可分为响应系统和控制系统，在响应系统中应关注响应时间 $L_{ft}$，也就是在最坏情况下传递所需要的最长时间。图 6-11 所示为响应时间的案例，作业 $t_1$ 和作业 $t_2$ 在电控单元 ECU1 上进行分区，中断服务例程 $t_3$ 在 ECU2 运行，ECU1 和 ECU2 在总线上通过信息 $m_2$ 进行数据交换。表 6-1 所列为相关作业和信息的重要属性。

作为点对点的延时，要关注从作业 $t_1$ 的激活到中断服务例程 $t_3$ 被完全执行这条路径，最好的情况是尽可能小的延时 $L_{ft\_min}$，如图 6-11 左侧部分；在坏情况下的最长迟滞出现在图 6-11 的右侧部分。作业 $t_2$ 和信息 $m_2$ 的迟滞是由于高优先权的作业和信息造成的。

在调节系统中，抖动和数据的最大延时 $L_{age}$ 非常重要，图 6-12 所示为旧数据的案例。在具有唯一区别的响应时间的案例中，作业的优先权是相同的，$t_3$ 是一项作业。表 6-2 所列为案例中作业和信息的有关属性。

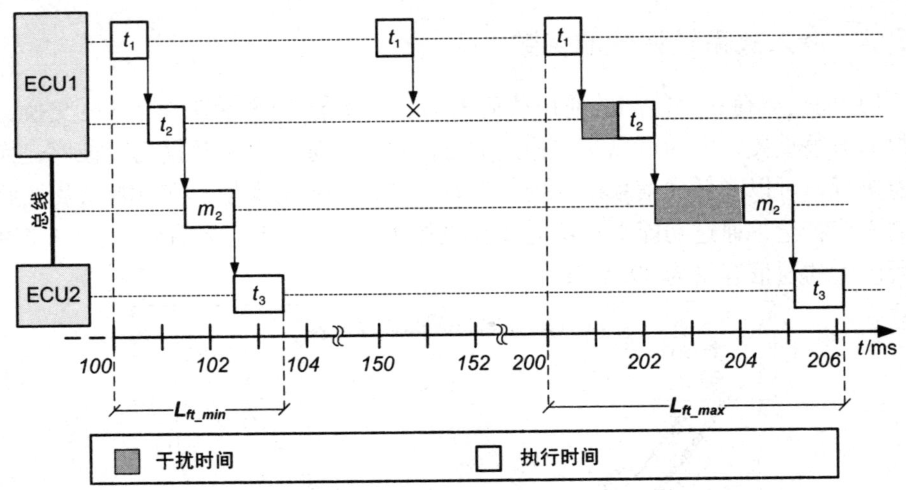


图 6-11　响应时间 $L_{ft}$实例，最好情况下的 $L_{ft_min}$和最坏情况下的 $L_{ft\_max}$

**表 6-1　作业和信息的属性**

| 名称 | 类型 | 优先权 | 周期/ms |
|---|---|---|---|
| $t_1$ | 作业 | 25 | 5 |
| $t_2$ | 作业 | 24 | 100 |
| $t_3$ | ISR | 255 | |
| $m_2$ | 信息 | 15 | 100 |

**表 6-2　作业和信息的属性**

| 名称 | 类型 | 优先权 | 周期/ms |
|---|---|---|---|
| $t_1$ | 作业 | 25 | 50 |
| $t_2$ | 作业 | 24 | 50 |
| $t_3$ | ISR | 255 | 10 |
| $m_2$ | 信息 | 15 | 50 |

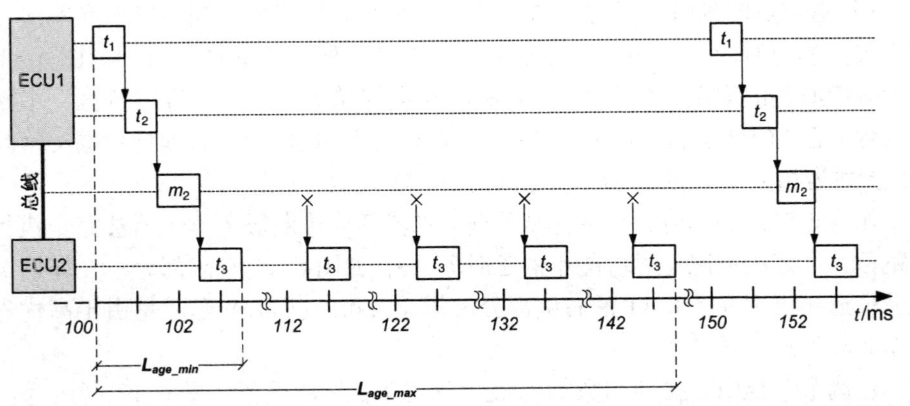


图 6-12　点对点的延时，最小的数据延时 $L_{age_min}$和最大的数据延时 $L_{age\_max}$

在案例中，不仅仅对响应时间感兴趣，还感兴趣的是在最坏情况下在作业 $t_3$ 的输出端对相同的数据要处理多久。由于作业 $t_3$ 以 5 倍快的频率周期运行，上游的作业 $t_1$ 和 $t_2$ 只建立一个过扫描，也就是说，作业 $t_3$ 每扫描 5 次只更新一个值。图 6-12 所示为最小的数据延时 $L_{age\_min}$ 和最大的数据延时 $L_{age\_max}$，具体的计算方法见［FRN08］。

# 第 7 章　软件的实时评价

处理器上每项作业的时间特性都很重要，这能确定网络系统的时间特性。这里将忽略掉多作业间的相互作用以及在一个电控单元上这些作业的调度，当然，评估的结果可以被使用，以评估出哪些作业或多少作业可以在同一 CPU 中运行，因此，这里将评价和阐述不同类型作业的时间行为，本章将从 3 个方面进行阐述，即分析、模拟和试验。

## 7.1　执行时间的分析确定

在软件的实时评估中，会出现某个程序或某个软件块在 CPU 中单独运行的情况，而其他的程序或驱动系统不能占用其资源，这就会出现一个问题，在最坏的情况下，一个单独的程序运行一次需要多长时间，为了回答这个问题，要从根本上明确所要分析的程序和目标处理器。运行时间已经确定的程序不仅仅要占用程序语言，作为可执行的程序必须出现在确定的目标处理器上，这是非常重要的，因为编译器的优化处理对运行时间具有一定的影响。目标处理器必须是明确的，因为一个程序的运行时间与线路、高速缓存器和外设有关（见第 4 章）。

借助于这些信息原则上可开始进行最坏情况下的执行时间分析（WCET 分析），当然还可能存在一个疑问，这是否是最佳的程序分析，为了回答这个问题，通过以下针对性试验来说明会出现哪些限制。

给定一个试验项目 TEXT（xyz，dat），当程序的 xyz 值是输入数据 dat 时，这个程序的结果是“JA”（德文“是”）返回，否则，结果是“NEIN”（德文“否”）返回。有一个程序是 ÜBERLISTE – TEST（P），因有转移参数 P 而命名为智力测试，包括 IF – ELST 问句，在 ELST 路径中有 WHILE 语句。

```
program ÜBERLISTE-TEST (P) {
   var i, k : Integer;

   if (TEST(P, P) == "NEIN")
      exit;
   else {
```

```
        i := 1;
        k := 0;
        while (i != 0)
            k++;
    }
}
```

这时，程序 ÜBERLISTE－TEST（ÜBERLISTE－TEST）将被执行。假设程序停止，程序的结果就必须输出 NEIN（德文，表示“否”），这就意味着，程序不会被停止；另一种假设，程序没有停止，程序的结果就必须输出 JA（德文，表示“是”），因此，程序处于无限循环中。当程序的结果为 JA 时，也就是说，程序结束，这两种情况将产生矛盾，这表明，程序的执行时间没有被分析，因为没有结果，程序实际上已经终止了。为了能阐述 WCET 所遇到的情况，就必须运用一定的限制，这将在 7.1.2 小节中进行详细的讲解。

## 7.1.1　最坏情况执行时间分析

最坏情况执行时间分析包括两个方面，程序路径分析和架构模型。程序路径分析包含了在不利情况下所执行的指令序列，架构模型描述了线路、高速缓存器和外设对运行时间的影响。

### 7.1.1.1　程序路径分析

程序路径分析可通过程序从给定程序中提取出可能的路径，适合该条件的程序的原文件是非常有限的，因为在转换成机器语言时编译器只进行几个最优化处理，其中包含消除死代码、识别不用的变量、细节优化和功能填充等，这种优化对程序的运行时间有着巨大的影响，因此，在最坏情况执行时间分析中必须引起重视，在机器代码之前，可以开始程序路径分析的第 1 部分，即基本块提取。基本块是一个连续的跟踪指示，控制流在开始时出现，在结束时消失，中间不会被停止或者分流。为了确定功能块的开始，机器码从开始到结束始终被执行，并逐行检查是否程序出现以下情况：

1）该指令是否是程序的第一个指令，它是否是开始块。

2）该指令是否是一个确定的或不确定的跳跃目标，它是否是一个开始块。

3）该指令是否直接位于一个确定的或不确定的跳跃之后，它是否是一个开始块。

对于每一个确定的开始块都属于一个基础块，基础块包含开始块和直至下一个开始块或直至程序结束所有的后续指令。

图 7-1 所示为程序路径分析的第 1 部分内容，程序码编译为机器码，从而形成 6 个基础块，并形成一个基础块图。

程序路径分析的第 2 部分明确了一个问题，就是基础块的运行频率，因此，

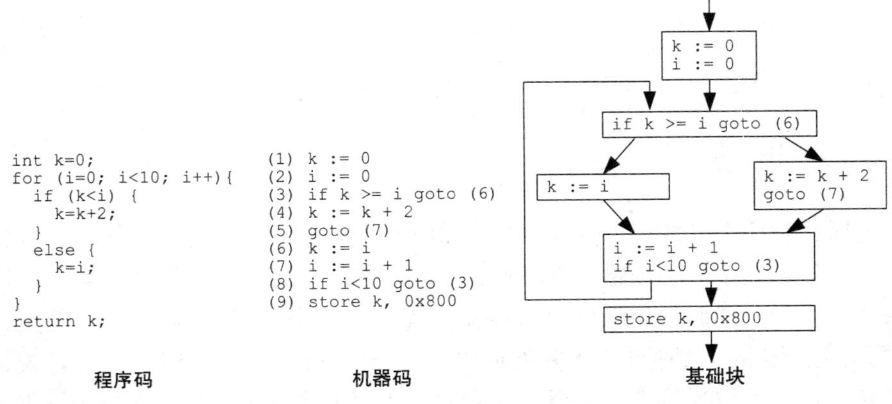


图 7-1　在基础块（右图）被提取之前，程序语言中的程序码（左图）首先要被编译成机器码（中图）

各个块必须以同一系统形式建立一定的关系，因此，在任意两个块之间都有一个变量 $d_i$，用这个变量表示频率，借助于这个变量，一个块通过这个过渡路径被激活。在已知举例的基础上，图 7-2 又提供了一个新的过渡路径以及一个新的变量。由于每个基础块和唤醒一样被正确及时地运行，因此输入变量的总数和输出变量的总数必须相等，这种相同性出现在图 7-2 中的每个块中。此外，这个相同性系统可以通过功能限制得以延伸，例如，每一个给定的程序都明确，该循环被执行了 10 次，因此它必须表示为 $d_2+d_8=10$。相反，也可以定义不同性，一个变量 $d_i$ 向上或向下受到限制，原则上，不可能在所有情况下自动地确定这样的功能限制，因此，在嵌套结构中只能进行手动处理。

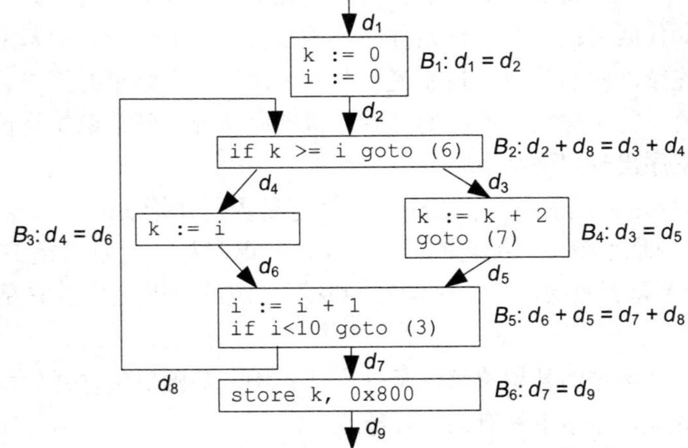


图 7-2　基础块边上的变量 $d_i$ 表示的是运行频率，每一个基础块都有一个功能限制 $B_i$，通过它就能明确输入和输出间的关系

最坏情况处理时间（$WCET$）可按式（7-1）计算：

$$WCET = \max\left\{ \sum_{i=1}^{N} C_i x_i ，必须满足 \right.$$

$$d_1 = 1 \wedge$$

$$\sum_{j \in 输入(B_i)} d_j = \sum_{k \in 输出(B_i)} d_k = x_i ,其中\ i = 1,\cdots,N \wedge$$

$$\left. 功能限制 \right\} \qquad (7\text{-}1)$$

式中，$x_i$表示的是基础块 $B_j$的频率；变量 $C_i$ 描述的是基础块的执行时间。这个等式所描述的是优化问题，其中 $WCET$ 必须最大化，这个问题可通过整数线性规划（英：Integer Linear Programming，简写 ILP）来解决，在附录 A 中对 ILP 的应用进行了描述。通过最优化可以得到变量 $d_i$和 $WCET$ 的值。

最优化中的参数是未知的，执行块的运行时间 $C_i$取决于处理器的架构。

#### 7.1.1.2　架构模型

分析完程序路径后就能明确块的运行频率，这取决于 $x_i$，但还不清楚该块在 CPU 中所需要的运行时间，这取决于 $C_i$，为了确定参数 $C_i$，就必须考虑到处理器的架构。一般来说，确定基础块的执行时间时存在着两种情况。

1）指令时间相加（ITA）：将每个基础块或者每个路径节点指令的执行时间进行叠加，在分析过程中被读入并进行叠加，所需要的时间必须位于列表中，在分析期间这是一个非常有效的方法。

2）路径节点的模拟（PSS）：基础块或路径节点通过精确周期的处理器模型进行模拟。

这里不再继续讨论 PSS 方法，因为，模拟的观点只适应于一定的处理器模型，这将在以后的内容中进行讨论。下面将讨论指令时间相加的界限和可能性。

在指令时间相加中，对于每一个指令所需要的时间都将相互叠加，这就会出现一个问题，一个指令需要多长时间才能完成从存储器中的下载，然后再通过数据通道来运行。在存储系统中有高速缓存器，它能得到高速缓存命中或高速缓存未命中。在高速缓存命中时，来自快的高速缓存中的指令被加载，而在高速缓存未命中时，来自慢的高速缓存中的指令必须被加载，对于 ITA 的这个特性可借助于图 7-3 中的例子进行明确。如图 7-3 所示，4 个基础块被分为 4 个程序块（$B_1$和 $B_{2.1}$，$B_{2.2}$、$B_3$、$B_4$），这里必须清楚，加载到高速缓存器中的程序段不必与基础块相一致。所讨论的缓存被称为直接映射缓存。每个程序段可直接分配给一个高速缓存块。在最后一层的高速缓存器中，基础块图中的两个程序段（$B_3$、$B_4$）之间存在冲突，因为程序段的执行会导致来自指令缓存器中其他程序段的冲突。而 $B_{2.2}$与其他程序块之间不存在冲突。程序块 $B_1$和 $B_{2.1}$起着非常重要的作用：在两个程序块执行时出现的缓冲未命中会导致其他程序块自动加载到高速缓存器中，因为两个程序块都错过了缓存块。当基础块图中右侧路径被唤醒时，就存在缓存命中，在程序块 $B_1$ 之后程序块 $B_3$ 被唤醒时，就存在缓存未命中。

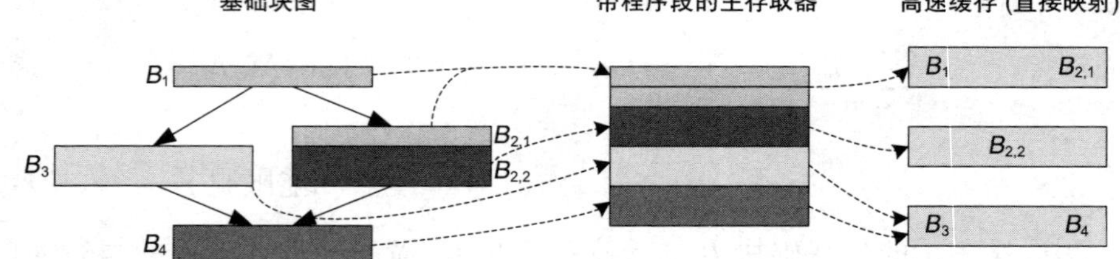


图 7-3　具有 4 个基础块 $B_1 \sim B_4$ 的基础块程序图、带 3 个高速缓存块的 3 个直接映射高速缓存和在高速缓存块基础上的基础块图，基础块 $B_1$ 和 $B_{2.1}$ 与高速缓存块相适应，基础块 $B_3$ 和 $B_4$ 与最底层的基础块之间存在冲突，块 $B_{2.2}$ 有自己的中间高速缓存块

最坏情况执行时间的计算必须考虑到缓存命中（hit）和缓存未命中（miss）之间的比例，可按式（7-2）计算：

$$由于\ WCET = \sum_{i=1}^{N} C_i x_i,\ 因此,\ WCET = \sum_{i=1}^{N} \sum_{j}^{n_i} C_{i,j}^{\text{hit}} x_{x,j}^{\text{hit}} + C_{i,j}^{\text{miss}} x_{i,j}^{\text{miss}} \tag{7-2}$$

当缓存命中或未命中时，将 $C_{i,j}^{\text{hit/miss}}$ 记入程序块的执行时间，$x_{i,j}^{\text{hit/miss}}$ 表示缓存命中或缓存未命中的频率，$n_i$ 表示基础块在缓存块上划分的数量。原则上必须要定义边界条件，以明确相关的不同程序块发生缓存未命中的频率。

在回顾基础块程序执行时，通过图 7-3 可知，$B_1$ 和 $B_{2.1}$ 的执行都会导致一次缓存未命中，缓存未命中之后将数据放到高速缓存器中并不会被删除，因为它和其他基础程序之间不存在任何冲突。程序段 $B_{2.2}$ 具有相同的情况，因为它和其他基础块之间也不存在任何冲突。而基础块 $B_3$ 和 $B_4$ 可能会从高速缓存器中被删除掉，因为它们在高速缓存器中必须至少被加载一次。为了确定最坏执行时间，这种关系必须符合不等式（7-3）。

$$\begin{aligned} x_1^{\text{miss}} + x_{2.1}^{\text{miss}} &\leqslant 1 \\ x_{2.2}^{\text{miss}} &\leqslant 1 \\ x_3^{\text{miss}} + x_4^{\text{miss}} &\geqslant 1 \end{aligned} \tag{7-3}$$

在描述高速缓存的例子中，存在显著的限制是显而易见的，在直接映射缓存中缓存命中和缓存未命中之间存在着一定的数学关系，当缓存之间的关联增加时，程序段不仅仅要分配到正确的缓存块中，还要分配到更多的缓存块中，则分配的复杂性提高了。必须以数字的形式明确缓存的替代策略或者从最坏的情况下出发，就是总存在一个高速缓存未命中，这种情况将导致对最坏执行时间的高估。

通过比较指令时间相加和路径节点的模拟可以列举出已知处理器架构的如下

特点。

1）指令的与数据相关的执行时间：对于 CISC 架构这是一个典型的情况，对于每一个指令来说都会产生一个微码，例如，乘法可用多次移位和添加指令来代替。当与数字 2 相乘时，便对应一个向右的比特移位，与数字 6 相乘时则再需两个移位操作。可以明确的是，处理器不是一直在执行所有的指令，当 CPU 不执行某项指令时，就会触发一个异常，从而导致指令在软件上进行模拟。这是一个典型的与数字有关的执行时间，这种与数字有关的执行时间将导致基础块变化的执行时间。在确定的上一层的限制下，PSS 方法不是每一次都能确定执行时间，而这时 ITA 是一种可行的方法。

2）管线架构：在几乎所有的 RISC 处理器中都存在管线架构，这需要确定管线等级的数量。管线有许多等级，许多基础块的管线都是并行工作的，各个基础块的模拟导致很大的不确定性，因为各个管线开始都将被占用，最后必须被清空。具有短的管线或长基础块的 PSS 方法则具有很好的确定性。当一个管线等级的指令被限制时，ITA 方法将存在着管线危害的问题，例如，在加载或存储指令的情况下可能会发生。

3）超标架构：由于超标架构有许多处理单元，因此可以拥有不同的平行基础块，在运行时可部分改变动态指令的顺序或能预先计算真实的程序部分，在这两种情况下，ITA 都不是合适的确定基础块运行时间的方法，PSS 则可产生正确的结果，借助于基础块的长度提高正确性。

4）指令高速缓存器：指令高速缓存器的行为取决于指令下载的频率，指令的加载导致的缓存命中或缓存未命中与缓存器的容量有关。迄今为止，具有 ITA 的行为只能为直接映射缓存而模型化，在缓存未命中的情况下必须到所有内存中去访问，由于这个原因，PSS 在高速缓存方面具有实际的可行性。

5）数字高速缓存器：数字高速缓存器的行为取决于数字访问的频率，与指令高速缓存器相类似，作为可信赖的缓存架构 PSS 比 ITA 更准确。

通过对比发现，两种方法都存在着特有的问题，ITA 主要用于为数不多的简单的处理器上，而 PSS 在与数据相关的执行时间方面存在着一定的问题。

### 7.1.2　系统和程序分析的原则

首先遇到的主要问题是不能确定一个程序是否参入或继续运行，明确代码生成一般规则的必要性，没有这些规则，程序码是不能够进行分析的，或者分析时会导致对 *WCET* 的明显高估。下面列举的是一些常用的规则，在进行可分析程序码创建时经常被使用。

1）避免反复循环，因为循环的级别常常与输入数据相关且很难确定。

2）避免嵌套环，因为，当大于三级嵌套时将导致很难理解的代码生成，且会导致强烈的不确定性，因此，嵌套循环应在刚开始循环时就被解除。

3）避免 if - else 结构，这种结构会使路径明显变长，*WCET* 分析必须从最长的路径开始，这会导致不被执行或很少执行。

4）避免与数据相关的环——也就是闭环，这种情况下的终止条件与计算结果有关，因此，最好使用明确规定的内部数值。

5）避免指针操作，因为，一个自动的 *WCET* 分析不清楚指针指示的是哪项操作、哪项功能或存储区。

6）避免不能分析的功能闭塞，例如对网络或 CD 的访问。

7）避免具有可变访问时间的数字结构，例如，哈希表就难以预估。

与软件的创建规则相类似，以下的组件说明对可分析性具有一定的作用：

1）避免不能分析的处理器 - 存储器组件，系统统计显示，处理器比存储器快。

2）避免使用采用伪 LRU 算法的 Cache 内存系统（见第 4 章）。

## 7.2 执行时间的模拟确定

对于软件在目标硬件上执行时间的模拟确定需要相应的硬件模型，这种模型可通过不同的抽象层来描述，最常用应用的层面是寄存器传输层和指令层如图 7-4 所示。

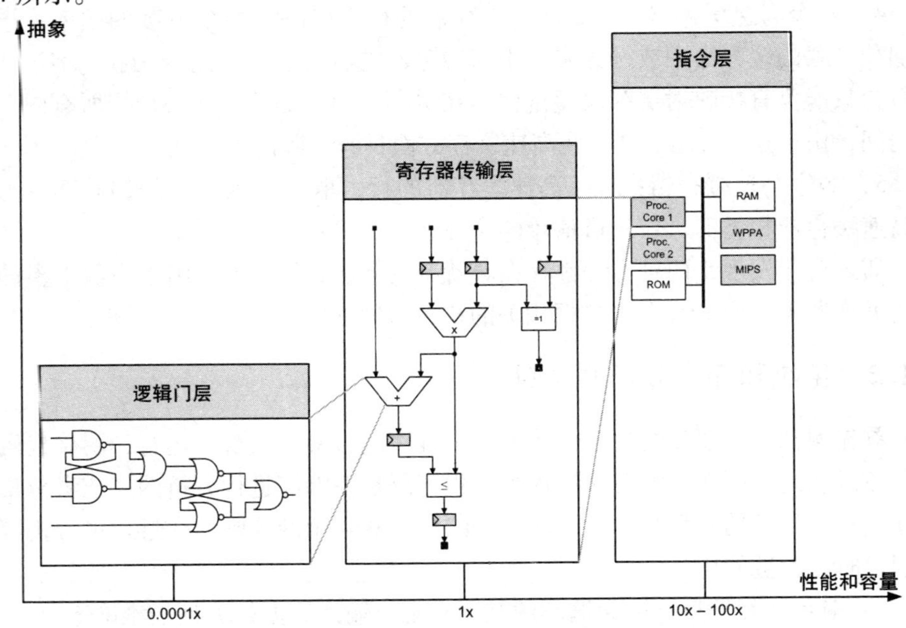


图 7-4　在虚拟硬件上对软件进行模拟的抽象层

在指令一层上的模拟分为以下几个类型［MW07］：

1）汇编指令在指令集模拟器中被模拟，而典型的时间特性被忽略掉。

2）在交易层工作的模拟器可作为具有交换功能的处理器软件模型，这种交换可理解为在同步进程间的通信，例如一个交换可以是在一个确定存储器上加载或写入操作。这种交换可能被阻止或不被阻止，同时提供开始时间点和结束时间点。通过交易描述出是何种硬件之后，可以建立非常粗糙或周期精确的模拟模型。

在寄存器传输层之上是以算法逻辑单元为基础的寄存器、存储器和多路复用器模型，以寄存器传输层为基础的模型是一个定循环周期。用于模拟的硬件结构多数以半导体供应商提供的确定的数字表格并借助于硬件的直接测量为基础，这种方法会导致一定的风险，因为一个或其他机构不能完全正确地描述这个模型，在模拟时可能会导致不正确的时间状态，基于这个原因，半导体供应商提供给模拟制造商的硬件描述是可执行的 VHDL 或 Verilog 模型。

在寄存器传输层的下面是网关层、传输层以及物理层，这些对于软件的模拟是不适宜的，由于模型的复杂性，模拟性能具有局限性，用于确定执行时间的硬件模型的粒度不是必需的。

指令层的上半部分是算法层和系统层，这两个层面不用于执行时间的确定。算法在算法层上进行模拟，其内部使用的是嵌入式系统。系统层的范围则非常广泛，不能够明确定义，这个层包括所有的嵌入式系统以及机电系统。另外还有交易层，这个层覆盖了指令层的一部分并插入到系统层中，交易层的模型构建常常用系统描述的 C 语言。

## 7.3 执行时间的测定

执行时间的测定直接在硬件上进行，有以下几种不同的可能性。

1）在执行时间的测定中，微控制器的输出端口设置了控制指令，相应的指令用于可测量程序段的开始和结束，借助于示波器的帮助可确定任务的执行时间或功能。

2）如第 1 种可能性一样，第 2 种可能性可在适当的位置配置代码，不关闭输出端口，而是将其设置成内部变量或函数调用，以显示出运行的执行时间或存储在内部的存储器上。有空闲作业的存储器将数据通过相应的端口传给测量站。

3）第 3 种可能性是没有必要的配置器，在一些微控制器上安装有确定的编译接口，可直接观察各个任务或函数的调用并被测量出。在以上 3 种可能性测定中应注意 2 点事项：a）为确定一个安全的上层限制，建立相应的测试模式是非常必要的（见 7.2 节），b）在测定时不应中断观察，测定时有中断发生，就会出现对执行时间的过度估计。所测定的时间不再围绕单纯的执行时间，而是围绕响应时间，如何明确响应时间将在下面的章节中进行详细的阐述。

## 7.4 案例：软件执行时间的评价

案例［Tra11］适用于以 AUTOSAR 为基础的网关电脑的部分范围，对于实现路由任务的软件组件应通过下面的以分析方法为基础的执行时间和通过测量来确定。另外还要有确定执行时间结果的对比和讨论。

作为案例的计算平台适用于用 32 位的微控制器，微控制器应具有 80MHz 的主频，所使用的软件栈要以 AUTOSAR3.03 为基础，网关外设包含 CAN 接口和 FlexRay 接口，图 7-5 所示为以 AUTOSAR 为基础的网关电脑结构图。

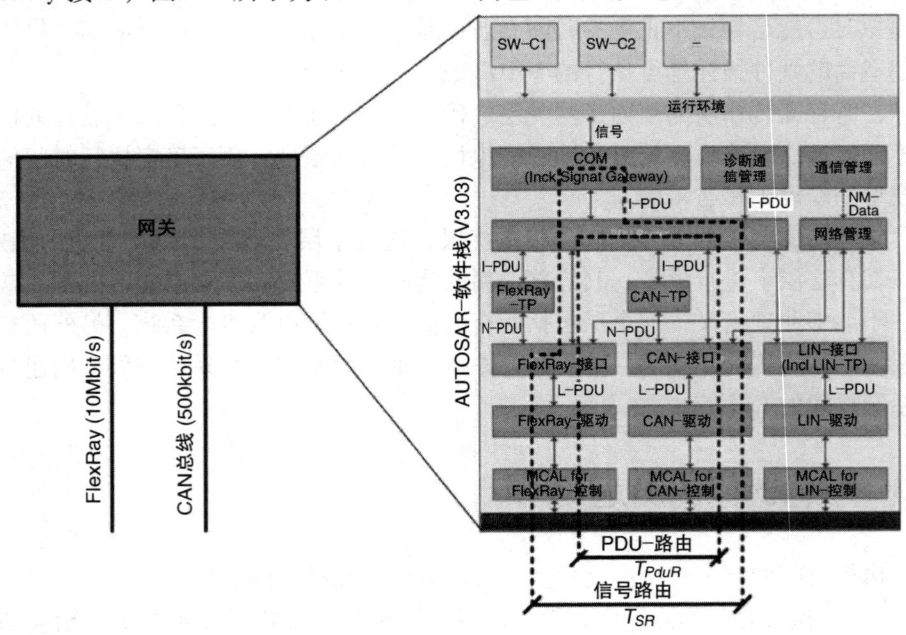


图 7-5 网关电脑，作为计算平台使用的是 32 位的微控制器

用于决定执行时间的例子，FlexRay – Jobs 向 FlexRay 总线发送并接受信息，图 7-6 所示为在 FlexRay 调度表下的各个 FlexRay – Jobs。FlexRay – Jobs 从 FlexRay 控制器的中间储存器中为网关选出重要的信息，并在 89 ~ 331 槽中进行接收．选择是在接收的信息中选取的，在 FlexRay 中信息的传递是通过 Tx – Job 进行的。Tx – JobTx2 将信息放到 FlexRay 控制器的中间存储器中，信息在40 ~ 88 槽中进行传递。Tx – Job 的执行总是在规定槽开始之前进行关闭，以确保信息及时和同步传递的安全性，这为 FlexRay – Jobs 执行时间的确定提供了保障，以便

能安排在操作系统调度表中各个 FlexRay – Jobs 实时适当地调用。

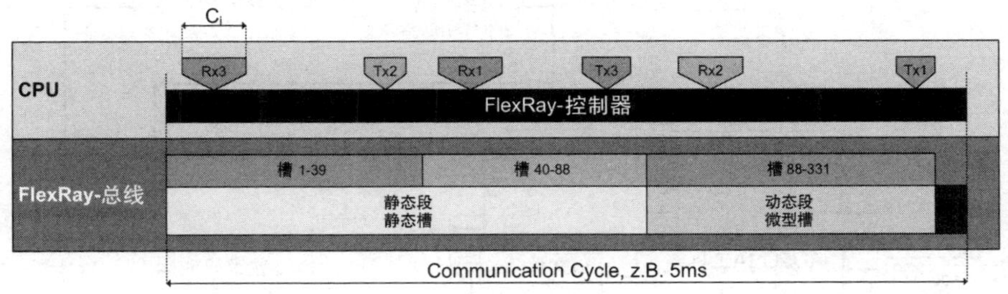


图 7-6　带有动态段和静态段以及槽区的 FlexRay 调度表，
槽区通过 FlexRay – Jobs 进行信息的接收和发送

表 7-1 详细列举了 FlexRay – Jobs 的分析和测量结果，在今后的案例分析中将会继续关注。

**表 7-1　网关中 FlexRay – Jobs 的分析与测量**

| FlexRay – Jobs | 描述 |
|---|---|
| Tx1 | 为静态段中 1 ~ 39 槽的帧发送信息 |
| Tx2 | 为静态段中 40 ~ 88 槽的帧发送信息 |
| Tx3 | 为动态段中 89 ~ 331 槽的帧发送信息 |
| Rx1 | 为静态段中 1 ~ 39 槽的帧接收信息，包括 Tx – confirmation |
| Rx2 | 为静态段中 40 ~ 88 槽的帧接收信息 |
| Rx3 | 为动态段中 89 ~ 331 槽的帧接收信息，包括 Tx – confirmation |

## 7.4.1　可使用的工具链

图 7-7 所示为可使用工具链的案例。从 AUTOSAR 网关配置 ECU – Extract. arxml 出发，通过 AUTOSAR 工具链可以为网关电脑生成各个配置文件（ *. c 和 *. h）。在所生产的配置文件以及 AUTSAR 基础软件文件的基础上，可对整个系统进行编译，所形成的二进制是分析的基础，微处理器能够直接识别测量所需要的二进制码。

对于 WCET 分析来说，所必需的注释可以通过常规模式来制定，例如磨损上限的指示，这种注释可从标准的 AUTOSAR 描述中导出（例如［HB09］）。作为注释生成的输入，ECU – Extract 服务于网关以及所形成的配置文件。除自动生成的注释外，对于分析来说，人工注释也是必要的，以避免执行时间的过度评估。

需要两个步骤来实施执行时间的测定，第 1 步是验证实施路径，以确保在分析时所采取的路径能进行完美的测量，在比较确认后，第 2 步就是进行执行时间的测量，最后对测量的结果进行对比。

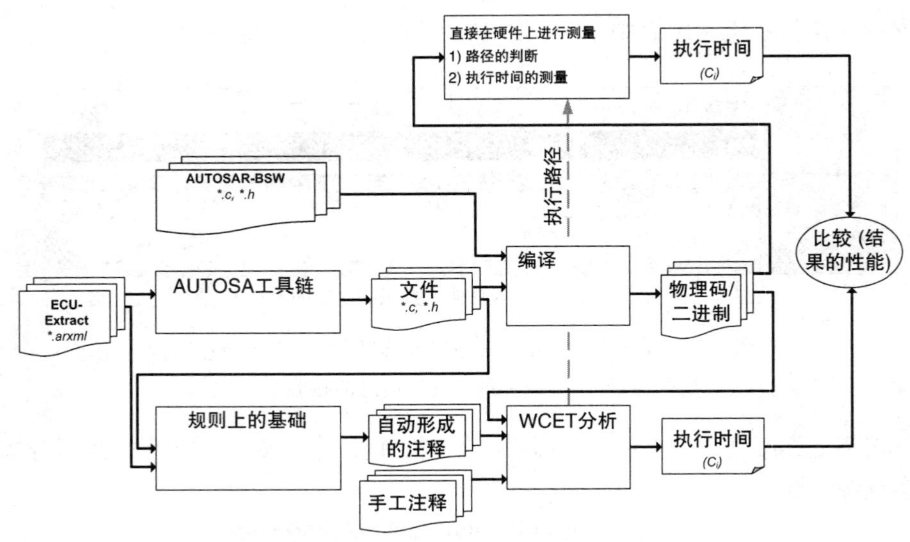


图 7-7　所用案例使用到的工具链

## 7.4.2　执行时间的分析

可通过静态分析工具来进行软件任务的执行时间的分析确定。为了最大限度满足时间限制，在分析时必须结合专业知识，这是规则基础的形式。规则基础包括信息，从网关的 AUTOSAR 配置中能明确地识别出来，例如，当信息的长度一定时，循环迭代的数量是有界限的，或者当在 AUTOSAR 栈中的路由被执行时，就不必考虑 COM 层。通过这样的规则基础，分析的准确性就有了很大的提高。下面的内容就是基于 FlexRay – Jobs，借助各种正确规则达到计算执行时间改善的目的。

1）所产生的备注和磨损界限适用于：$WCET_{gen}$。

2）除步骤 1）中的备注外，在规则基础上形成的备注要满足：$WCET_{not}$。

3）从步骤 1）和步骤 2）中得到的备注通过人工备注进一步进行限制：$WCET_{all}$，这涵盖了执行特定的细节，这是不能从 AUTOSAR 系统描述中衍生出来的。

表 7-2 所列为借助于 WCET 分析为各个 FlexRay – Jobs 所提供的执行时间。

**表 7-2　网关模型 FlexRay – Jobs 的执行时间分析**

| FlexRay – Jobs | PDU 数/个 | $WCET_{gen}$/μs | $WCET_{not}$/μs | $WCET_{all}$/μs |
|---|---|---|---|---|
| TxJob1 | 4 | 196.0 | 116.0 | 94.9 |
| TxJob2 | 2 | 131.0 | 74.1 | 58.8 |
| TxJob3 | 15 | 43810 | 462.0 | 378.0 |
| RxJob1 | 7 | 7770 | 484.0 | 334.0 |
| RxJob2 | 6 | 1077.0 | 305.0 | 231.0 |
| RxJob3 | 10 | 7587.0 | 957.0 | 658.0 |

其结果明确表示，明显降低了关于细化备注的过度评估，通过生成的备注得到了最大程度的完善。相对于只带有自动生成的分析，TxJob3 的改善了 80%。相对于所生成的备注，实现细节备注的准确率可最大提高 30%。为了确认分析结果，下面将对测定的实施进行描述。

## 7.4.3　执行时间的测定

在硬件上对执行时间的测定可采取几种不同的方法，在 7.3 小节中有详细的说明。在案例的框架中接着进行关于微控制器输出端口确定的测量。在软件内部的重要位置给输出的确定配备相应的指令。可通过示波器进行输出的测量。

为了能确定安全的执行时间上限，第一步必须确定合适的测量模式，以便能激活软件上相应的测试路径，例如，通过 WCET 分析就可作为一个路径确定的基础。在确定测试模式后就能对施行时间进行测量了。

### 7.4.3.1　WCET 测试模式的确定

为了确定在模拟或测量中使用的测试模式，所发现的关键路径要服务于 WCET 分析。对于所有位于整个路径上的磨损或功能，必须在适当的位置以代码的形式使用不同的微控制器的输出端口，在执行程序时可借助于示波器测出这两个位置之间的时间间隔。在网关的案例中借助于总线仿真可确定出关键路径。在 FlexRay 端口可创建测试模式，可导出 WCET 分析的关键路径。图 7-8 是根据所遇到功能为 FlexRay - Job Rx1 测试模式的验证，在 FrIf_ JobListExec 功能内部，FlexRay - Job Rx1 被执行，图 7-8 中示波器上部的图形轨迹是被执行的时间间隔，下面的 3 个轨迹（PduR_ FrIfRxIndication + FrNm_ RxIndication、FrIf - Receive 和 PduR_　FrIfTxConfirmation）描述的是循环迭代的数目，在每个迭代处都切换成相应的输出，这就能验证实际走过的路径是否是最坏的。

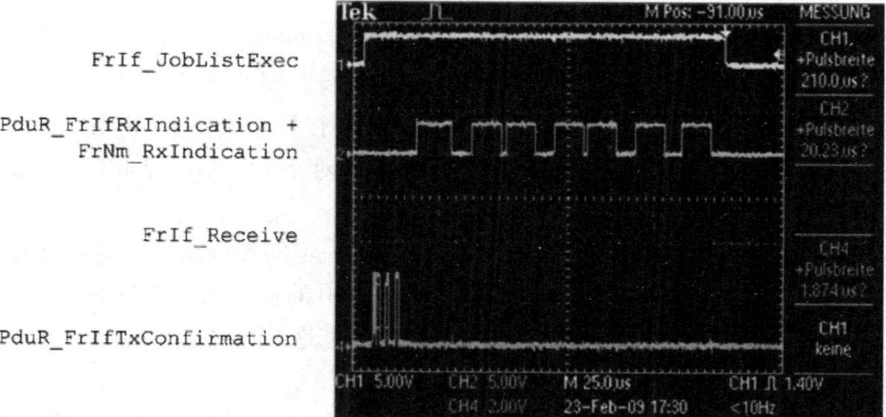


图 7-8　基于为 FlexRay - Job Rxl 执行路径的测试模式的验证

#### 7.4.3.2 执行时间的测定

测量模式对于各个功能的关键路径的激励是必要的，在测试模式确定后，就可进行执行时间的测定。在测定中示波器的使用是很重要的，在执行时间测定之前，为输出端口设定的控制指令从代码中被清除，因为通过这个指令可避免测量误差，而不是直接在测量功能进行之前或之后给输出接口的设置插入指令，在第3步可借助于总线模拟测试模式的帮助确定出执行时间。图7-9所示为FlexRay－Job Rx1的执行时间的测定，所确定的时间为$C_i=193.8\mu s$。

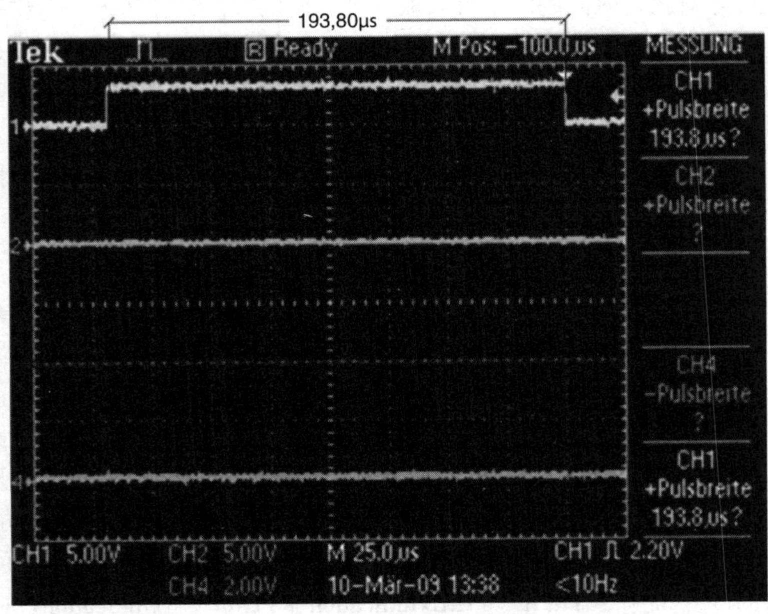


图7-9 FlexRay－Job Rx1的执行时间的测定［Tra11］

### 7.4.4 所确定的执行时间的比较

下面进行的是通过分析与测量所确定的执行时间的比较，表7-3所列为比较的结果。表7-3右侧第1列为分析与测量出的执行时间的比值。比值表示的是相对于测量的执行时间，在分析执行时间时对于各个FlexRay－Job过度评估程度。比值为150%时相当于过度评估为50%，例如，对于FlexRay－JobRx1的过度评估达73%。导致执行时间的过度评估有以下原因：

1）一般来说，在WCET分析工具中存在着一定的安全系数，也就是说执行时间的确定结果会提升一定程度的百分比，所提升的百分比一般为20%～30%。

2）在WCET分析时，指令或不确定的备注也是导致执行时间被过度评估的一个原因。

3）位于WCET分析层之下的不确定或不完善的处理器型号也是导致过度评

估的一个因素。

4）测量时的过低评估是测试模式描述不完全的结果。

基于以上原因，借助于两种不同的方法来确定执行时间是很有必要的，这能确定并避免测试时间的过高或过低被评估。

**表 7-3　网关 FlexRay – Jobs 的所测量的执行时间和所分析的执行时间**

| FlexRay – Job | 所测量的执行时间/μs | 所分析的执行时间/μs | 比值/% |
| --- | --- | --- | --- |
| Tx1 | 66.00 | 94.95 | 144 |
| Tx2 | 41.43 | 58.76 | 142 |
| Tx3 | 256.80 | 378.00 | 147 |
| Rx1 | 193.40 | 334.00 | 173 |
| Rx2 | 142.70 | 213.00 | 149 |
| Rx3 | 388.20 | 658.00 | 170 |

# 第 8 章　组件的实时评价

网络是由各种组件如总线、电脑、传感器和执行器组成的，它们通过一定的仲裁或调度对资源进行共同的管理，CAN 协议是基于优先级的仲裁协议，具有高优先权的信息允许优先在总线上传递。在 FlexRay 通信协议中具有静态和动态部分，总线的仲裁以 TDMA 为基础或具有循环技术。在电脑上的作业不是直接在电脑上运行，而是通过驱动系统来管理，这个驱动系统负责 CPU 什么时候得到哪个作业，然后必须再释放作业。

在以前的章节中阐明了作业在 ECU 中单独运行且不被中断的条件，为此，借助于 WCET 分析、模拟或者试验的方法来确定执行时间。在考虑仲裁和调度方法时应拓展对时间行为的评估，以便能确定多项任务在 CPU 中的执行时间，这同样适用于在总线进行传递的信息。这存在一个问题，信息什么时候才能发送到目的地，同时还能够发送其他信息。

下面将阐述在组件层面上时间行为评估的评价方法，讨论控制系统的评价以及汽车上各种通信系统的评价，并将讨论具有 AVB 拓展功能的以太网的评价。

## 8.1　处理器调度和作业响应时间分析

在文献中会发现一些流程图的方法，这些方法分为离线方法和在线方法。在离线时将确定设计时间，作业在什么时候会占用哪些资源，在线方法将完成基于静态和动态变化参数上运行时间的确定。静态参数包括周期、最大执行时间或一个作业的固有优先级。在流程图中起重要作用的动态变化参数包括剩余的执行时间或下一个即将到来的最后期限。这些参数必须在运行时被确定下来并被调度决策所使用。

图 8-1 所示是不同方法的流程图部分，它们在在线方法的嵌入式系统中占有重要地位。在文献中有许多具有特殊属性的在线方法，以下内容将对它们一一进行说明，在［But05］中能找到对这个题目进行详细阐述的文章。

（1）非周期性作业的流程图

1）没有实时要求的流程，例如：

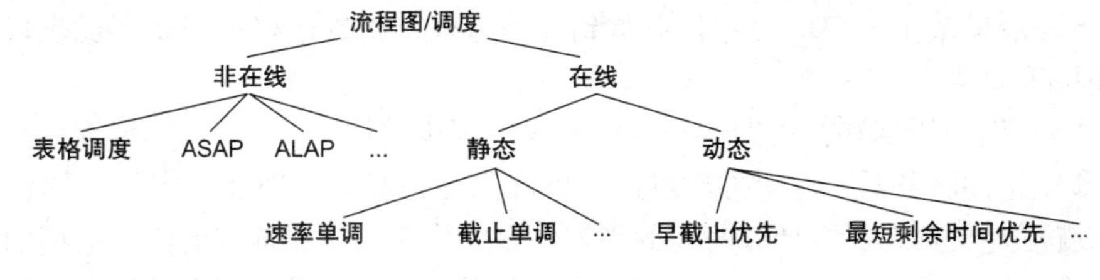


图 8-1　在线和非在线中的流程图

a）先到先服务（FCFS）：作业按一定顺序执行，作业依次到达并且不会被中断。

b）用时最少的作业优先：用时最短的作业得到计算资源并运行直到作业完成。假设作业不被中断且同时到达，这个方法将减少平均应答时间。

c）最短剩余时间的作业优先（SRTN）：具有最短剩余时间的作业得到计算资源，不管作业是否被中断，是否在不同时间点到达，这种方法将最大限度减少平均应答时间。

d）轮循调度算法：在轮循调度算法中，对于具有一定时间间隔的作业来说都有机会得到资源，这就避免了作业永远不被执行，确保了一定的公平性。

2）具有实时要求的流程，例如：

a）最小期限优先（EDD）：EDD 以同时到达或不中断的与数据没有关系的作业为出发点，作业按最后的期限为界限，从而得到最大可能的延迟。

b）最早截止时间优先（EDF）：EDF 算法适用于不是同时到达的作业或中断的作业，该作业与数据也没有关系，具有最小期限的作业总会被执行，这种算法减小了作业的最大延迟时间。

c）最早截止时间优先*（EDF*），EDF*算法与 EDF 算法相似，但这种算法适用于有数据关系的作业。

d）最晚截止时间优先（LDF）：LEF 算法适用于同时到达和不被中断的作业。这种算法与 EDD 相比较，可用于与数据相关的作业。

（2）周期性作业的流程（所有的算法以不中断作业为前提）

1）速率单调：每个作业都具有一个固定的优先权，周期越长，优先权越低。

2）固定期限：作业得到固定的优先权，具有最高优先权的作业优先得到计算资源直到该作业完成，或者被具有更高优先权的作业中断。

3）截止单调：每个作业都有一个固定的与相对截止期相关的优先权（见 6.2 节）。

4）最早截止（EDF）：作业得到的是与截止有关的动态优先权，当截止和周期相同时，最先截止的作业具有高的优先权。

5）最早截止（EDF*）：作业得到的是与截止和数据相关的动态优先权，截止期小于周期。

（3）混合周期和非周期性作业的流程（很少选用）

1）轮询服务器：这个方法以速率单调调度为基础，辅加一定量的周期性任务，就可定义具有一定计算时间的周期性服务作业，能和标准的固定周期的作业一样进行处理。服务作业在无定期作业之前得以执行，可在现有计算时间的框架内进行加工，固定周期作业位于这个时间点之前，计算时间将丢失。

2）延迟服务器：与轮询服务器不同，服务作业的周期从计算到结束将被废除，只能丢弃。

在 AUTOSAR 和 OSEK 中使用到混合周期调度，在设计作业时间时包含一个固定的周期，下面要弄清楚一个问题，如何对这样一个系统的时间行为进行分析确定。

给出 $n$ 项作业，每项作业通过下面的参数可以识别。

1）$T_i$表示特有的周期。

2）$D_i$表示作业的截止期。

3）$C_i$表示作业 $t_i$的最大执行时间。

4）$J_i$表示抖动，在作业被激活时，就产生一个抖动。

5）$R_i$表示作业 $t_i$的响应时间。

作业是否是可执行的，可通过式（8-1）来进行检验［LL73］。

$$\sum_{i=1}^{n} \frac{C_i}{T_i - J_i} \leqslant n(\sqrt[n]{2} - 1) \tag{8-1}$$

这里包括的是充分条件，尽管所有具有时间要求的作业都被正确执行，但也可能不满足不等式，一段时间后作业完成，作业就不提供信息了。这里有充分且必要的测试，以确定作业的响应时间 $R_i$，与截止时间 $D_i$ 的比较见式（8-2）。

$$R_i \overset{!}{\leqslant} D_i \tag{8-2}$$

响应时间 $R_i$ 由各个执行时间 $C_i$ 的总和和高优先权作业被中断的时间组成。中断时间，也称为干扰时间，取决于高优先权作业的执行时间总数和响应作业的执行时间 $C_j$。式（8-3）表明干扰时间与所有高优先权作业的总和有关。

$$R_i = C_i + \sum_{j \in hp(i)} C_i \left[ \frac{R_i + J_i}{T_j} \right] \tag{8-3}$$

图 8-2 所示为在忽略抖动 $J_i$ 时的一个事实，图中描述了 3 个具有不同执行时间、周期和优先权的作业，向下的箭头表示作业到达的时间，从开始执行到结束是响应时间 $R_i$，灰色条块表示的是作业何时在 CPU 中运行并占用资源，白色条块表明的是具有高优先权作业的中断时间即干扰时间。

式（8-3）的左侧是响应时间 $R_i$，右侧是影响因素。由于 $R_i$ 还与 $R_i$ 有关，式（8-3）必须用迭代的方法来解决，这个过程可通过插图法完成。图8-2中有3个具有各自周期 $T_i$ 和响应时间 $C_i$ 的作业，其中跳被忽略掉，3个作业的周期 $T_i$ 和响应时间的值见表8-1。

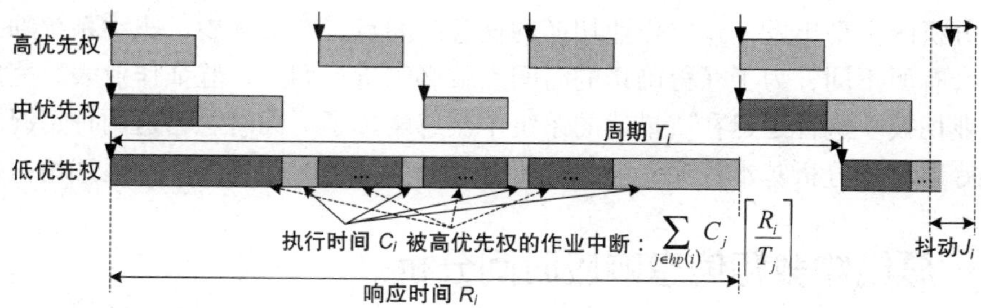


图8-2 具有不同优先权的3个作业，向下的箭头表示作业周期性到达的时间，具有中优先权和高优先权的作业中断了第3项作业，其响应时间 $R_i$ 被延迟

**表8-1 3个作业的周期 $T_i$ 和响应时间 $C_i$ 的值**

| 作业编号 | 优先权 | $T_i/\mu s$ | $C_i/\mu s$ |
|---|---|---|---|
| 1 | 高 | 3 | 1 |
| 2 | 中 | 4 | 1 |
| 3 | 低 | 6 | 2 |

作业3的响应时间 $R_3$ 与两个具有高优先权的作业有关，由于作业3的执行时间 $C_3=2$，开始时必需的响应时间 $R_3=2$。通过多次迭代式（8-3）的应用，响应时间提高直到固定时刻点出现，响应时间不再改变，如式（8-4）所示。

$$
\begin{aligned}
&\text{迭代}0\text{：}R_3^0=2\\
&\text{迭代}1\text{：}R_3^1=2+1\cdot\left\lceil\frac{2}{4}\right\rceil+1\cdot\left\lceil\frac{2}{3}\right\rceil=4\\
&\text{迭代}2\text{：}R_3^2=2+1\cdot\left\lceil\frac{4}{4}\right\rceil+1\cdot\left\lceil\frac{4}{3}\right\rceil=5\\
&\text{迭代}3\text{：}R_3^3=2+1\cdot\left\lceil\frac{5}{4}\right\rceil+1\cdot\left\lceil\frac{5}{3}\right\rceil=6\\
&\text{迭代}4\text{：}R_3^4=2+1\cdot\left\lceil\frac{6}{4}\right\rceil+1\cdot\left\lceil\frac{6}{3}\right\rceil=6
\end{aligned}
\tag{8-4}
$$

4次迭代之后，响应时间保持不变，固定时刻点为 $R_3=6$。

当所有作业同时开始时，作业的最坏响应时间便一直存在，图8-2就对这种情况进行了描述，应认真思考一下这个描述案例。当然具有时间偏移的作业可按顺序进行，在9.1.1.2小节中详细描述了对偏移的处理。

如上所述，必须明确分析参数 $C_i$ 和 $T_i$，参数 $T_i$ 明确了典型的定期作业，利用第 7 章的方法可确定参数 $C_i$。应该考虑到的是，用于作业切换的时间并没有应用到分析中，当作业切换开始时，寄存器中的内容必须被存储和加载，这种存储和加载需要计算时间，无论是在式（8-3）中还是在执行时间 $C_i$ 中。另外，要从分析的类型出发，建立作业切换的任意时间点。在实际中，驱动系统的工作可能会有所不同，为了获得确切的时间点就必须进行调度，验证作业表，完成一个作业切换。这种延迟在所描述的系统中被忽略掉了。同时忽略这两种情况，就能更好地阐述分析基本程序，但在分析全部功能范围时，应考虑到上述情况。

## 8.2 总线仲裁和信息响应时间分析

为对比作业的响应时间分析，在这一节中将确定信息在总线上的响应时间。首先要明确一个问题，一个信息被传输并到达目标点前需要在信息控制器中等待多长时间，等待时间的长短取决于各种影响因素，包括总线的传输速率、信息的长度、发送缓冲器的结构和总线的仲裁策略，基于上述原因，对于所有汽车总线系统来说其反映时间并不尽相同，必须单独考虑各个总线。在下面的章节中将讲解 CAN 总线、FlexRay 总线、LIN 总线以及带 AVB 拓展功能的以太网的分析方法。

### 8.2.1 CAN 总线

CAN 总线系统可允许不同的组成元件同时对总线进行访问，最高优先权的信息最先占用总线，较低优先权的信息在通信控制器中等待直到总线空闲时再在总线上进行发送。以优先级为基础的仲裁的特点与固定优先级作业的调度或速率单一作业的调度相似，其不同点在于作业及信息的中断性，当作业在任意时间点被中断时，信息必须被完整地传输；另一个不同点是信息的长度以及任务的执行时间 $C_i$。CAN 总线的特点是，信息的可用数据通过额外的附加位而增长，信息不是静态的，其长度与数据相关。CAN 总线的应用功能已经在第 5 章中进行了阐述，但总线仲裁的执行和字节头的执行并没有详细说明。

为了确定信息在 CAN 总线上的响应时间，有必要用到以下几个参数[DBBL07]。

1）$T_i$ 表示的是特定的周期或者一个信息在两次传输间的最小时间间隔。

2）$C_i$ 表示信息的最小传输时间，包括头信息、填充位和校验等。

3）$J_i$ 表示的是抖动，这存在于信息产生时。

4）$B_i$ 表示所有具有低优先权信息的等待时间，当具有高优先权信息发送时，低优先权的信息必须等待直到总线空闲。

5）$I_i$ 表示干扰时间，由于干扰具有高的优先权，因此信息必须等待。

6）$\tau_{bit}$表示的是CAN总线上的位时间。

7）$R_i$ 表示一个信息的响应时间。

相对于传输时间 $C_i$，$R_i$ 表示的不仅仅是一个信息的最小传输时间，也是最小传输周期、抖动、等待时间、干扰时间和响应时间，可按式（8-5）计算。

$$R_i = C_i + J_i + B_i + I_i \tag{8-5}$$

由式（8-6）可确定一个信息的最大传输时间。

$$C_i = (\text{头位/CRC 长} + 8 \times \text{数据字节数} + 13 + \lfloor \text{头位/CRC 长} + 8 \times \text{数据字节数} - 1 \rfloor / 4)\tau_{bit} \tag{8-6}$$

在式（8-6）中头位/CRC长取决于CAN信息的类型。具有11bitCAN识别码的信息头位/CRC长可达34bit，而具有29bitCAN识别码的信息头位/CRC长可达54bit。在式（8-6）中13bit位由以下的位组成。

1）1bit CRC定界符。

2）1bit ACK插槽。

3）1bit ACK定界符。

4）7bit EOF。

5）3bit IFS（帧间空间）。

为了确定填充位的最大值，应考虑头位的长和所使用的数据。从最初5个相同的位之后就会增加一个填充位，然后每4bit后增加一个填充位，如式（8-7）所示。

不带填充位的数据：1111100001111000011111……

带填充位的数据：11111 $\underline{0}$0000 $\underline{1}$1111 $\underline{0}$0000 $\underline{1}$1111 $\underline{0}$……　（8-7）

在计算填充位数中涉及最坏的预期情况，实际情况中很少出现填充位，但在分析中不能忽略填充位的影响，例如，在具有8Byte不带填充位的标准CAN信息在500kbit的CAN网上的传输时间为 $C_i = 216\mu s$，若具有最大的填充位数则传输时间为 $C_i = 264\mu s$。图8-3所示为具有不同填充位时在确定CAN信息量上不同情况的对比。

1）填充位的中间值取自一次汽车测量。

2）根据CAN组态（K－Matrix）填充位指定最坏情况数，指定的默认值是每个CAN信息的基础。

3）填充位是中间值。

4）填充位最坏情况数的计算基于式（8-6）。

通过目标选择可减少或避免过高估算或过低估算。在CAN总线开始阶段的检查中必须使用图8-3中情况2和情况4。在系统启动时电脑发送默认值（例如在1Byte信息中发送默认值0x00或0xFF），通过相同的位值增加了填充位数。在标准驱动中情况1和情况2提供的结果是最准确的。

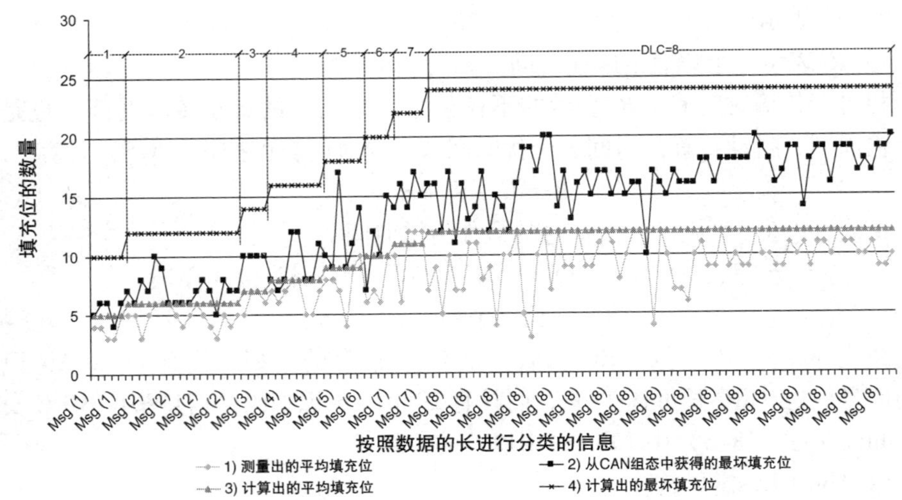


图 8-3　不同填充位数的对比

在式（8-5）中下一个参数是抖动，抖动 $J_i$ 描述的是周期的偏差，这与作业信息的创建有关。从现有情况出发，可以把抖动看成一个固定的常量，但在第 9 章抖动就不能作为常数来处理了，因为多个作业之间相互影响，增加了抖动的值。

等待时间 $B_i$ 表示高优先权信息由于低优先权信息的传输而延迟传送的时间，这种情况发生在低优先权的信息已经占据了总线，但具有高优先权的信息必须发送时，高优先权信息必须等待信息传输的结束，然后通过其优先权得到在总线上的分配，等待时间 $B_i$ 可按式（8-8）计算。最坏的情况是高优先权信息 $m_i$ 等待最长的传输时间 $C_k$，$C_k$ 取决于低优先权信息（$m_k \in l_p(m_i)$）的数量。

$$B_i = \max_{\forall k \in l_p(m_i)} (C_k) \tag{8-8}$$

最后一个值是干扰时间 $I_i$，这是一个信息由于有高优先权信息而必须等待的时间间隔。在式（8-3）中为了分析作业的响应时间而给出了一个平衡情况。低优先权作业被高优先权作业所中断，为了确定这个时间可反复使用式（8-9）。

$$I_i = \sum_{j \in h_p(i)} C_i \left\lceil \frac{I_i + J_j + \tau_{\text{bit}}}{T_j} \right\rceil \tag{8-9}$$

由图 8-4 可知，中优先权的信息具有明显的不同时间的影响。信息 $m_2$ 先是受到信息 $m_1$ 的阻碍，信息 $m_3$ 在占据总线之前就有最高的优先权，所以连续占据两次总线，因此导致干扰时间 $I_2$，最后总线才由信息 $m_2$ 所支配。

所描述的分析是从固定通信模式出发，而汽车通信模式是非周期性的信息，它们可由这些固定模式组成。此外，从这个模式出发，信息总是同时位于发送输出缓冲区。由于 CPU 连续产生信息，在信息之间便自动生成一个偏移。部分偏

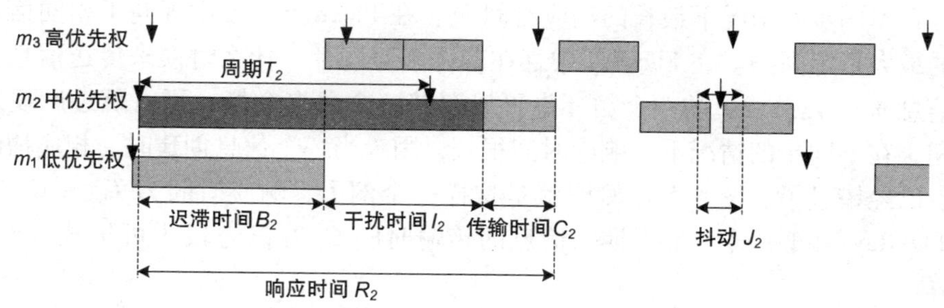


图 8-4　具有不同优先权和周期的 3 个信息，箭头表示一个节点何时能产生信息

移是可知的，可作为 Offset 参数，以避免突发式发送行为。此外，CAN 控制器发送信息时会有一个很大的缓冲，对于每一个信息来说，CAN 控制器都有一个缓冲。信息被周期性重写，直至信息不再被发送。响应时间是从信息在缓冲区写入到成功发送这段时间，当响应时间大于周期时，信息将被覆盖，甚至不再到来。

## 8.2.2　FlexRay 总线

FlexRay 总线由带不同仲裁方法的静态节点和动态节点组成，第 5 章中对 FlexRay 总线的功能有了明确的描述，在本节中将不再赘述。需要特别指出的是，对于静态节点来说，在系统设计时信息被分配到槽中并进行循环。只要在动态段中有足够的时间，在动态段中完成分配的信息将以一种反复循环的方法分配到总线上。下面将对静态段和动态段分别进行分析。

**1. 静态段的分析**

相对于 FlexRay 动态段，静态段比较容易分析，首先这适应于两种不同的情况。第 1 种情况是信息与总线同步生成的作业，第 2 种情况是与总线不同步运行的作业，如图 8-5 所示。

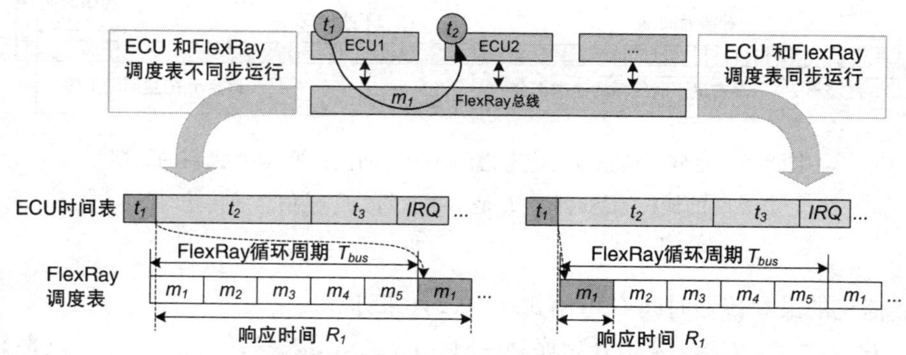


图 8-5　与 CPU 是否在总线同步或异步运行有关，会有不同的响应时间。左侧描述的是不同步的情况，信息正好产生时，相关的槽却差一点，右侧描述的是任务和总线同步的情况，所产生的信息的响应时间很短

在不同步的情况下最长的响应时间 $R_i$，在 FlexRay 调度中等同于相同信息之间的最大指定间隔。在 FlexRay 中存在着许多可能性，什么时候来传送信息，例如信息 $m_i$，在总线上的一个循环中可以存储一个或多个槽，可以跳过所规定的周期，在不同步的情况下，响应时间很长，因为当一个信息创建时，相应槽的时间点已经错过了。图 8-5 左侧图就是这样一个例子，响应时间为 $T_{bus}+C_1$。$T_{bus}$ 是 FlexRay 调度中的一个周期。信息的传输时间 $C_1$ 在静态段中可按式（8-10）计算。

$$C_i=(\text{传输启动序列}+83+\text{静态有效载荷长度}\times 20)\tau_{bit} \quad (8\text{-}10)$$

传输启动序列所占用的长度为 5 ~ 15bit（在 FlexRay3.0 中为 1 ~ 15bit），83bit 包括 FlexRay 中的 8Byte 的头部和尾部字节以及 3bit 的帧开始和帧结束序列。需要注意的是，在 FlexRay 中 1Byte 要附加 2bit 启动位，因此需要在物理媒介上传输 10bit。参数静态有效载荷长度是与所有静态段信息相同的值，这个值乘 20 后表示的是在总线上的位数。位传输时间就是位数乘 $\tau_{bit}$ 的计算值。

在同步的情况下，最长响应时间与信息产生时间点和所分配的槽结束之间的差异相同，如图 8-5 右侧所示。

**2. 动态段的分析**

动态段上信息 $m_i$ 最长的响应时间可按式（8-11）计算：

$$R_i=C_i+W_i+I_i \quad (8\text{-}11)$$

式中 3 个时间分量 $C_i$、$W_i$ 和 $I_i$ 如图 8-6 所示，在图中信息 $m_3$ 将在总线周期的第 3 个动态槽中进行传递，该信息必须等到与等待时间 $W_i$ 相适应的下一个总线周期开始，静态段将占据下一个总线周期的总线。接下来需要 6 个微型槽，因为信息 $m_1$ 不存在，需要 5 个微型槽来传递信息 $m_2$，这段时间为干扰时间 $I_i$ 的值。最后轮到信息 $m_3$，它占据了总线上的 3 个微型槽，用传输时间 $C_i$ 来表示。

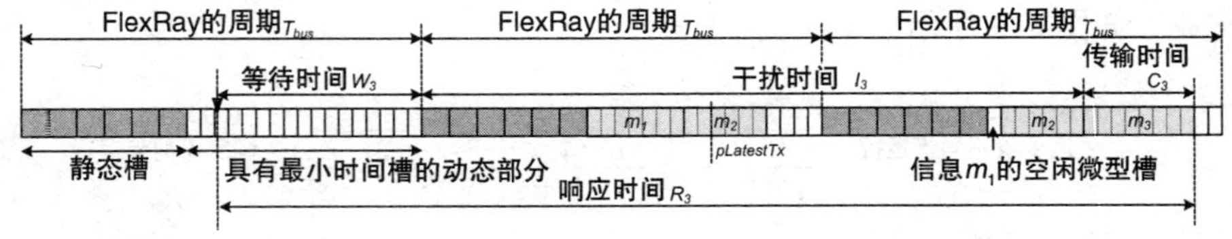


图 8-6　在分析动态段时应考虑的 3 个时间段：$W_i$ 是直到新的周期开始时的最长等待时间；$I_i$ 是干扰时间；$C_i$ 是信息的传输时间

信息的最短传输时间 $C_i$ 可用式（8-12）来计算。

$$C_i=(\text{发送开始序列}+81+\nu_{\text{动态有效载荷长度}}\times 20)\tau_{bit} \quad (8\text{-}12)$$

在动态段中，信息的传输时间与静态段中的传输时间是一样的，不同点在于参数 $\nu_{\text{动态有效载荷长度}}$，该参数对于每一个信息都是不同的。

当一个信息 $m_i$ 错过其时间槽后而必须等待下一个周期到来时，则 $W_i$ 便为一个总线周期内最长的等待时间。在 FlexRay 中通信控制器用于确定微型槽开始时是否要传递信息，在最坏情况下必须设定，在微型槽开始也就是决定后直接产生信息。最长的等待时间 $W_i$ 与总线周期 $T_{\text{bus}}$、静态段的长 $T_{\text{静}}$、信息的帧 $\text{Frame}ID_i$ 和微型槽的长有关，可按式（8-13）计算。

$$W_i = T_{\text{bus}} + [T_{\text{静}} + (\text{Frame}ID_i - 1)] \tag{8-13}$$

在确定响应时间时最难的部分是干扰时间 $I_i$，干扰时间 $I_i$ 是被具有高优先权的静态或动态信息所影响的最长时间，干扰时间的计算可借助于 ILP 计算公式来确定［Groe05、PPE+08、HBC+07］（见附录 A）。由于这样的计算包含运行时的复杂性参数，当动态信息量较大时不能进行快速评估，出于这个原因下面将讨论一种干扰时间 $I_i$ 的评估方法。在提出方法之前，先讨论一下图 8-7 中的案例。图 8-7 中有 3 个信息 $m_1$、$m_2$ 和 $m_3$，在计算响应时间时应考虑到这 3 个信息，3 个信息在传递时都占用 3 个微型槽。如果对于一定的 ID 没有信息传递，在图8-7 中将用空闲微型槽清楚地表示出来。在图 8-7a 中，所有高优先权的 3 个信息以及信息 $m_6$ 在图示中 3 个周期时间窗口开始时同时出现，在 CAN 总线分析中出现这种情况将会导致最长的响应时间，但在 FlexRay 中却不一样。图 8-7b 是基于这样的假设，信息 $m_1$ 和信息 $m_6$ 在第 $n$ 个周期开始时出现，而信息 $m_2$ 在第 $n+1$ 个周期开始时出现，信息 $m_3$ 在第 $n+2$ 个周期开始时出现，通过高优先权信息的传输分配，信息 $m_6$ 在第 $n+3$ 个周期的传输发生了变化。在所有以前的周期中，微型槽 $ms_6$ 位于 *pLatestTx* 之后，它提供的是信息 $m_6$ 最迟发送的时间点。

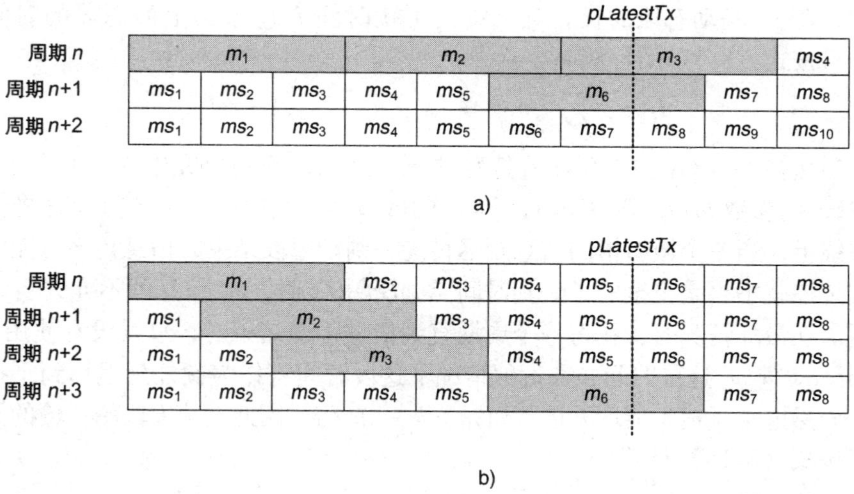

pLatestTx

| | | | | | | | | | | |
|---|---|---|---|---|---|---|---|---|---|---|
| 周期 $n$ | $m_1$ | | | $m_2$ | | | $m_3$ | | | $ms_4$ |
| 周期 $n+1$ | $ms_1$ | $ms_2$ | $ms_3$ | $ms_4$ | $ms_5$ | $m_6$ | | | $ms_7$ | $ms_8$ |
| 周期 $n+2$ | $ms_1$ | $ms_2$ | $ms_3$ | $ms_4$ | $ms_5$ | $ms_6$ | $ms_7$ | $ms_8$ | $ms_9$ | $ms_{10}$ |

a)

pLatestTx

| | | | | | | | | | |
|---|---|---|---|---|---|---|---|---|---|
| 周期 $n$ | $m_1$ | | | $ms_2$ | $ms_3$ | $ms_4$ | $ms_5$ | $ms_6$ | $ms_7$ | $ms_8$ |
| 周期 $n+1$ | $ms_1$ | $m_2$ | | | $ms_3$ | $ms_4$ | $ms_5$ | $ms_6$ | $ms_7$ | $ms_8$ |
| 周期 $n+2$ | $ms_1$ | $ms_2$ | $m_3$ | | | $ms_4$ | $ms_5$ | $ms_6$ | $ms_7$ | $ms_8$ |
| 周期 $n+3$ | $ms_1$ | $ms_2$ | $ms_3$ | $ms_4$ | $ms_5$ | $m_6$ | | | $ms_7$ | $ms_8$ |

b)

图 8-7　传递相同信息量的两个案例，案例 a 需要两个周期，而案例 b 则需要 4 个周期

干扰时间的近似值以具有动态优先权调度的分析方法为基础［Gro05］，一

个具有高优先权的信息一旦被发送就有一个信息被延迟。与 FlexRay 中的动态段相比较，当没有高优先权信息发送，也就是每个信息占据一个微型槽时，也会产生延迟。

动态段中高优先权信息数量增大时，总线的周期数也会变大。在一个总线周期内信息 $m_j$ 出现的频率用符号 $n_j$ 来表示。从高优先权信息 $m_j$ 开始，每一个总线周期 $T_{\text{bus}}$ 能生成一次最高优先权，也就是 $n_j = k$。如果已知信息很少被发送，便可确定 $n_j = n(k)$；若周期性发送类型的信息 $m_j$ 的周期是 $T_j$，则 $n(k)$ 可按式（8-14）计算：

$$n(k) = \left\lceil \frac{kT_{\text{bus}}}{T_j} \right\rceil \tag{8-14}$$

高优先权信息 $m_j$ 以固定的时间 $C_j$ 占据总线，当信息 $C_j$ 不发送时，总线上微型槽的时间保持空，因此，在 $k$ 个总线周期内，高优先权信息所占据总线时间可按式（8-15）计算：

$$\sum_{j \in h_p(i)} \left( \underbrace{n_j C_j}_{\text{在}k\text{个周期内信息}m_j\text{的传输时间}} + \underbrace{(k - n_j) t_{\text{Minislot}}}_{\text{在}k\text{个周期内信息}m_j\text{不使用微型槽的时间}} \right) \tag{8-15}$$

式中，$h_p(i)$ 表示的是高优先权信息 $m_i$ 的量；$t_{\text{Minislot}}$ 表示微型槽所需要的时间。因此式（8-15）可提供所有高优先权信息 $m_i$ 在 $k$ 个动态段中所需要的时间。

为了验证在 $k$ 个动态段中是否传输了信息 $m_i$，可以使用不等式（8-16）。

$$\sum_{j \in h_p(i)} [n_j C_j + (k - n_j) t_{\text{Minislot}}] + C_i \leqslant kT_{\text{dynamic}} \tag{8-16}$$

式中，$T_{\text{dynamic}}$ 是动态段的长。对于总的干扰时间 $I_i$ 应添加上静态段的时间，因此，可按式（8-17）计算。

$$I_i = \sum_{J \in h_p(i)} [n_j C_j + (k - n_j) t_{\text{Minislot}}] + kT_{\text{static}} \tag{8-17}$$

当然在 FlexRay 中也存在着特殊情况，这在以前的研究中并没有考虑进去。FlexRay 的参数 *pLatestTx* 表示的是最后的微型槽，其中的一个节点允许将信息放在总线上，当一个微型槽的信息延迟传递，到动态段结束时信息传输可能没有完成，传递就不再是安全的了。到时间点 *tpLatestTx* 时，$m_i$ 信息就不允许再继续传递了。在最坏情况时，在每一个周期直到信息传递结束时，总线没有使用从 $T_{\text{dyn}}$ 到 *tpLatestTx* $m_i$ 这段时间，在近似情况下这段时间将作为额外延迟算到干扰时间内，当然这个延迟不能取 $k$ 倍，而是 $(k-1)$ 倍，因此在第 $k$ 段中传输的干扰时间可按式（8-18）计算。

$$\begin{aligned} I_i = {} & (k - 1)(T_{\text{dyn}} - t_{pLatestTx, m_i}) + \\ & + \sum_{j \in h_p(i)} [n_j C_j + (k - n_j) t_{\text{Minislot}}] \\ & + kT_{\text{static}} \end{aligned} \tag{8-18}$$

可用不等式来验证信息是否在 $k$ 段中进行了传递，应不大于传输时间 $C_i$。可用不等式（8-19）来验证是否允许在第 $k$ 段中开始传输。

$$(k-1)(T_{\text{dyn}} - t_{pLatestTx,m_i}) + \sum_{j \in h_p(i)} [n_j C_j + (k - n_j) t_{\text{Minislot}}] \leqslant (k-1) T_{\text{dynamic}} + t_{pLatestTx,m_i} \tag{8-19}$$

可用以前所提到的不等式（8-16）来验证，总的传输是否从 $k$ 段开始进行。应注意的是，用这种分析方法不允许出现所观察的信息 $m_i$ 在 $k$ 个动态段中多次被激活，拓展知识可参阅［Groe05］。

### 8.2.3 LIN 总线

LIN 总线的信息通信总是从主节点开始，在两个或多个从节点之间或从节点和主节点之间建立信息通信。在总线上，主节点位于具有标识的头部，通过它来定义下面信息的内容，这些内容也称为响应，来自主节点或从节点。

通过这种主/从机制产生了两种时间份额，这对于计算传输时间是必要的。一个时间份额包括在总线中主节点的头部、从节点及主节点的响应，这个时间份额在其他总线系统中称为系数 $C_i$。此外，存在着从响应的产生到响应的传递间的等待时间 $W_i$，这个时间份额取决于主节点的时间安排，相当于出现在 FlexRay 总线中的静态段等待时间。当节点刚好错过一个槽时，则必须等待下一个循环，因此就产生了等待时间，但这与节点的时间安排无关，而是与 LIN 总线的时间安排有关。

主节点和从节点在 LIN 总线上信息的发送和接收是不同，其对比如图 8-8 所示。

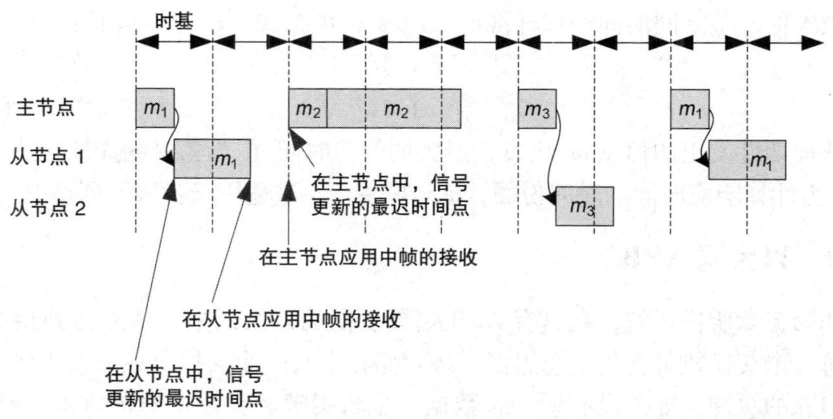


图 8-8　主节点和从节点在信息的发送和接收上的比较

1）主节点上信息的接收：从时基开始时，主节点就周期性更新其内部的接收信号。时基是 LIN 总线的特定参数，预先确定了时间网格，以确定信息传递的开始或结束。总是在时基间隔结束时，主节点开始接收并应用信息。

2）从节点上信息的接收：从节点与时基没有关系，它指示一个数据包应用的到来，在数据包之后直接校正其验证码。

3）主节点上信息的发送：主节点产生信息的最迟时间点是时基开始时，此时相应的信息头部已经被传递。

4）从节点上信息的发送：从节点产生信息的最迟时间点比响应的传输要短。

由于发送时间和接收时间的不同组合，存在 3 种信息的传递方式：①从主节点到从节点；②从从节点到主节点；③从从节点到从节点。

1）从主节点到从节点：这种情况下只考虑当时该总线的可用性：$C_i^{主\to从}=C_i^{头}+C_i^{响应}$。

2）从从节点到主节点：这种情况下也只考虑当时该总线的可用性：$C_i^{从\to主}=nT_{时基}-C_i^{头}$，其中 $n$ 是时基间隔的倍数，可按式（8-20）计算。

$$n=\left\lceil\frac{C_i^{头}+C_i^{响应}}{T_{时基}}\right\rceil \tag{8-20}$$

3）从从节点到从节点：在从节点之间的通信中必须考虑时间份额，这是响应传递时所必需的：$C_i^{主\to从}=C_i^{响应}$。

在 LIN 协议中信息头部和响应的时间份额有标准值和最大值两种，标准值可按式（8-21）计算：

$$C_i^{标准头}=34\tau_{bit}$$
$$C_i^{标准响应}=10\,(N_{Data}+1)\,\tau_{bit} \tag{8-21}$$

最大值字节之间的间距比标准值大 40%，可按式（8-22）计算：

$$C_i^{最大头}=1.4C_i^{标准头}$$
$$C_i^{最大响应}=1.4C_i^{标准响应} \tag{8-22}$$

从周期性发出的信息 $m_i$ 出发，最大的等待时间 $W_i$ 与信息的周期相适应。图 8-9 是为计算响应时间的时间份额，$R_i=W_i+C_i$，这适用于各种不同情况。

### 8.2.4 以太网 AVB

如第 5 章所描述的，在具有 AVB 拓展功能的以太网中，从发送到接收路径上的每一个交换机都会使信息迟滞。决定路径上每一个交换机迟滞大小的是不同类型信息的缓冲，如果没有缓冲，数据包也将扔掉。要计算通过以太 AVB 网的迟滞时间，就必须注意最近每一个交换机的迟滞时间。以下的思考受限于迟滞份额，这是由从一个交换机输入口接收到的最后一个字节到下一个交换机接收相同字节造成的，如图 8-10 所示，迟滞份额有以下几种情况：

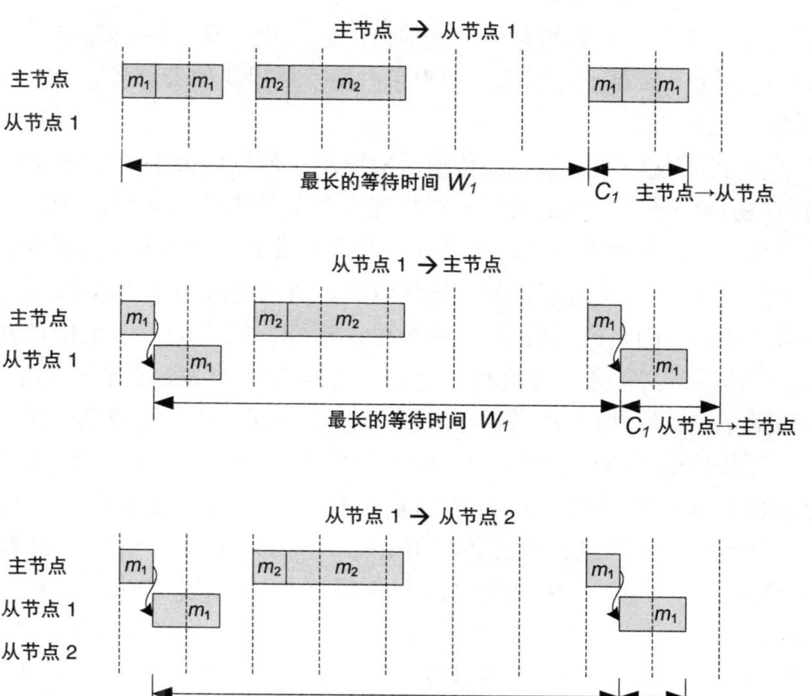


图 8-9　对于通信关系的 3 种情况不同的响应时间，每一种情况下等待的时间间隔是一样的，但开始和结束的位置不同，时间 $C_1$ 取决于通信关系

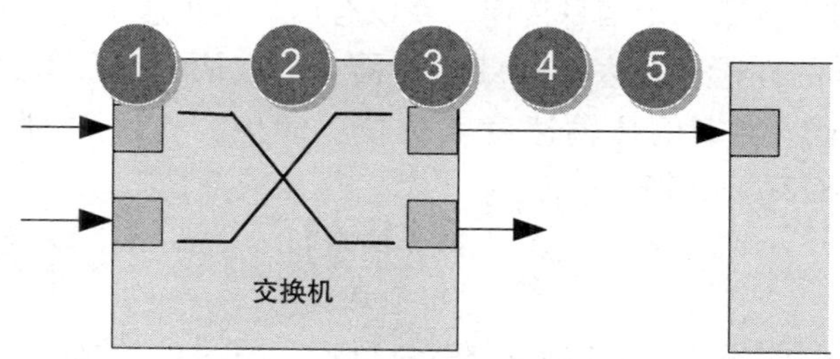


图 8-10　在以太网信息传递中出现的迟滞分为 5 部分：输入等待迟滞、存储和转发迟滞、干扰迟滞、信息的传输时间、在物理媒介上的传输时间

1）输入等待迟滞：在输入端要发送一个数据包，最后要继续加工，这时就会产生一个输入等待迟滞。这个迟滞有时可以忽略不计，因为在输出端的交换机可以存储数据包，而不是在输入端。

2）存储和转发迟滞：假设在交换机的输入和输出端的缓冲区是空的，存储和转发迟滞描述的是延迟，以便使信息从输入端口传输到输出端口，这种迟滞与交换机的执行有关，通常为较小的微秒级别。

3）干扰迟滞：干扰迟滞是由于其他信息的产生占据了输出端口而导致的延迟，这种迟滞在下面要正确考虑，因为它占据了总迟滞的大部分，是具体的以太网 AVB 协议机制。

4）信息的传输时间：信息的传输时间取决于信息的大小和传输速率。

5）在物理媒介上的传输时间：在物理媒介上的传输时间取决于两个交换机之间的导线长度。相对于以上迟滞成分，这个迟滞所占用的份额明显较小。

对于信息 $m_i$ 的干扰迟滞包括：排队迟滞、扇入迟滞和永久迟滞。

排队迟滞描述的是通过信息 $m_j$ 所导致的迟滞，它占据了输出接口并阻碍了信息 $m_i$。当信息 $m_i$ 有高的权限时，信息 $m_j$ 必须完全被发送直到轮到信息 $m_i$ 发送。和信息 $m_i$ 一样，所有通过具有高权限的缓冲的信息的迟滞都得到一个顺序迟滞。当所有其他 FIFO 已经空时，居于低优先权限的 FIFO 中信息已经存在，因此静态优先级调度将这个信息传到输出接口。在传输过程中，在高优先权 FIFO1 中产生了 5 个信息，信息传输开始后，来自 FIFO 的信息很快就遇到了 FIFO2 中的信息 $m_i$，信息 $m_i$ 必须等待来自 FIFO4 中的信息和来自 FIFO1 中信息传递。为什么只传递计划好的 4 个信息，而不传递来自 FIFO1 所有的 5 个信息，关系到令牌整形算法。图 8-11 所示为 FIFO1 建立的令牌，因为来自 FIFO1 的信息在低优先权信息之前就被阻碍了。组建令牌的升高由 AVB 参数空闲率$_{\mathrm{FIFO1}}$规定。当来自 FIFO1 中的信息传递时，带有上升发送率$_{\mathrm{FIFO1}}$的令牌数开始减少，第 3 个信息后，令牌数为 0，因此来自 FIFO1 的信息可以传递。通过令牌数降低为负值，来自 FIFO1 的第 4 个信息传递后就没有信息再传递了。

下面用数学的方式来表达图 8-11 中迟滞分量。从时间点 $A$ 到时间点 $B$ 间的时间间隔取决于输出端的传输速度（单位：bit/s）和最大的信息量（单位：bit），可按式（8-23）计算。

$$T_{\mathrm{AB}}=\frac{\text{最大信息量}}{\text{传输速度}} \tag{8-23}$$

FIFO1 在时间间隔 $T_{\mathrm{AB}}$组建的令牌数可按式（8-24）计算：

$$\text{高令牌}_{\mathrm{FIFO1}}=\text{空闲率}_{\mathrm{FIFO1}}\times T_{\mathrm{AB}} \tag{8-24}$$

式中，空闲率$_{\mathrm{FIFO1}}$表示的是带宽，单位为 bit/s，存储在 FIFO1 中。随后随着发送率$_{\mathrm{FIFO1}}$的上升令牌数减少。发送率$_{\mathrm{FIFO1}}$可由输出端口的传输速率和相应的 FIFO 的空闲率按式（8-25）计算。

$$\text{发送率}_{\mathrm{FIFO1}}=\text{空闲率}_{\mathrm{FIFO1}}-\text{输出端口的传输速率} \tag{8-25}$$

从时间点 $B$ 到时间点 $C$ 之间的时间间隔 $T_{\mathrm{BC}}$可按式（8-26）计算：

$$T_{\mathrm{BC}}=\frac{\text{高令牌数}_{\mathrm{FIFO1}}}{\text{发送率}_{\mathrm{FIFO1}}} \tag{8-26}$$

在这个时间点来自 FIFO1 的信息发送，结果使令牌数为负值。时间点 $C$ 和 $D$

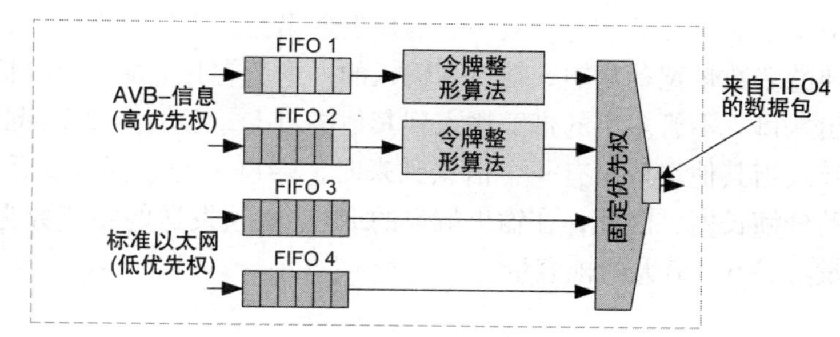


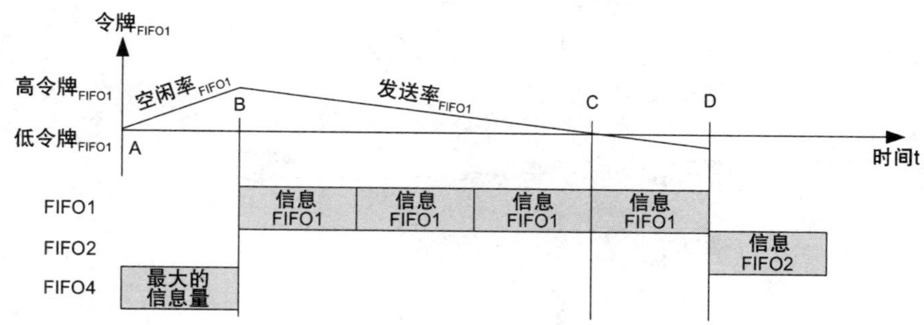


图 8-11　在排队迟滞中，一个低优先权的信息加上一定数量的高优先权的信息，能导致一个信息 $m_i$ 的迟滞。该案例是一个 FIFO4 的信息和 4 个 FIFO1 的信息致使 FIFO2 的信息迟滞

之间的时间间隔取决于端口传输速率和在 FIFO 所关注的最大可能的信息量最大的帧容量$_{\text{FIFO1}}$，可按式（8-27）计算。

$$T_{\text{CD}} = \frac{\text{最大的帧容量}_{\text{FIFO1}}}{\text{端口传输速率}} \tag{8-27}$$

排队迟滞是时间点 $A$ 和 $D$ 之间的总的时间间隔，在最坏情况下，FIFO2 中的信息需要等待。广义上讲，在 $N$ 个 FIFO 中任何一个信息被延迟时，就不存在输入，关于这种情况的细节见［IEE09］。

由图 8-11 可知，来自某一确定的 FIFO 的信息，其分帧可能会有多长。在已知情况下，在 FIFO4 的信息传输期间，令牌数在增长。当 FIFO1 由于信息量达到最大而停止时，产生了高令牌数，然后从这个高令牌数开始降低直到时间点 $D$，当在时间点 $C$ 发送一个最大信息值时，将获得一个低令牌数，这个最高和最低令牌数在式（8-28）中为 hiCredit 和 loCredit。

$$\text{最大帧容量}_{\text{FIFO1}} = \text{端口传输速率} \times \frac{-\ (\text{hiCredit} - \text{loCredit})}{\text{发送率}_{\text{FIFO1}}} \tag{8-28}$$

所谓扇入迟滞是由于相同优先权的其他信息如所关注的信息 $m_i$ 所导致的迟滞，在一个交换机处这样的信息可能在相同的时间达到不同的输入端口，再从相同的输出端口转发，这可用图 8-12 所示的简单的示意图形式来表示，图中的交换机由7个端口输入信息，从一个端口发送出去。在这个案例中，假设从输出端口传递的多数带宽是从输入端口1输入的，则所有其他端口只有极小的带宽传递到输出端口。不管多小的带宽输入到其他端口上，必须传递全部的信息，这种情况将导致当其他端口只有一个信息到来时，端口1的数据量要适应输出端FIFO最大的分帧长度，因此，在输出端口的FIFO必须发送的字节数为最大的分帧长度容量$_{FIFO}$ +6×最大的帧容量$_{FIFO}$。

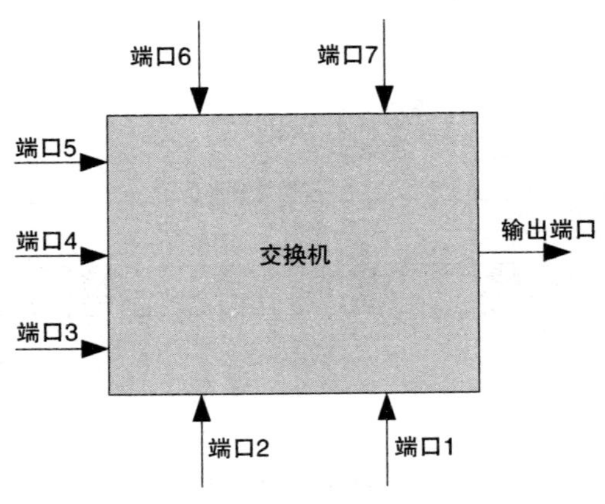


图8-12　扇入迟滞描述的是由相同优先权等级的信息导致的迟滞

永久迟滞作为扇入迟滞的一部分纳入迟滞分析之中。在网络中应尽量避免迟滞的出现。但一个交换机在接收具有相同带宽的一定优先权的信息时就可能产生迟滞，在输出口借助于迟滞令牌整形后允许发送信息，这种情况下，就会阻碍其他信息的发送，就会占用一定程度的缓冲区，并且满载状态不总会被消除，就会产生如图8-13所示的一种情况。在这个案例中，传感器、开关和接收器之间形成一种拓扑结构，在从传感器到接收器这个路径上传感器为FIFO1或FIFO3存储了50%的带宽，定期产生100Byte的FIFO1软件包，两个这样的信息被发送之后，来自FIFO2的具有1000Byte的零星信息阻碍了其他信息的发送。通过这种阻碍，令牌和FIFO1的填充状态上升，最后将从FIFO1中发送一个突发脉冲的信息，从而使令牌和FIFO的填充状态下降，突发脉冲很快消失，传感器进一步发送和突发脉冲前一样的具有相同带宽的信息。FIFO3导致的后果是在信息2和信息3之间产生一个令牌为0的空位，最后一个突发脉冲作用到FIFO3中的信息上，通过令牌整形调度信息被延迟，因为令牌一直在低令牌和0令牌之间变化。在图8-13的案例中，存在一种与1000Byte的传输间隔相适应的永久迟滞，其结果是，所使用的FIFO的储存带宽永远大于实际带宽，这样的永久迟滞会重新建立。

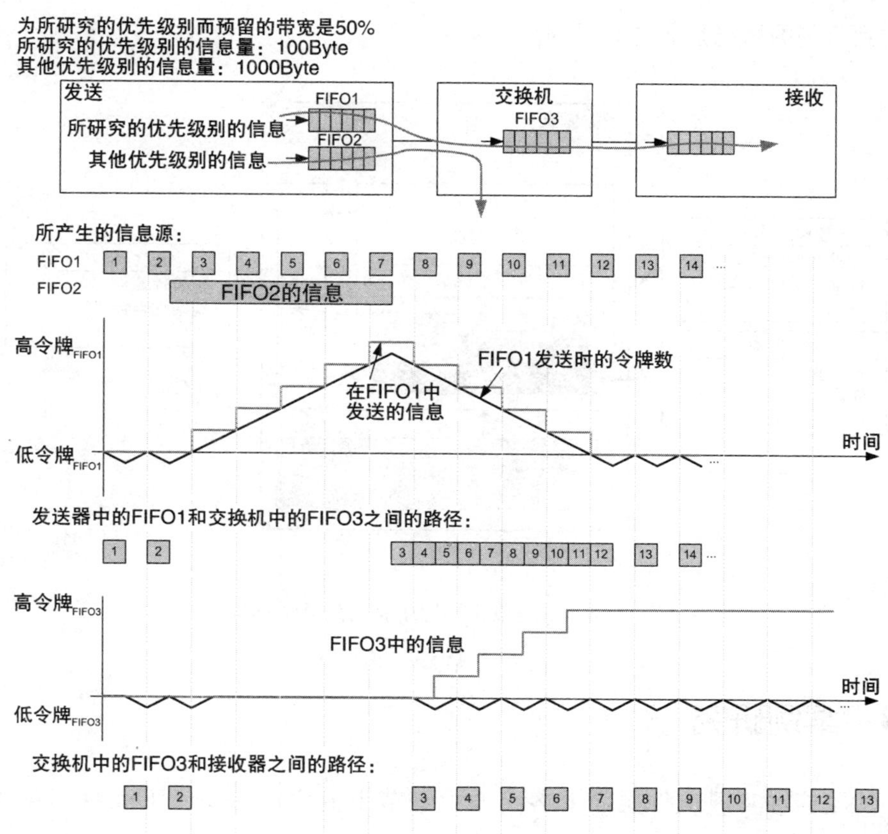


图 8-13　当为已知优先权信息所预留的带宽与实际所发送信息的带宽相等且需要阻止其他信息发送时，就会产生永久迟滞

## 8.3　组件层面上的模拟

利用模拟器可以进行组件层面上的模拟，模拟器在多数情况下工作在交易层（见 7.2 节），尤其是出现在通信系统中的模拟器。电脑的模拟和集成软件上的模拟发生在交易层的下部，这对时间行为的实际确定是必要的，以便能实现周期正确的模拟。

图 8-14 为模拟系统的基本结构。

在模拟器核的基础上用电控单元的虚拟样机来模拟，将硬件架构（处理器）和软件架构（软件组件、作业等）结合在一起。可以用系统环境来描述系统的模拟。接下来是在随机性或周期性事件基础上对虚拟样机的行为造成影响的测试模式。作为可能的真实行为的逼真的样本，测试样机要最可能广地覆盖，尤其是考虑到苛刻的情况是非常必要的。

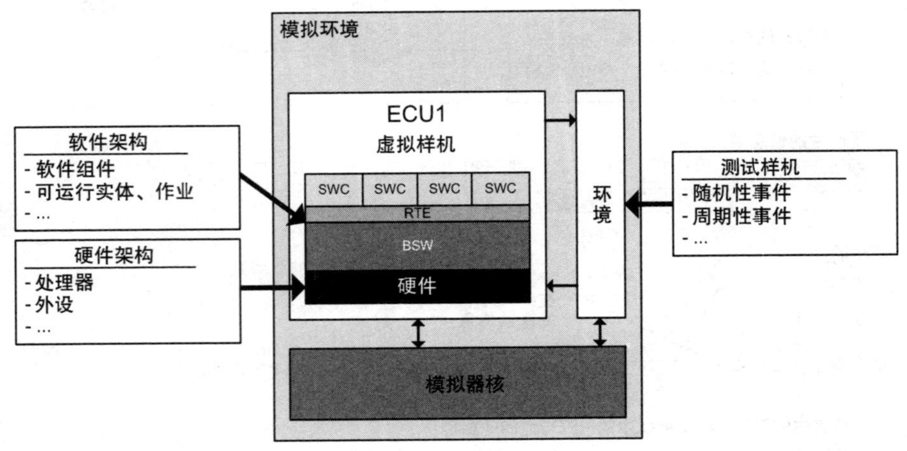


图 8-14　电控单元模拟所必需的基本结构

## 8.4　案例研究

为了能够实现组件层面上各个方面细节上的实时分析，下面将列举 4 个案例。

1）电控系统的分析将借助于网关来进行阐述。

2）将用两个案例来分析 CAN 总线，第 1 个案例将围绕 CAN 配置来展开，这能详细跟踪所提供分析的细节；第 2 个案例将探讨实际的 CAN 配置，其焦点是处理的结果。

3）通过 FlexRay 以及 LIN 总线的分析将讨论其可应用的范围。

### 8.4.1　在 ECU 层面上的分析

在第 4 章的案例中已经描述了确定各个作业和功能执行时间的可能性，不考虑被高优先权作业所中断或由于中断服务历程所产生的延迟，下面将分析基于网关的驱动系统配置的影响以及外部所遇事件及其所造成的中断。

图 8-15 所示为包含软件架构和所连接的通信系统的网关的内部结构图，软件架构以 AUTOSAR 为基础，网关与 5 个 CAN 总线以及一个 FleRay 总线相连接。

表 8-2 所列举的是在分析网关时所需要的重要参数，即电控单元配置所提供的作业名称、优先权、触发条件和周期、执行时间。执行时间可采用第 4 章所介绍的方法来确定，中断服务历程的触发条件由所连接的通信系统行为所给定。

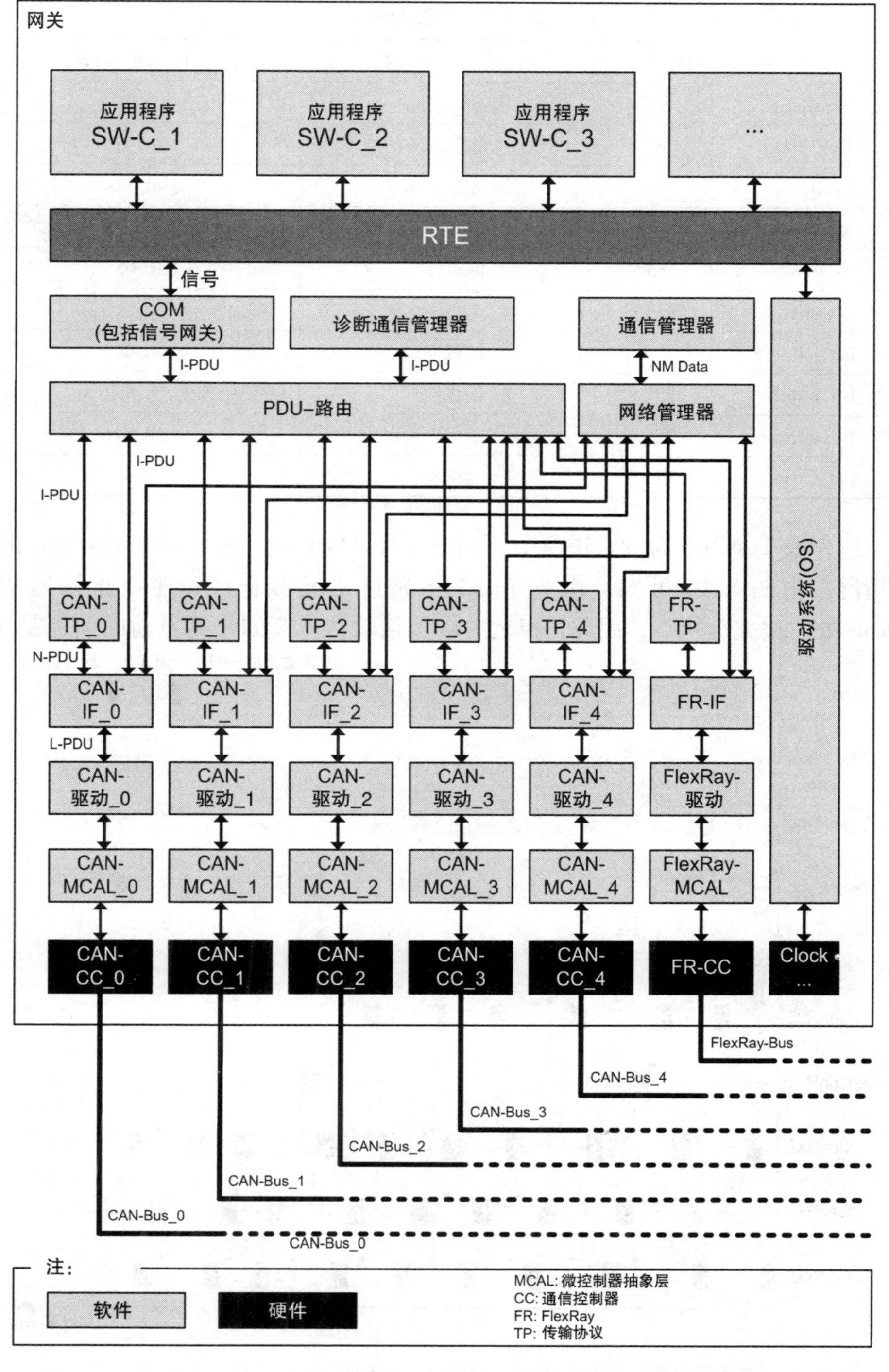


图 8-15　包含软件架构和所连接的通信系统的网关的内部结构

表 8-2　网关的配置

| 作业名称 | 优先权 | 触发条件和优先权 | 执行时间/ms |
|---|---|---|---|
| Task2ms | 7 | 周期性,2ms | 0.04 |
| Task12ms | 6 | 周期性,12ms | 0.05 |
| Task15ms | 5 | 周期性,15ms | 0.12 |
| MainSync | 8 | 与 FlexRay 调度同步 | 0.1 |
| IsrFr | 255 | 随机性 | 0.05 |
| IsrCanRx0 | 255 | 随机性 | 0.04 |
| IsrCanRx1 | 255 | 随机性 | 0.04 |
| IsrCanRx2 | 255 | 随机性 | 0.04 |
| IsrCanRx3 | 255 | 随机性 | 0.04 |
| IsrCanRx4 | 255 | 随机性 | 0.04 |

以作业 Task2ms 为例来进行分析讨论。图 8-16 描述的是作业 Task2ms 的最坏情况。由图 8-16 可知，作业 Task2ms 超过了其截止线，在截止线后的第 2.1ms 处才被完全执行，因此，出现一个多倍激活。高的中断负荷的前提是在 5

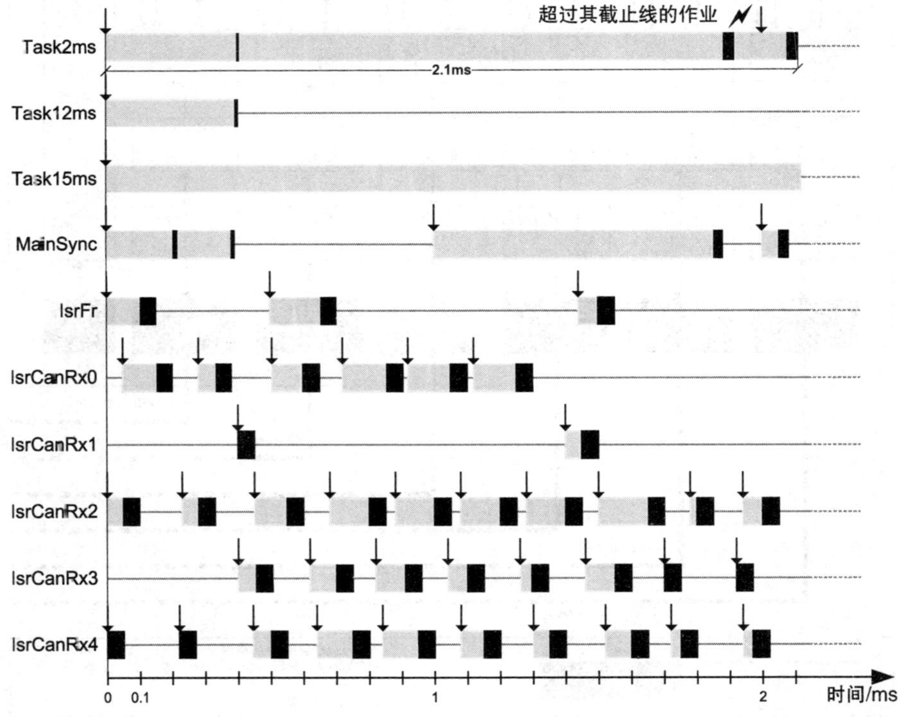


图 8-15　作业 Task2ms 的分析结果，在最坏情况下在其截止线之前没有被完全执行

个相关 CAN 总线基础上的高的通信容量，另一个前提是并行的被称为 FleyRay 总线通信路径，FlexRay 总线通信与循环的应用系统作业（Task2ms、Task12ms 和 Task15ms）有一样高的优先权。

这是一个典型案例，电控单元常常与很多总线连接在一起，除了自身的应用性任务还需要并行网关提供服务。为了能够进行安全设计、确保 CPU 利用率的安全性以及正时行为的安全性，应事先建立所需要的基础的分析方法。

### 8.4.2　CAN 总线的分析（简化的）

在 CAN 总线案例分析中应注意图 8-17 所示的案例，该系统由两个 ECU 组成，它们之间要进行从信息 $m_1$ 到 $m_4$ 的 4 个信息的交换，CAN 总线的带宽为 125kbit/s，需要的标识符为 11bit，它们交换的信息有以下属性，见表 8-3。

图 8-17　CAN 总线分析的案例

**表 8-3　所交换的 4 个信息的属性**

| 信息 | 标识符 | 传输类型 | 周期/最小传输距离/ms | 内容、数据长度/Byte |
|---|---|---|---|---|
| $m_1$ | 1 | 周期性 | 5 | 4 |
| $m_2$ | 2 | 随机性 | 10 | 6 |
| $m_3$ | 3 | 周期性 | 5 | 8 |
| $m_4$ | 4 | 周期性 | 5 | 4 |

在所有信息中都忽略了信息的相位抖动，因此相位抖动的值为零。在下面要注意信息 $m_3$ 的响应时间，这个响应时间与它的传输时间 $C_3$、相位抖动 $J_3$、由高优先权信息导致的干扰时间 $I_3$ 和由低优先权信息导致的阻碍时间 $B_3$ 有关。

传输时间 $C_3$ 一方面与数据的内容以及数据长度有关，另一方面与填充位的数量有关。对于在传递时需要最大填充位数量的案例，传输时间 $C_3$ 的计算见式(8-29)：

$$C_3 = \left(\text{头/CRC 长} + 8 \times \text{字节数量} + 13 + \left\lfloor \frac{\text{头/CRC 长} + 8 \times \text{字节数} - 1}{4} \right\rfloor\right)\tau_{\text{bit}} =$$

$$\left(34 + 8 \times 8 + 13 + \left\lfloor \frac{34 + 8 \times 8 - 1}{4} \right\rfloor\right)\tau_{\text{bit}} = (111 + 24) \times 0.008\text{ms} = 1.08\text{ms} \tag{8-29}$$

其他信息的传输时间的计算见式（8-30）。

$$C_1 = C_4 = (79+16)\times 0.008\text{ms} = 0.76\text{ms}$$
$$C_2 = (95+20)\times 0.008\text{ms} = 0.92\text{ms} \quad (8\text{-}30)$$

由于低优先权信息 $m_4$ 的阻碍导致的阻碍时间为 $B_3 = 0.76\text{ms}$。干扰时间 $I_3$ 通过两步迭代获得 $I_3 = 1.68\text{ms}$，见式（8-31）。

迭代 0：$I_3^0 = 1.08$

迭代 1：$I_3^1 = 0.76\times\left\lceil\frac{1.08+0.008}{5}\right\rceil + 0.92\times\left\lceil\frac{1.08+0.008}{10}\right\rceil = 1.68\text{ms}$

迭代 2：$I_3^2 = 0.76\times\left\lceil\frac{1.68+0.008}{5}\right\rceil + 0.92\times\left\lceil\frac{1.68+0.008}{10}\right\rceil = 1.68\text{ms}$ （8-31）

必须进行两步迭代，以验证迭代 $n$ 和迭代 $n-1$ 之间的值是否保持一致，以便满足终止标准。信息 $m_3$ 的总响应时间为 3.52ms，见式（8-32）。

$$R_3 = C_3 + J_3 + B_3 + I_3 = 1.08\text{ms} + 0\text{ms} + 0.76\text{ms} + 1.68\text{ms} = 3.52\text{ms} \quad (8\text{-}32)$$

### 8.4.3 CNA 总线的分析（复杂的）

上一章节讨论了简化的 CAN 总线的分析，下面借助于现实案例来探讨 CAN 总线使用的可能性和实用性，案例来自于［Tra11］。

案例用在两代汽车所使用的 CAN 总线，但它们的容量不同。第 1 代用于当前车型，也就是说，所有数据都是可用的，可以在车上进行直接测量。第 2 代用于替代 CAN 总线的最初配置后继车型，这在研发过程中也有应用。图 8-18 所示为相应的拓扑图，第 1 代有 26 个 ECU、一个网关和 160 个应用程序，第 2 代的 CAN 配置有 24 个 ECU、1 个网关和 183 个应用程序。不考虑服务、传输协议和诊断程序，两代 CAN 总线的传输速度均为 125kbit/s。

当前架构评估的基础是现有数据（总线配置），要细化模式就需要添加通过对汽车进行实际测量所得到的附加信息（例如相位抖动）。未来结构的总线配置是以架构模式的引入为基础，相位抖动采用 $J = 0.5\text{ms}$，对于事件控制的信息同时激活的上限为 5。CAN 通信的最优化是在偏移（Offset）中添加周期性的校正，偏移有以下两种不同类型的生成方式。

1）在第 2 代中每个 ECU 都生成一个偏移（Offset），这会对局域 CAN 总线进行优化。

2）对第 2 代的偏移表的最优化由全球性的总的网络拓扑结构决定，可用的最优化方法在［Tra11］中有详细描述。

对于目前的架构，周期性的总线负载按 38% 来进行计算。在 CAN 总线配置中（第 2 代 2a/2b）周期性的总线负载占 42%。尽管在新架构中有很多个应用系统（23 个附加系统），但总线的故障率增加很小，其原因在于在多个系统中接口

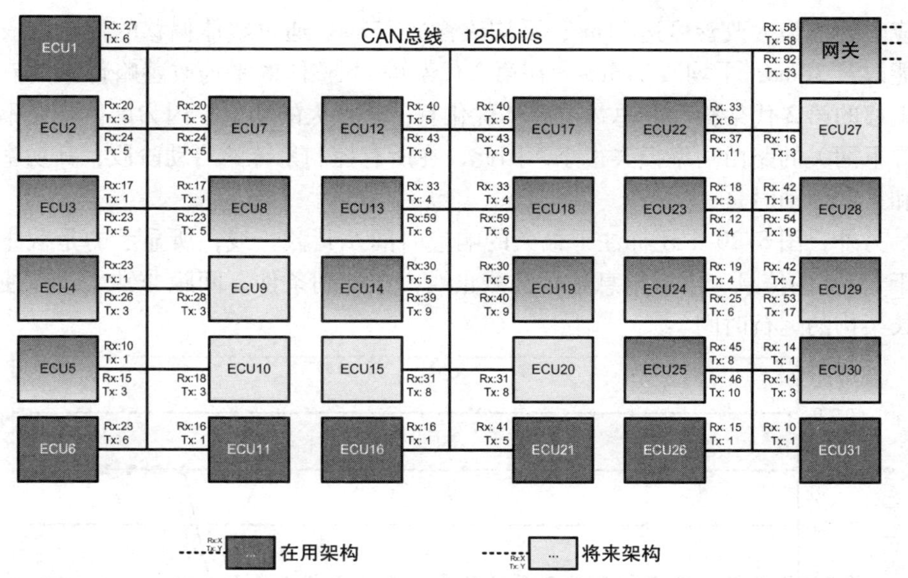


图 8-18　评价相关 CAN 总线（传输速率：125kbit/s）的网络拓扑架构局部图：黑色部分为在用架构，白色表示将来架构的配置

的要求是统一的，因此尽可能地缩短了循环时间。

图 8-19 所示为信息的最大响应时间，图中暗灰色线表示的是在用架构中 CAN 总线的运行结果，在两个将来的架构中灰白色表示局域网偏移、黑色表示整体偏移。尽管在第 1 代架构和第 2 代架构 2a 之间总线负荷提升了 4%，但最大

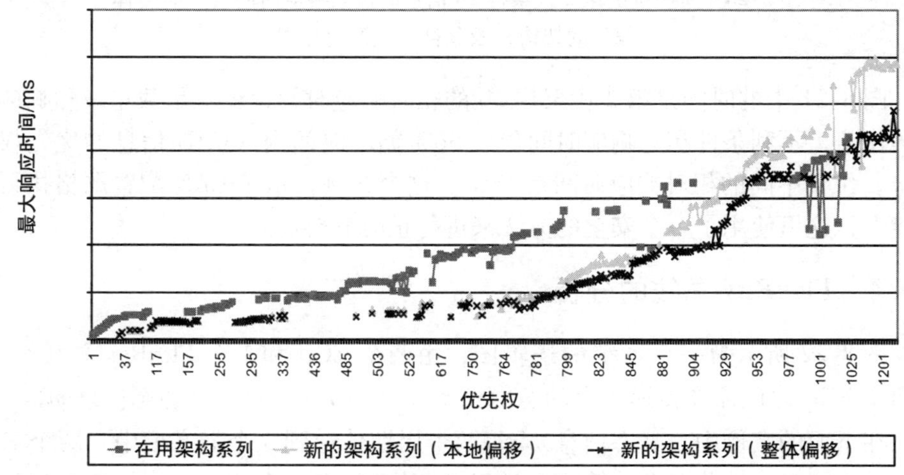


图 8-19　所明确的当前构件系列的最大响应时间（暗灰色）和具有本地偏移（灰白色）及整体偏移（黑色）的将来架构系列的对比

响应时间的最大改善可达31ms，平均改善达15ms。通过整体偏移的优化响应时间能改善38ms，平均改善8ms。在第2代架构2b整体的平均改善略低于具有本地偏移的第2代架构。在总数上整体优化有一个很大的增值，因为即使是在不利条件下网关的路由功率损失很小，因此，在所有控制系统的启动阶段，其功率损失和正常驱动时是一样的。

另外，图8-20中还标注了最大的响应时间及其截止线，所显示的是截止线小于51ms的信息，没有信息超越其截止线，在不利条件下间距非常大，以便能延长架构的运行时间。

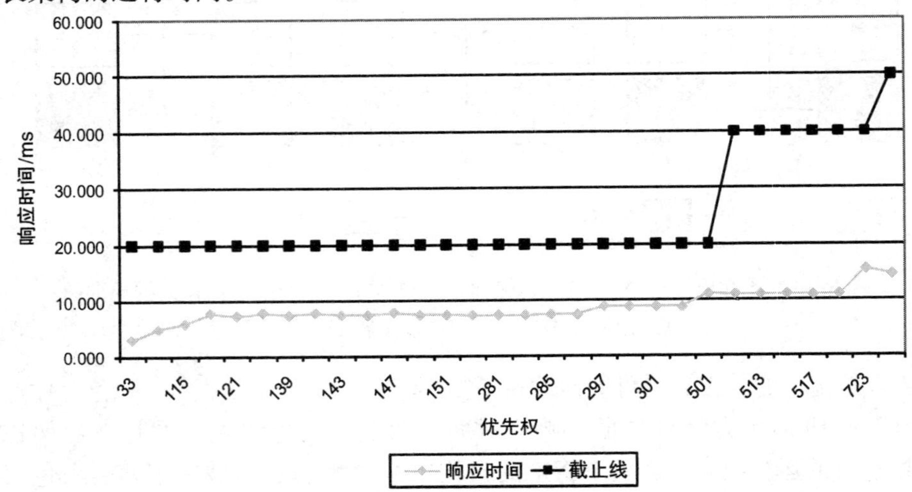


图8-20　所明确的第2代架构2b信息的最大响应时间（具有整体偏移的架构）及其截止线的对比图

图8-21中的时间是第2代架构2b的相对响应时间，也就是截止线和响应时间的比值，不利条件相对响应时间位于56%循环时间内（CAN信息的优先权是501），位于中间的相对响应时间是13%。这个案例显示了CAN配置严格执行的可能性，这里使用了一个安全的方法来进行正时分析。

## 8.4.4　FlexRay总线的分析

图8-22所示为一个系统的逻辑图，由两个ECU和1个FlexRay总线组成，在两个ECU之间需要传递3个动态信息$m_1$、$m_2$、$m_3$以及一个静态信息$m_4^s$。

在下面的案例中，静态信息$m_4^s$每两个周期传递到3个静态槽中。两个ECU与总线不同步，因此，在计算响应时间$R_4$时必须有一个前提，在第2个周期第3个槽开始时，静态信息$m_4^s$正好由ECU2产生。在不利条件下，静态信息$m_4^s$的响应时间为：$R_4 = 2T_{bus} + C_4 = 10.5\text{ms}$，如图8-23所示。

对动态节段来说 3 个信息 $m_1$、$m_2$ 和 $m_3$ 是确定的。动态节段包括 10 个微型槽，信息 $m_3$ 必须在 6 个微型槽内开始传递（$t_{pLatestTx}=1.2\text{ms}$），否则它所占据总线的时间会长于动态节段。信息 $m_1$、$m_2$ 和 $m_3$ 的参数见表 8-4。

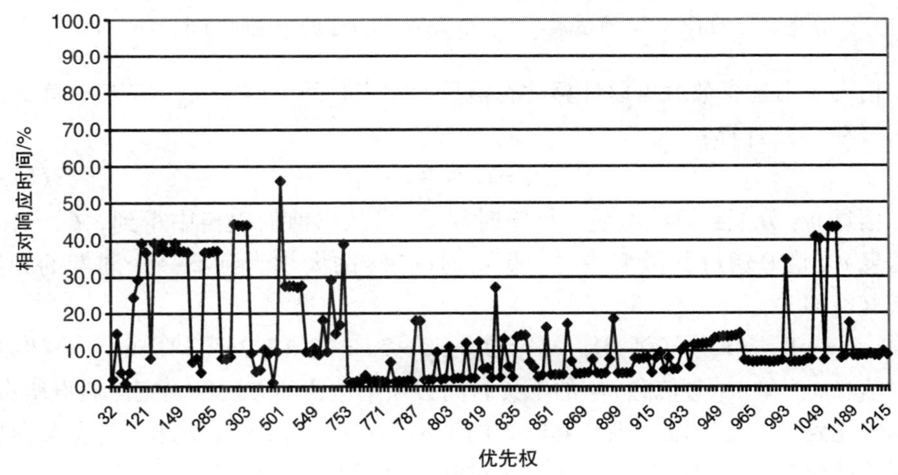


图 8-21　第 2 代架构 2b 相对响应时间的确定

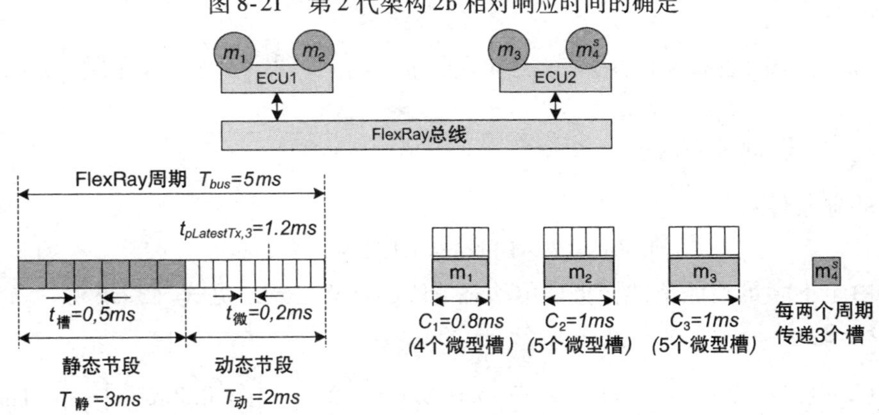


图 8-22　3 个动态信息和 1 个静态信息在具有两个 ECU 的 FlexRay 总线上进行传递，图中标明了总线的参数和信息特定的大小

**表 8-4　信息 $m_1$、$m_2$ 和 $m_3$ 的参数**

| 信息 | 传输类型 | 间距 | 传输时间 |
| --- | --- | --- | --- |
| $m_1$ | 周期性 | 两个周期 | 0.8ms≈4 个微型槽 |
| $m_2$ | 周期性 | 两个周期 | 1ms≈5 个微型槽 |
| $m_3$ | 随机性 | | 1ms≈5 个微型槽 |

其他有用的参数分别是：周期 $T_{bus}=5\text{ms}$、$T_{静}=3\text{ms}$、$T_{动}=2\text{ms}$、微型槽持续的时间为：$T_{微}=0.2\text{ms}$。

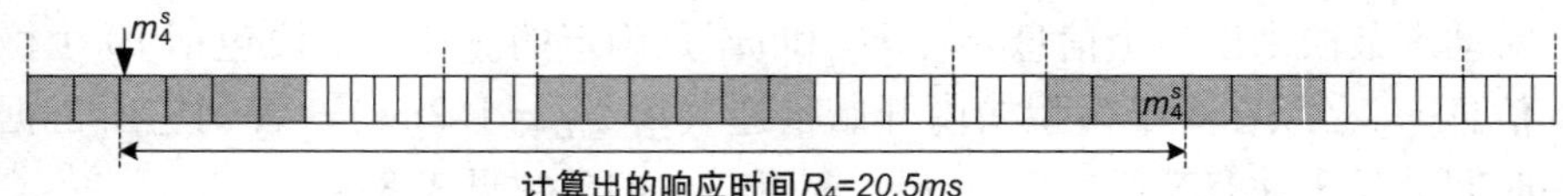


图 8-23　在图 8-22 所示案例中，静态信息，$m_4^s$ 的响应时间 $R_4 = 10.5\text{ms}$

借助于上述参数就可以计算动态信息的响应时间，信息 $m_3$ 的响应时间 $R_3$ 可按式（8-33）计算：

$$R_3 = C_3 + W_3 + I_3 \tag{8-33}$$

信息 $m_3$ 分配到总线上后，传输时间 $C_3$ 可从以前的表格中得到，$C_3 = 1\text{ms}$。当信息 $m_3$ 恰好错过其微型槽时，等待时间 $W_\text{i}$ 的大小为到下一个周期的开始，见式（8-34）。

$$W_3 = T_{动} - (帧\ \text{ID}_3 - 1) \times T_{微型槽} = 2\text{ms} - 2 \times 0.2\text{ms} = 1.6\text{ms} \tag{8-34}$$

信息 $m_1$ 和 $m_2$ 对信息 $m_3$ 的干扰时间必须用迭代的方法来确定。假设所有信息都传递到了动态节段，则计算时 $k$ 的取值为：$k = 1$，因此增加了动态节段数，直到传递信息 $m_3$，对信息 $m_3$ 的干扰时间和验证见式（8-35）：

$k = 1$：

$$(k-1) \times (2\text{ms} - 1.2\text{ms}) + \left\lceil \frac{k}{2} \right\rceil \times 0.8\text{ms} + \left(k - \left\lceil \frac{k}{2} \right\rceil\right) \times 0.2\text{ms} + \left\lceil \frac{k}{3} \right\rceil \times 1\text{ms} + \left(k - \left\lceil \frac{k}{3} \right\rceil\right) \times 0.2\text{ms} = 1.8\text{ms}$$

验证条件：

$$1.8\text{ms} \overset{!}{\le} (k-1) \times \text{ms} + 1.2\text{ms} = 1.2\text{ms} \tag{8-35}$$

由于不满足验证条件，将采用动态节段的计算公式，见式（3-36）：

$k = 2$：

$$(2-1) \times (2\text{ms} - 1.2\text{ms}) + \left\lceil \frac{2}{2} \right\rceil \times 0.8\text{ms} + \left(2 - \left\lceil \frac{2}{2} \right\rceil\right) \times 0.2\text{ms} + \left\lceil \frac{2}{3} \right\rceil \times 1\text{ms} + \left(2 - \left\lceil \frac{2}{3} \right\rceil\right) \times 0.2\text{ms} = 3\text{ms}$$

验证条件：

$$3\text{ms} \overset{!}{\le} (2-1) \times 2\text{ms} + 1.2\text{ms} = 3.2\text{ms} \tag{8-36}$$

在第 2 个节段进行第 2 次迭代时信息 $m_3$ 被成功传递，干扰时间 $I_3$ 的计算见式（8-37）：

$$I_3 = (2-1) \times (2\text{ms} - 1.2\text{ms}) + \left\lceil \frac{2}{2} \right\rceil \times 0.8\text{ms} + \left(2 - \left\lceil \frac{2}{2} \right\rceil\right) \times 0.2\text{ms} + \left\lceil \frac{2}{3} \right\rceil \times 1\text{ms} + \left(2 - \left\lceil \frac{2}{3} \right\rceil\right) \times 0.2\text{ms} + 2 \times 3\text{ms} = 9\text{ms} \tag{8-37}$$

信息 $m_3$ 总的响应时间见式（8-38）：

$$R_3 = C_3 + W_3 + I_3 = 1\text{ms} + 1.6\text{ms} + 9\text{ms} = 11.6\text{ms} \tag{8-38}$$

图 8-24 所示为 3 部分的合成图。因为信息 $m_3$ 恰好错过了它的微型槽，必须等待下一个循环，所等待的时间间隔为：$W_3 = 1.6\text{ms}$；信息 $m_3$ 和小 ID 信息间的干扰时间为：$I_3 = 9\text{ms}$；信息 $m_3$ 占据总线的时间间隔为：$C_3 = 1\text{ms}$；总的响应时间为：$R_3 = 11.6\text{ms}$。通过该案例可以看出，响应时间包含对干扰高估的干扰时间 $I_3$。在式（8-37）的总数中，由于对两个不需要微型槽以及 $t_{platest\,Tx}$ 直到动态节段结束时信息 $m_1$ 和 $m_2$ 的高估，干扰时间 $I_3$ 为 0.6ms 也是高估的，图8-24 中 $t_{tpLatestTX}$ 描述了具有时间间隔的信息 $m_2$ 的相应的重叠部分。

在相同的图中描述了信息 $m_2$ 和信息 $m_1$ 的响应时间 $R_i$ 的计算，其计算可采用以下方法来进行，对于信息 $m_2$ 所给定的 $C_2$ 的值为 $C_2 = 1\text{ms}$，则等待时间 $W_2$ 的计算见式（8-39）：

$$W_2 = T_{动} - (帧\ \text{ID}_2 - 1) \times T_{微} = 2\text{ms} - 1 \times 0.2\text{ms} = 1.8\text{ms} \tag{8-39}$$

对于干扰时间 $I_2$ 以及所需要的总线循环数 $k$ 的计算，开始迭代时使用 $k = 1$，见式（8-40）。

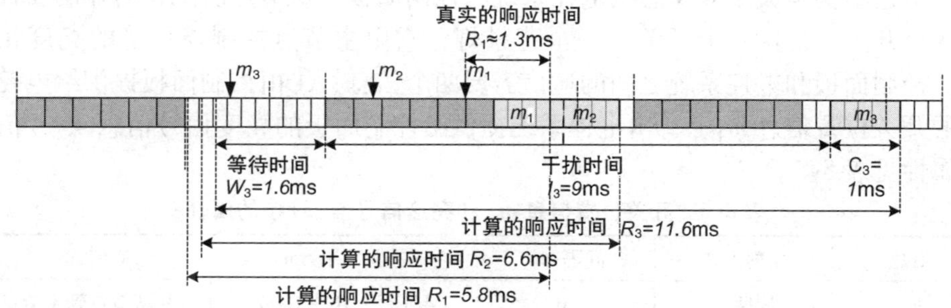


图 8-24　响应时间由 3 部分组成：a）等待时间 $W_i$，当信息恰好错过其微型槽时，b）带有小 ID 的干扰时间 $I_i$，c）所考虑的信息通信所需要的时间 $C_i$

$k = 1$：

$$(k-1) \times (2\text{ms} - 1.2\text{ms}) + \left\lceil \frac{k}{2} \right\rceil \times 0.8\text{ms} + \left(k - \left\lceil \frac{k}{2} \right\rceil\right) \times 0.2\text{ms} = 0.8\text{ms}$$

验证条件：

$$0.8\text{ms} \leq (k-1) \times 2\text{ms} + 1.2\text{ms} = 1.2\text{ms} \tag{8-40}$$

由于条件成立，信息可以在第 1 个动态段处传递（$k = 1$），因此，干扰时间 $I_2$ 的计算见式（8-41）：

$$I_2 = (1-1) \times (2\text{ms} - 1.2\text{ms}) + \left\lceil \frac{1}{2} \right\rceil \times 0.8\text{ms} + \left(2 - \left\lceil \frac{1}{2} \right\rceil\right) \times 0.2\text{ms} + 1 \times 3\text{ms} = 3.8\text{ms} \tag{8-41}$$

则响应时间 $R_2$ 的计算见式（8-42）：

$$R_2 = C_2 + W_2 + I_2 = 1\text{ms} + 1.8\text{ms} + 3.8\text{ms} = 6.6\text{ms} \tag{8-42}$$

类似可计算出 $R_1$，信息 $m_1$ 占据总线的时间间隔为 $C_1 = 0.8\text{ms}$，等待时间 $W_1$ 的计算见式（8-43）：

$$W_1 = T_{动} - (帧\ \text{ID}_1 - 1) \times T_{微} = 2\text{ms} - 0 \times 0.2\text{ms} = 2\text{ms} \tag{8-43}$$

由于无高优先权的信息 $m_1$ 可用，因此 $k = 1$，所以干扰时间 $I_1$ 的计算见式（8-44）：

$$I_1 = (1-1) \times (2\text{ms} - 1.2\text{ms}) + 1 \times 3\text{ms} = 3\text{ms} \tag{8-44}$$

总的响应时间 $R_1$ 的计算见式（8-45）：

$$R_1 = C_1 + W_1 + I_1 = 0.8\text{ms} + 2\text{ms} + 3\text{ms} = 5.8\text{ms} \tag{8-45}$$

通过案例知道，对响应时间计算的评估是不易的，和真实的响应时间之间有很大的偏差。图 8-24 所示的 $R_1$ 为可能的真实响应时间，问题是，这个响应时间不能得到保证。

### 8.4.5 LIN 总线的分析

下述案例是关于 LIN 总线电控系统的控制面板，从节点所配置的控制面板包括 4 个开关，且这 4 个开关有一个背景灯，它由主节点控制与环境的亮度相适应。控制面板和电控系统之间的通信需要两个信息：①由控制面板提供给电控系统的开关位置信息 $m_1$；②由电控系统提供给控制面板的亮度信号信息 $m_2$，信息的属性见表 8-5。

**表 8-5　开关位置信息 $m_1$ 和亮度信号信息 $m_2$ 的属性**

| 信息 | 发射方式 | 间隔/ms | 有效字节/bit | 通信方向 |
|---|---|---|---|---|
| $m_1$ | 周期性 | 20 | 4（每个开关 1bit） | 从从节点到主节点 |
| $m_2$ | 周期性 | 20 | 2（4 个亮度等级） | 从主节点到从节点 |

LIN 总线传输的通信速率为 9600bit/s，1bit 所需要的传输时间为 $\tau_{\text{bit}} = 104.17\mu\text{s}$。另外，必须明确时基参数，本案例中时基参数 $T_{时基} = 5\text{ms}$，采用这种方法可得到以下传输时间：

1）信息 $m_1$：等待时间与周期间隔相适应，因为，在不利情况下可通过按下开关直接查询控制面板的状态：$W_1 = 20\text{ms}$。LIN 头部的最大传输时间为：$= 1.4 \times 34 \times 0.10417\text{ms} \approx 4.958\text{ms}$。控制面板的 4bit 包括在 LIN 总线的字节中，因此，响应 $C$ 的最大值为：$C^{响应-最大} = 1.4 \times 10 \times (1+1) \times 0.10417\text{ms} = 2.917\text{ms}$。由于主节点在时基结束时才开始接收帧，因此，从从节点到主节点的传输时间见式（8-46）：

$$C_1^{从\to主} = \left\lceil \frac{4.958\text{ms} + 2.917\text{ms}}{5\text{ms}} \right\rceil \times 5\text{ms} - 4.958\text{ms} \approx 5.042\text{ms} \tag{8-46}$$

因此，总的响应时间 $R_1$ 见式（8-47）：

$$R_1 = 20\text{ms} + 5.042\text{ms} = 25.042\text{ms} \tag{8-47}$$

2）信息 $m_2$：头部等待时间 $C_2^{头}$ 和响应时间 $C_2^{响应}$ 与信息 $m_1$ 的完全一样，因为，它们的头部和所需字节的数是相同的。与从→主通信系统相比较，在这个通信系统中，从节点在接收信号后继续对信号进行加工，因此，其传输时间见式（8-48）：

$$C_2^{主\to从} = 4.958\text{ms} + 2.917\text{ms} \approx 7.875\text{ms} \tag{8-48}$$

在本案例中，信息 $m_2$ 的总的响应时间 $R_2$ 见式（8-49）：

$$R_2 = W_2 + C_2 = 20\text{ms} + 7.875\text{ms} = 27.875\text{ms} \tag{8-49}$$

图 8-25 所示为在传输信号 $m_1$ 和 $m_2$ 时总线的占用情况以及信息何时能到达另一个节点。时基用向下的虚线来表示，在这个时间点上主节点开始进行信息传递。对比从主节点到从节点以及从从节点到主节点的总的响应时间，能够看出，时间行为与信息的传递方向有关，在本案例中，从从节点到主节点的传输要比从主节点到从节点的传输大约快 2.8ms。

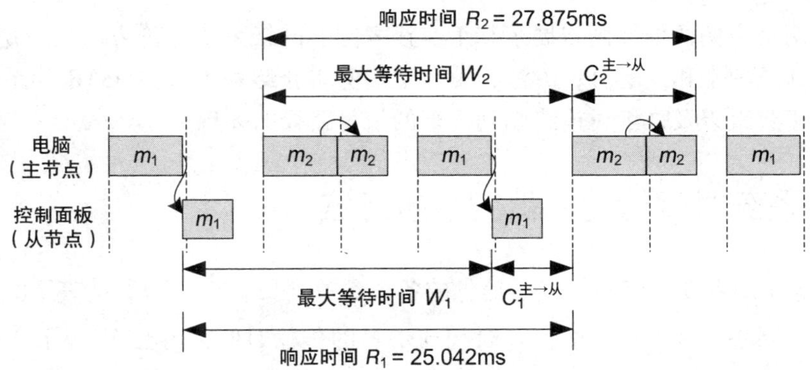


图 8-25　信息 $m_1$ 是由从节点提供给主节点的信号，信息 $m_2$ 是控制控制面板亮度的信号

# 第9章 嵌入式网络的评价

以8.1节和8.2节为基础的评估只限于单个系统或组件，以下应关注的是网络系统。单个系统是以不同的调度或仲裁方法为基础，会导致对时间行为的复杂评价。如何让评价进行下去，哪些相应的方法适应于这些混合的网络系统，将在本章中进行讲解。

在分析方法的范畴内将介绍抽象的实时分析（sym TA/S）、实时演算（RTC）以及与模型检测相结合的时间自动机。另外将开展使用网络系统模拟分析方法可能性的探讨。

在两个案例的框架内将展示基于实践案例的网络系统评价方法的应用。第1个案例涉及两个相反的分析方法，第2个案例将介绍基于AUTOSAR的系统描述的必要工具链以及详细讨论终端到终端的信号路径的评价。

## 9.1 系统时间行为评价的分析方法

在8.1节和8.2节中描述了信息的各个参数（$C_i$、$T_i$、$J_i$），$C_i$表示的是在局域调度或网络仲裁下作业的执行时间或信息的传输时间，参数$T_i$表示作业或信息的实际周期，$J_i$描述的是抖动，它可以用来激活。在相同资源下的各个作业或信息具有共同目的，因此对作业来说就出现了干扰时间$I_i$、迟滞时间$B_i$和响应延迟$R_i$。所介绍的方法适用于基于一个具有一定调度或仲裁方法的资源。在网络中，组件之间相互作用，对调度具有相反的影响。如图9-1所示，系统中有两个ECU，它们共用一个总线，作业$t_1$发送信息$m_1$给作业$t_2$，然后给作业$t_3$发送信息$m_2$。每个资源都有它特有的调度或仲裁方法，由于数据之间相互依赖，相互之间不再是完全独立的关系，例如，作业$t_3$的执行取决于信息$m_2$和作业$t_1$的干扰。

在下面的章节中将描述3种分析方法，进行系统时间行为的评价。

### 9.1.1 在系统层面上抽象的时间评价

Sym TA/S方法是基于将8.1节和8.2节结合在一起的局域调度分析的方法。

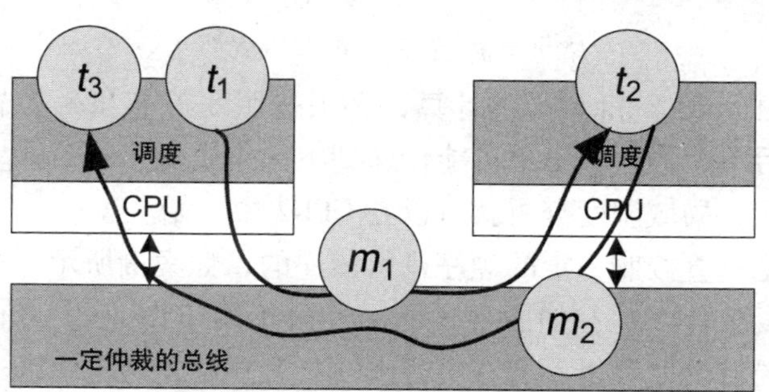


图 9-1　以前的章节分析的是任务或组件的时间行为，本章阐述的是电脑网络通信的时间行为

这里将描述事件模型的作业或信息，在以后还要讨论周期和抖动。通过资源的局域调度和作业与信息的数据关联，周期和抖动一样是可以变化的。

在以下章节中通过简单的例子，先后阐述用于计算周期和抖动的模型，在本章的最后将阐述不是周期性激活的事件模型，而是考虑有零星事件或随机性模式的事件模型。

### 9.1.1.1　事件模型

为了说明由两个传感器作业 $t_1$ 和 $t_2$ 组成的系统产生周期性的事件，然后激活作业 $t_3$ 和 $t_4$，应了解图 9-2 中所描述的内容，周期 $T_i$ 和抖动 $J_i$ 的注释位于作业之间的联系点。作业的输出事件模型可作为下一个作业的输入事件模型。在案例中两个作业 $t_3$ 和 $t_4$ 使用各自的资源运行，按照资源上的调度策略它们可以相互迟滞或中断，这就是说，案例中的周期保持不变（$T_1^{输出}=T_3^{输出}$、$T_2^{输出}=T_4^{输出}$），在作业内部没有额外的激活。按照调度策略和作业的优先权抖动将加剧（$J_1^{输出}\leqslant J_3^{输出}$、$J_2^{输出}\leqslant J_4^{输出}$）。通过案例可以明确，作业之间的事件模型如何在单一资源上传递。当左侧传感器作业开始时，事件模型传输到资源 $r_1$ 在这个资源上，必须用局域分析方法计算出作业的抖动。作业 $t_1$ 在输出端的输出抖动取决于作业的最大和最小响应时间（$R_i^{max}$ 和 $R_i^{min}$）可按式（9-1）计算：

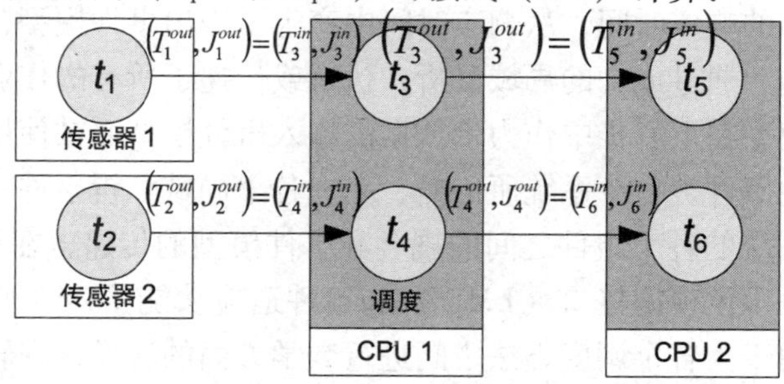


图 9-2　事件模型由沿着与数据相关的路径进行传播的周期和抖动组成，局域调度分析在每一个资源进行，所产生的周期和抖动传送给下一个作业

$$J_i^{输出} = J_i^{输出} + \left(R_i^{max} - R_i^{min}\right) \tag{9-1}$$

对于响应时间 $R_i^{max}$ 和 $R_i^{min}$ 的计算，必须按照 8.1 节和 8.2 节执行局域调度分析进行。最后单个作业的结果可能传递到下一个资源 CPU2 中。有所有作业的输入事件模型后，局域调度分析就可以在 CPU2 中开始。

但资源不是一直按照一定的顺序进行传递的，如案例所示，当下一个作业序列翻转时，会发生什么呢？如图 9-3 所示，由于用于作业 $t_4$ 的输入参数是不明确的，因此，局域调度分析不会在资源 CPU1 中开始，对于资源 CPU2 情况也一样，缺失了作业 $t_5$ 的输入参数，这种情况称为循环调度关系。

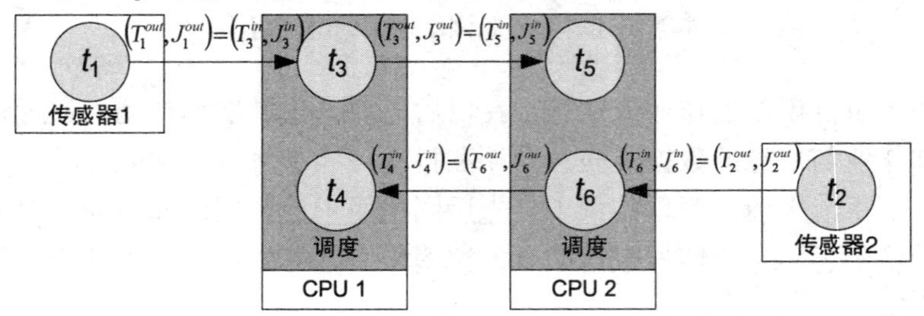


图 9-3　在传播周期和抖动时，会导致周期性调度关系。图示案例中当为 ECU2 完成解析后，首先为 ECU1 完成解析，然后再反转

为了解决这种循环关联，可使所有事件的模型沿着不变的路径通过系统，直到每个作业都有事件模型。由图 9-3 所知，初始时作业 $t_5$ 分配到一个周期和作业 $t_1$ 的抖动，作业 $t_4$ 分配到一个周期和作业 $t_2$ 的抖动。由于在传播时周期保持不变，资源上的局域调度分析可以在正确的时间区间内开始。但抖动可以沿着路径增加或者保持不变。抖动是否沿着路径保持不变，取决于初始的假设是否正确。假如通过局域调度分析抖动是变化的，则必须在下次资源基础上重新分析。有一种迭代的方法，可立即取消所有周期并保持抖动不变，以得到固定的时间点。

图 9-4 所示为 TA/S 系统的基本组成，开始是关于环境模型（例如外部事件）的配置文件和信息。在数据基础之上的是局域调度分析，为了获得各个组件上作业或信息的响应时间，从响应时间中产生了输出事件模型，且在以后的迭代中得到了改善。通过成功的局域分析，执行或传递了所有的作业或信息，所产生的输出事件模型在下一步中作为带数据的输入事件模型而被使用。这个过程被反复迭代，直到事件被整个系统所传播，完成各个局域分析事件。

为了整个系统的各个组件之间的耦合和事件模型的传递，在 TA/S 系统内部需要两个接口：事件模型接口（EMIF）和事件适应功能接口（EAF）［RE02］。事件模型接口用于为各个调度方法之间进行数学方面的转换，在转换中保持事件时间特性不变。通过 EMIF 不可能直接转换，要进行所产生的输出事件模型的匹配，以便适应所需的输入事件模型的特性，图 9-5 所示为有可能的转换。

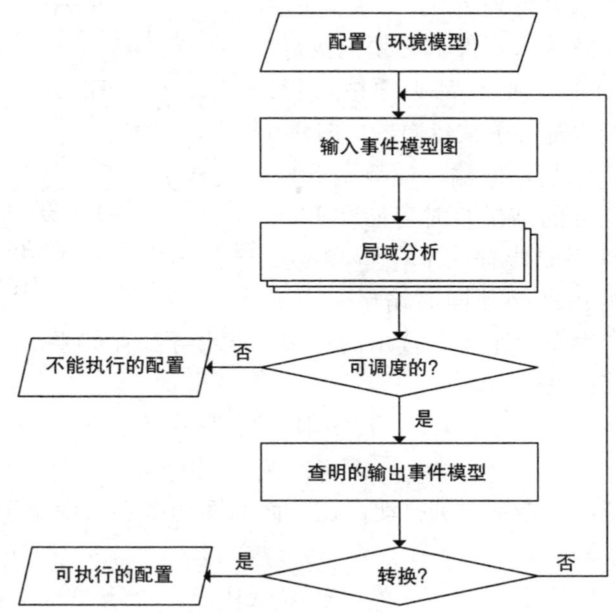


图 9-4 在局域分析基础上 TA/S 系统基本的迭代过程

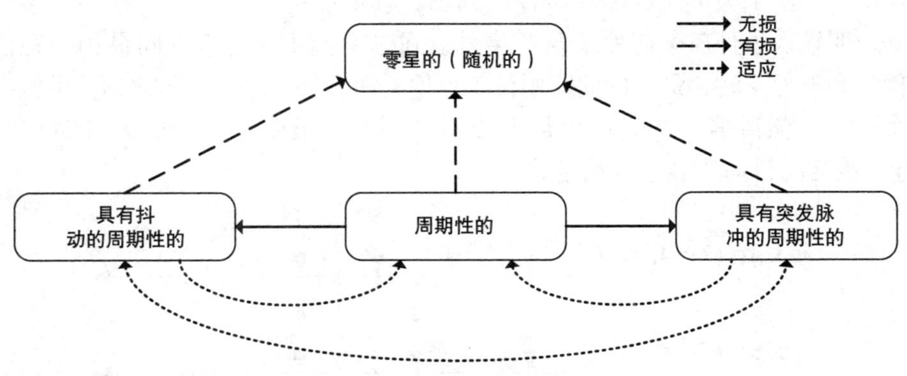


图 9-5 通过事件模型接口各个事件模型间的转换和 TA/S 系统的事件适应功能评价［RE02］

### 9.1.1.2 事件的综合激活

到目前为止所涉及的是作业之间简单的关系，一个作业的完成导致下一个作业的自动激活。在嵌入式系统中作业之间的关系一般是复杂的，作业不仅可以通过一个作业的单一事件被激活，也可以被多个不同作业事件所激活，这将导致系统中相邻任务间彼此的周期不同，还存在着某项作业不仅仅被一项作业所需要，而是被多项作业所需要，以便能顺利执行，此外，可能会出现周期性的数据关联，因此，对下面的不同案例要有正确的认识。

对于有多个输入作业 $t_i$ 的“与”激活意味着所有存在的输入事件都必须被执行，也就是说，所有的作业 $t_i$ 都必须被执行，所有作业 $t_i$ 的结果都必须被传递，如图 9-6 中的案例所示。作业 $t_i$ 的输入端口是 FIFO 存储器，前面任务的结果暂时存储在 FIFO 存储器中，这种存储器有一个存储容量界限，所有作业的周期必须同时输出。如果一个作业迅速产生作为作业 $t_i$ 读出的结果，就会导致存储溢出，因此，它必须适应单速率系统，见式（9-2）。

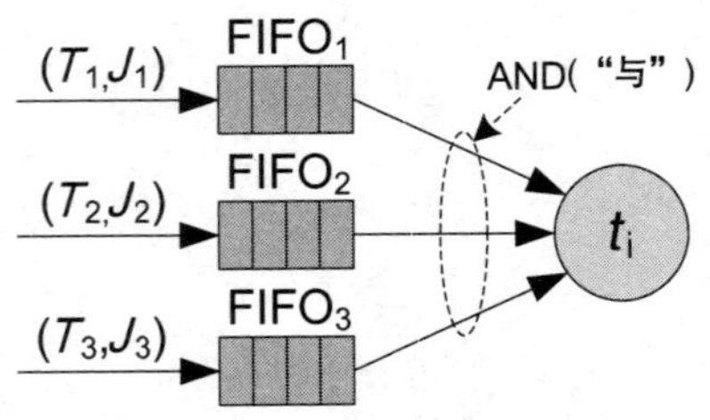


图 9-6　在“与”激活中，必须有所有的输入激活，以便激活作业

$$T_i \stackrel{!}{=} T_j;\quad i、j=1、2、3\cdots\cdots k。$$

$$T_{\mathrm{AND}} = T_i \tag{9-2}$$

为了确定“与”激活时的抖动，在下面的案例中必须明确不同输入抖动间的关系见式（9-3）。

$$\begin{aligned} T_1 &= 4;\ J_1 = 0 \\ T_2 &= 4;\ J_2 = 2 \\ T_3 &= 4;\ J_3 = 3 \end{aligned} \tag{9-3}$$

图 9-7 所示为可能的输入事件序列图，其最后将导致“与”激活。事件的编号说明输入事件属于何种“与”事件。在本案例中，当事件间最小间距位于事件 3 和事件 4 时，最大的间距则位于事件 1 和事件 2 之间，因此，不可能在这两个“与”激活事件之间产生最大或最小间距。很明显，与最大抖动相关的“与”激活的抖动 $J_{AND}$ 必须满足式（9-4）：

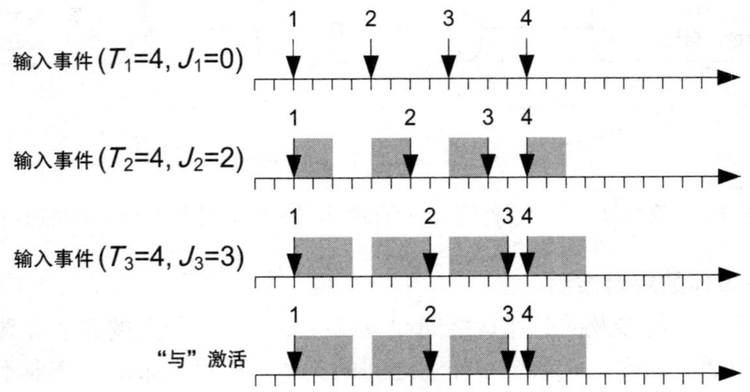


图 9-7　具有各自周期 $T_i$ 和抖动 $J_i$ 的 3 个作业产生了一个“与”激活，导致的结果是：$T_{AND} = T_i$，$J_{AND} = J_{i\max}$

$$J_{AND} = J_{i\max};\ i=1、2、3\cdots k \tag{9-4}$$

这也适用于当输入事件不是同时到达时的情况。

在“或”激活作业中，对于作业的激活最少有一个操作作业是有效的，以产生作业的结果。图 9-8 所示为“或”激活案例，当事件到达输入端时，作业 $t_i$ 被激活。

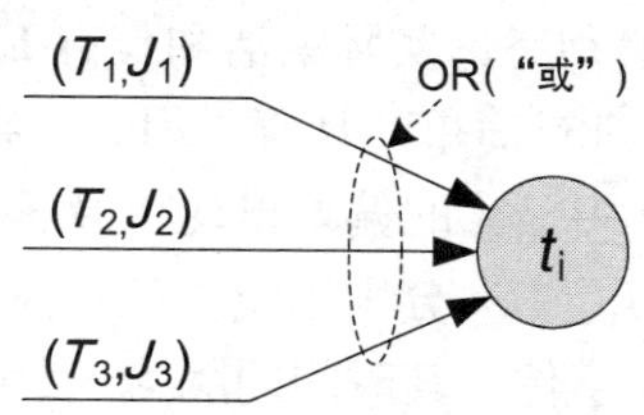


图 9-8　为了激活任务 $t_i$ 对于“或”激活一个输入事件就足够了

和“与”激活不同，在“或”激活中输入事件的周期和作业 $t_i$ 所产生的周期可能不同，为了作业激活，案例中两个事件提供的周期和抖动见式（9-5）：

$$\begin{aligned}T_1 &= 4、J_1 = 2\\T_2 &= 3、J_2 = 2\end{aligned} \tag{9-5}$$

图 9-9 所示为忽略抖动时的两个周期性事件组。为了计算出所产生的周期 $T_{OR}$，必须确定出宏指令周期。宏指令周期是不断重复的输入周期的最小公倍数（KGV）。在本案例中最小公倍数是 $4 \times 3 = 12$ 时间步长，包含有 7 个来自输入激活的事件。“或”激活的周期是所有输入激活模型的最小公倍数宏周期内的输入事件数，可用式（9-6）计算：

$$T_{OR} = \frac{KGV(Ti)}{\sum_{i=1}^{n} \frac{KGV(T)}{T_i}} = \frac{1}{\sum_{i=1}^{n} \frac{1}{T_i}} \tag{9-6}$$

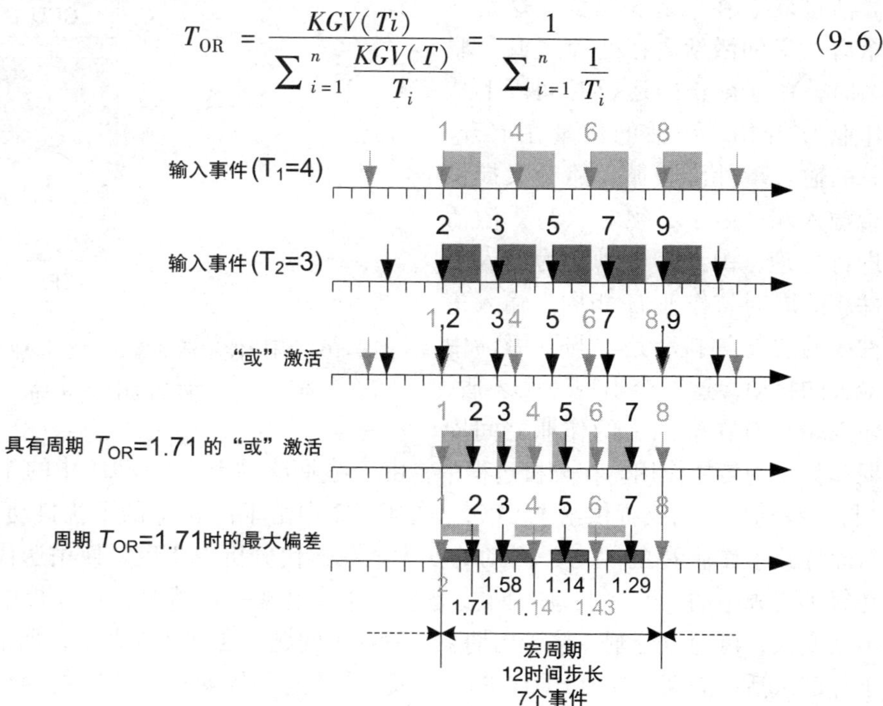


图 9-9　从输入事件簇的周期 $T_i$ 中获得一个宏周期（输入事件的最小公倍数）。宏周期的大小（案例中为 12 时间步长）除以事件数（案例中事件数为 7）就是生成的周期 $T_{OR}$，$T_{OR} = 1.71$。新的周期对“或”抖动产生了一个影响（灰色部分所示）

在所示案例中“或”周期的中间值是1.71个单位时间长度，在“或”抖动中必须考虑实际激活和带有1.71倍系数的激活之间的偏差。不能对“或”抖动$J_{OR}$进行简单的计算，因为，在宏周期内部对于所有事件来说抖动是不同的。图9-9中最大的偏差出现在最后一行。事件具有周期性，其周期用$T_{OR}$来表示，抖动$J_1$和$J_2$分别用浅灰色和深灰色方块来表示。案例中，在宏周期之后出现了第3个事件，其时间间隔为3~5。在宏周期开始后具有周期$T_{OR}=1.71$的确切的时间点为3.42，因此，得到最大的偏差1.58。由事件和抖动所得到的最大偏差的时间间隔为1.14和2。在宏周期的内部单一的固定的“或”抖动$J_{OR}$不代表真正的抖动，必须确认一个最可能小的抖动$J_{OR}$，当然其大小已经足够了，以满足各个事件的所有抖动。为了能正确地进行近似计算，可以参考［Jer04］。

当一个作业被多个事件激活时，就一直存在周期关联，如图9-10所示，作业$t_3$提供的输入事件通过循环又作用在它的输入端。从如下观点出发，这样的输入事件通过“与”激活被联系在一起，因为，这是一个有意义的激活。在处理“或”联系时，在未截止的运行时间段上从作业$t_3$开始，激活的数量在上升。总的输入事件沿着循环路径又提供给输入端。由于必须对“与”激活进行处理，因此，可以认为输入事件簇的周期与作业$t_3$相同。输入事件簇的“与”抖动是“与”激活中最大的抖动，这时会出现一个矛盾，输入端具有在资源上的作业之间周期和抖动的传播作用。在分析过程中，由于作业$t_4$的干扰，CPU1中的作业$t_3$的“与”抖动加大后又提供给了CPU2，在CPU2中由于作业$t_5$的干扰抖动又变大，从而导致了作业$t_3$的“与”抖动的变大。在迭代分析中要反复使用迭代，因此在每个资源中的“与”抖动不断被提高，这将出现一种情况，在分析中抖动在不断变大，可通过分割并接受周期来解决这个问题，在循环周期中，加工时间小于外部激活的周期。在［HHJ+05］中提到，“与”周期和“与”抖动与外部周期和外部抖动相同。

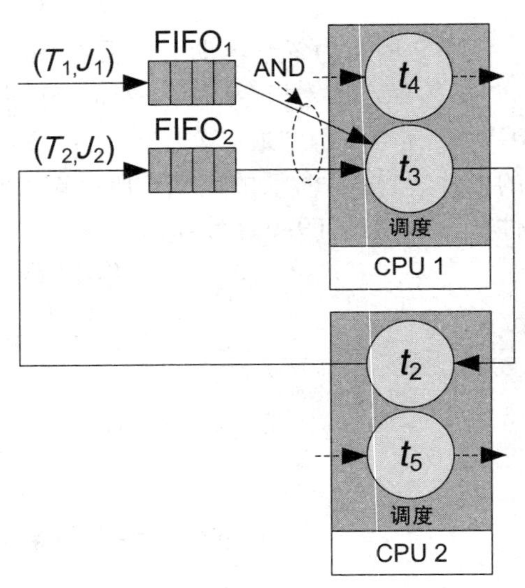


图9-10　周期性激活的案例。在作业$t_2$与作业$t_3$上事件周期性地传输

以上所描述的分析方法不会导致不必要的不良结果，因为，不考虑与数据相关执行时间以及作业之间的相关性，在事件方面可能会导致非常昂贵的计算，但

另一方面对于相同的作业，事件处理得非常快，这种情况称为内部事件簇的上下关系，可按照［Jer04］所描述的进行分析。这种分析的设想是基于对静态优先权调度的迭代分析，如8.1节所描述的那样。在这种分析中，不中断的数与具有运行时间的高优先权的作业是乘的关系，与所关注作业的运行时间是加的关系。高优先权作业的运行时间可用［Jer04］中的方法通过运行时间的顺序来解决，此时，可不用确定运行时间的固定顺序，对于所出现的激活事件要有最低和最高的条件。

图9-11所描述的两个案例考虑到了作业之间的相互关系。3个作业$t_1$、$t_3$和$t_4$在相同的CPU中运行，作业$t_2$在另一个CPU中运行，作业$t_1$、$t_2$和$t_3$的运行周期$T_i$是100，抖动$J_i$是0，作业$t_4$的周期$T_4$为300。第1种分析是不考虑作业间的相互关系，其结果就是图9-11左侧所描述的情况，作业$t_4$的响应时间为170。图9-11右侧作业$t_3$的等待时间为作业$t_2$的计算时间，作业$t_4$的响应时间为140。存在一定量的时间相互关联的作业，被称为Tindell［Tin94］交易，属于交易的每项作业都将被激活，输入事件之后所确定的时间将失效。为了能够计算出作业的最大响应时间，必须设想出最坏情况场景。如Tindell中所述，交易记录中的变大的干扰出现在响应点上，这里有交易记录中高优先权作业的最长延迟，这称为这一领域中的关键事例，所分析的所有高优先权的激活在进入时间范围也就是关键领域后必须尽可能快地进行。在分析中可能存在多个交易记录，因此，在低优先权作业分析中，必须考虑到所有具有高优先权的关键事例的组合。

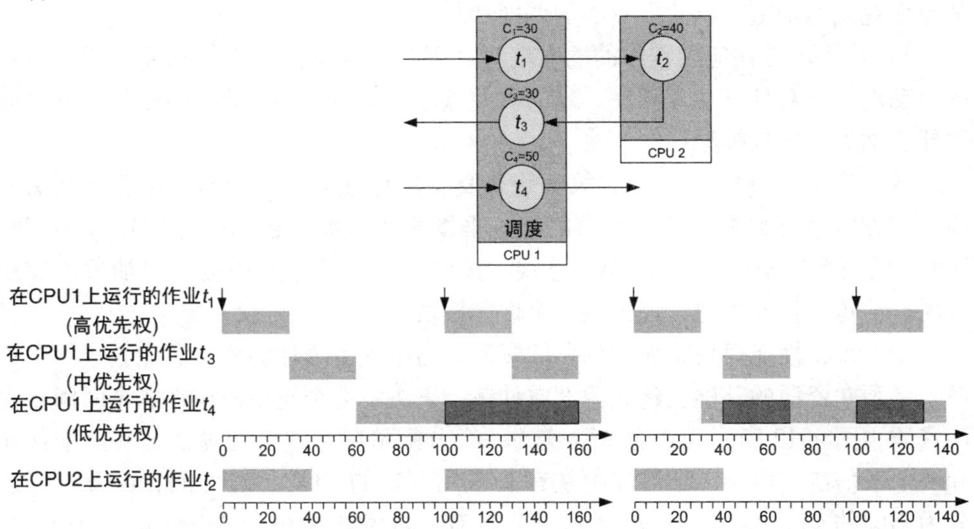


图9-11 具有相互关系的周期性运行的作业，作业$t_3$与作业$t_1$和作业$t_2$相关联，而作业$t_1$和作业$t_3$在自己的资源上被调度

在图 9-11 响应时间的计算中，在作业 $t_1$、$t_2$ 和 $t_3$ 之间存在时间关联，作业属于交易，因此，可通过作业 $t_2$ 的执行时间确定作业 $t_1$ 和作业 $t_2$ 之间的偏移。

## 9.1.2 实时演算

在模块化性能分析（MPA）的概念中经常用到实时演算（RTC）这个概念，它是分析可分式嵌入系统［TCN00］的一种方法。RTC 的基础是建立在网络演算［LBT04］之上，网络演算是通信网络和极大/最小和代数的确定性队列理论。借助于 RTC 方法，在事件簇基础上可对可分式系统及其组件进行分析［PWT⁺08］。

可使用性能模块和事件 - 服务模型作为分析系统的描述模型，借助于性能模型对系统的各个部件进行描述，如作业或信息。事件曲线描述的是事件的数量，例如激活的作业的数量。在服务曲线上可描述一个特定时间段作业使用资源的进度，也就是运行时间，下面将对 RTC 方法分成各个模块系统来进行描述。

### 9.1.2.1 系统模块化

在对系统进行分析和评价之前，必须要有包含重要分析特性的抽象模型。为了使真实的系统转换为可分析的抽象模型，应注意以下几点：

1）第 1 步是在作业之间将作业和通信进行抽象化，以得到抽象的应用程序，模拟模块化的架构组件。将总线系统的处理器抽象成资源，以便能在此基础上进行计算和通信。

2）第 2 步是在资源的基础上对抽象的应用程序进行分割，资源可分为多个抽象作业或通信链，以建立资源的调度和仲裁。

3）第 3 步是在应用程序的输入端对真正的输入事件簇进行抽象，就像后面的驱动那样。对计算功率和在一定的时间点对资源占用的带块进行模拟，同时必须建立抽象的服务模型。

各个步骤如图 9-12 所示，第一行是真实的作业 $t_1$、$t_2$ 和 $t_3$，作业之间沿着箭头的方向进行数据交换，下面的黑色框图表示资源，包括带处理器（ARM9、DSP）的两个控制单元以及 CAN 总线。按照步骤 1 从作业中提取出抽象的应用程序，给每个作业和通信链提供一个性能模块。

接下来将性能模块映射成抽象的资源，为了使各个性能模块总能共享一个资源，必须在资源的基础上建立调度或仲裁，来决定哪个应用模块在哪个时间点占用资源。图 9-12 所示为资源 ARM9 的一个分配情况，这个处理器带有两个作业和一个通信链。由于 3 个性能模块都要占用一定的 CUP 计算时间，因此，可以分为不同的 CPU 类型。图 9-13 所示为具有一定性能模块的 ARM9 的一个模型，图中从左到右的调度方法分别为固定优先值、一般优先值、最早截止日期和以 TDMA 为基础的调度。

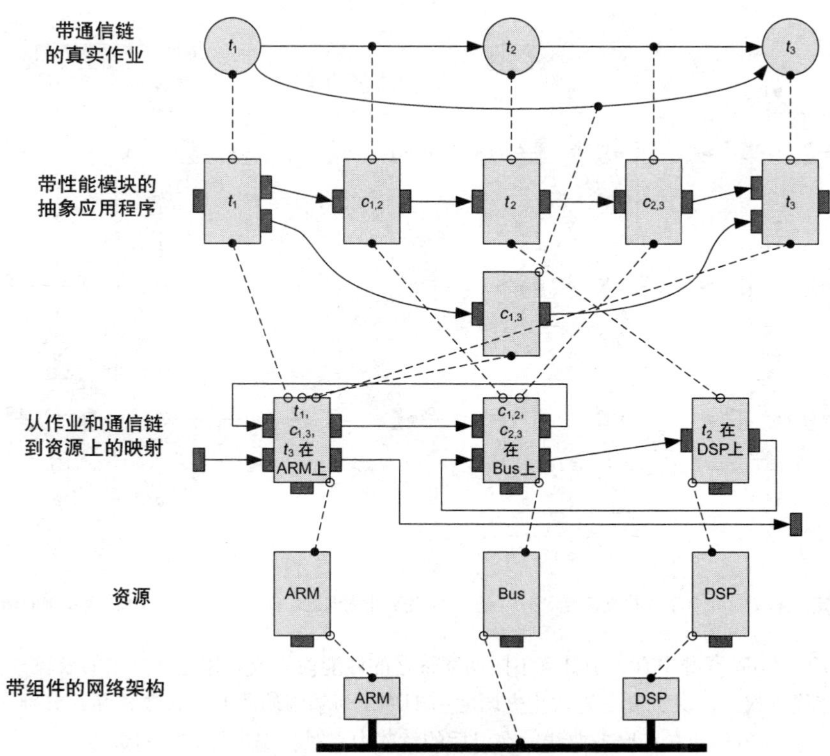


图 9-12　为构建分析模型从真实应用和架构到可分析的模型需要两步抽象，第 1 步是从作业和信息链映射到带性能模块的抽象应用程序，同时从带处理器的电脑和总线映射到资源上。在第 2 步映射中在资源上可构建一个或多个应用模块。要使多个模块与一个资源建立联系，必须建立调度或仲裁

1）固定优先权的调度：固定优先权的调度与固定优先权的性能模块相关联，在该模式下，高优先权的信息优先获得资源。图 9-13 所示的案例中，配有处理器的服务器从上至下有 3 列相关的性能模块，在服务器中高优先权的作业首先被执行，且在特殊条件下接受或向下传递到下一个低优先权的作业。

2）广义调度：图 9-13 中所示的另一个调度是广义调度，在输入端将服务资源分成不同的性能模块，在特殊条件下不被性能模块所接收的保留下来的服务器在末端累积起来，可以被其他性能模块所使用。

3）先截止先调度：在先截止先调度（EDF）中，一定量的作业中先截止的作业先被处理器处理。

4）以 TDMA 为基础的调度：在以 TDMA 为基础的调度中，服务器分成了槽，性能元件分配到槽中。和广义调度相比较，分配在槽中的服务器不再被积累，而是保留在所分配的槽中。

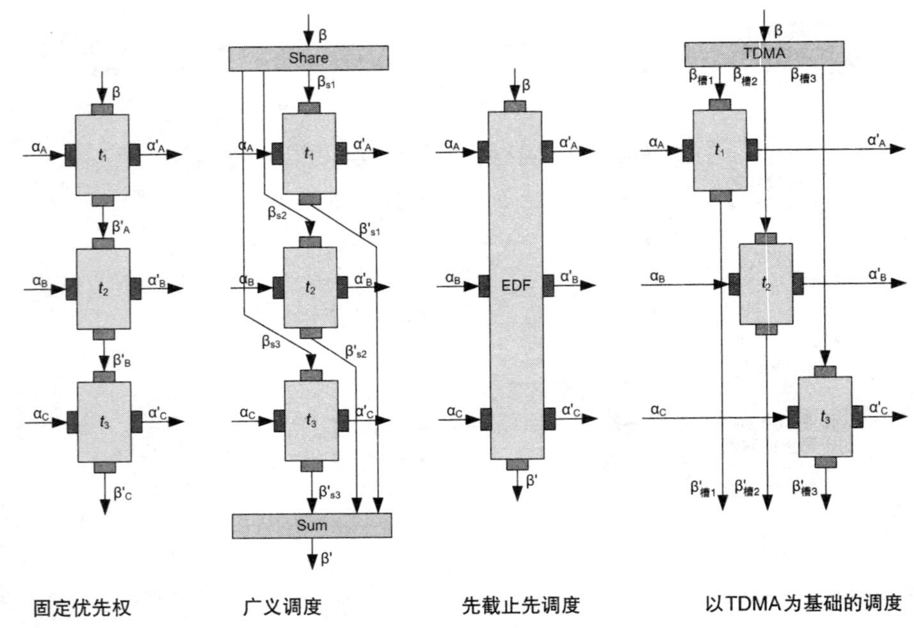


图 9-13　ARM 资源中有 3 个具有不同调度策略的性能模块或者作业。图中的模块分别为：固定优先权、广义调度、先截止先调度和 TDMA 为基础的调度。参数 $\alpha$ 和 $\beta$ 分别表示事件曲线和服务曲线，在以后的章节中将对它们进行详细的讲述。

借助于模块的形式可以把调度策略划分成直观模块，这种直观的调度策略也出现在 FlexRay 总线中。FlexRay 分为固定的槽，在 FlexRay 总线中一个确定的时间窗口就有一个信息的动态调度（见 5.1.2 小节）。

#### 9.1.2.2　事件曲线和服务曲线

在模块中涉及事件曲线和服务曲线两个概念，下面将描述这两个曲线的意义，阐述是如何产生的。如图 9-14 和图 9-15 所示，曲线的产生需要两个抽象的步骤。图 9-14 所示的第 1 步表示的是事件簇曲线，在特定时间点出现的事件产生了事件总和的曲线至确定的时间点。一个事件代表要到达的信息，因此，可以通过曲线看出到一个确定的时间点有多少信息被积累，必须要进行加工。在 CPU 中对每个信息的加工都需要一个确定的时钟周期数，这在 WCET 分析框架中已经涉及了（见第 7 章）。图 9-14 中处理器的速率单位是每时间单位（MHz）多少个时钟周期。由于外界因素的影响，例如低功耗模式或中断，处理信息所需要的时钟周期的数会有所变化。另外，通过图示可以确定在一个确定时间点处理器的运行速率，能够导出描述时钟周期总数和确定时间点的服务曲线。

在进行系统分析时，多数情况下不明确事件会出现在哪个确定的时间点，也不知道一个干扰何时会中断在 CPU 资源中运行的作业。但在多数情况下能够明

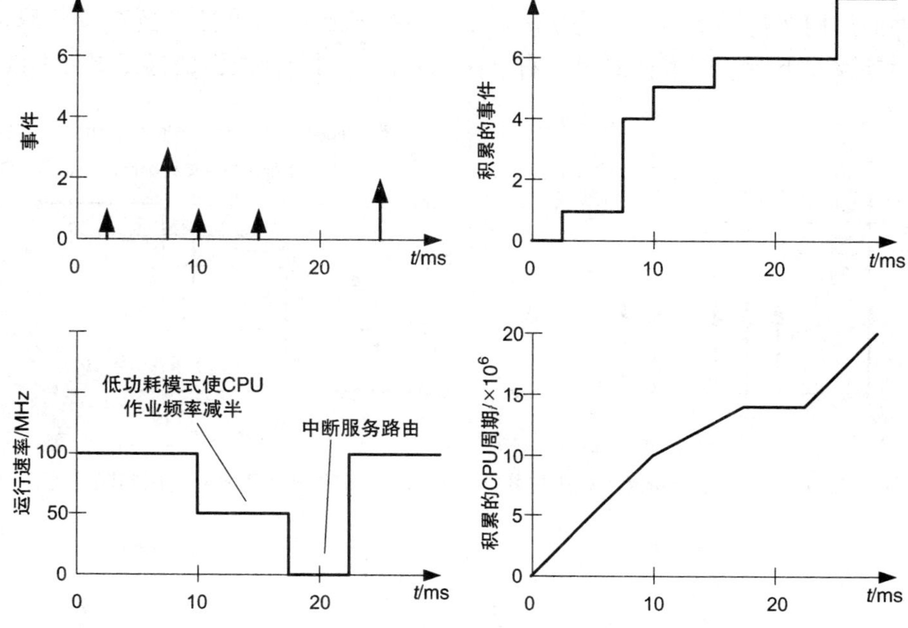


图 9-14　事件和服务曲线能表明事件的总量，也就是到确定时间点的 CPU 周期的总量

确的是，在一个确定时间间隔事件到达的频率，或在一个确定调度或仲裁哪些服务器可对事件进行加工。基于这个原因，在下一步需要从绝对的时间点抽象为事件出现或服务器使用的事件间隔，图 9-15 所示的就是一个这样的过程。通过图示中的事件簇可以得出已知事件间隔的窗口，事件簇在时间窗口内运行期间，可以在窗口的任意位置搜索事件的最大和最小数。事件的最大数或最小数与事件曲线中描述的时间间隔有关，事件曲线和服务曲线可用下面的方法以数学的形式来描述：

- 事件曲线：事件功能 $R(t)$ 的上部和下部到达的曲线 $\alpha^u(\Delta t)$，$\alpha^l(\Delta t) \in \mathbb{R}^{\geqslant 0}$：

$$\alpha^l(t-s) \leqslant R(t) - R(s) \leqslant \alpha^u(t-s)\ \forall s,\ t{:}0 \leqslant s \leqslant t \tag{9-7}$$

- 服务曲线：服务功能 $C(t)$ 的上部和下部服务曲线 $\beta^u(\Delta t)$，$\beta^L(\Delta t) \in \mathbb{R}^{\geqslant 0}$：

$$\beta^L(t-s) \leqslant C(t) - C(s) \leqslant \beta^u(t-s)\ \forall s,\ t{:}0 \leqslant s \leqslant t \tag{9-8}$$

图 9-14 右半部分的曲线分别表示 $R(t)$ 以及 $R(s)$ 和 $C(t)$ 以及 $C(s)$。指数 $u$ 代表高，描述的是上部的事件曲线以及服务曲线。相应的指数 T 代表低，描述的是下部的事件曲线以及服务曲线。

图 9-16 中的事件曲线的上部和下部表示的是典型事件出现的类型案例。

事件曲线的左上表示的是周期性事件，其周期 $T=5\text{ms}$，右上所表示的周期性事件的周期 $T$ 也是 5ms，抖动 $J=3.75$。假如周期性的事件导致突发状脉冲，将会导致左下所示的事件曲线，右下曲线是没有周期性激活的任意事件曲线。

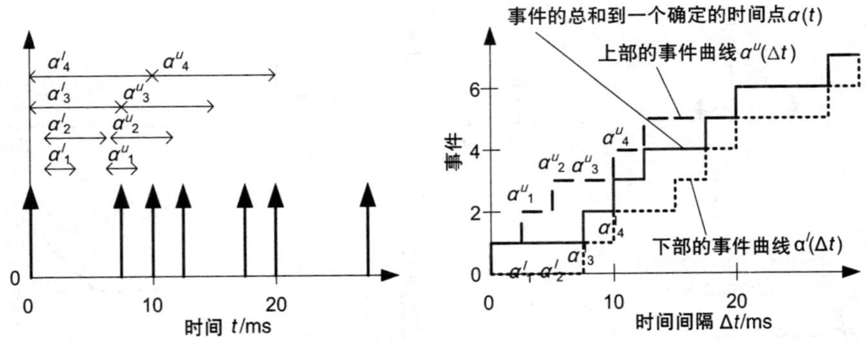


图 9-15 在系统分析时不能确定的绝对时间点，事件及其服务与时间间隔有关

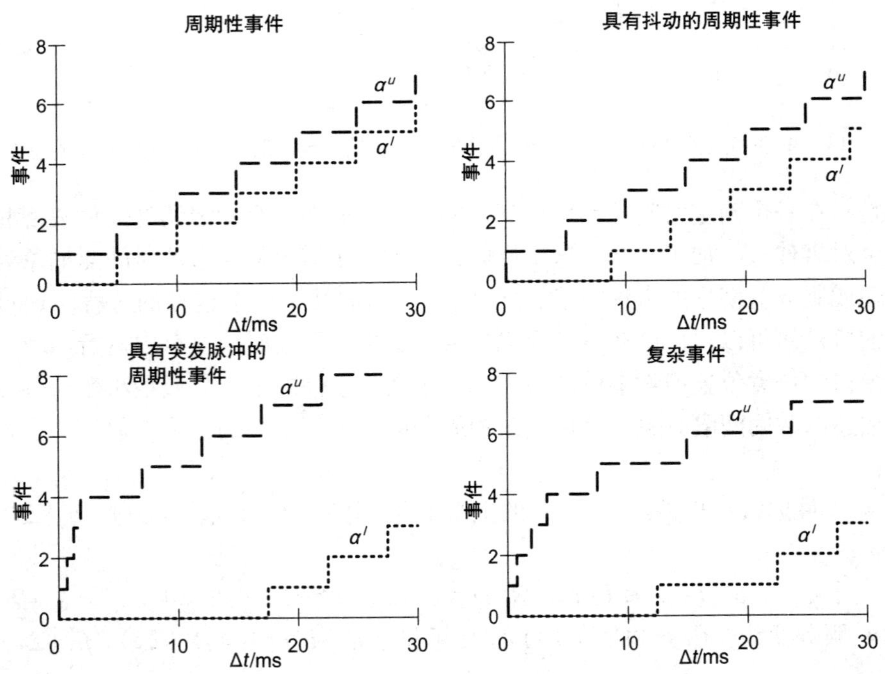


图 9-16 上部和下部的事件曲线分别为周期性事件（左上）、具有抖动的周期性事件（右上）、具有突发脉冲的周期性事件（左下）和复杂事件（右下）

图 9-17 中上部和下部所示都为服务曲线。左上中曲线 $\beta^u$ 和 $\beta^l$ 是相同的，因为这种情况下处理的是完全服务。右上情况则不同，表示的是最大具有 6.25ms

迟滞的完全服务，通过下部服务曲线向右展开。在 TDMA 调度中在一定的时间段内服务可用于完全支配。左下的上部和下部服务曲线表示的是 TDMA 调度，TDMA 一个周期为 10ms，TDMA 槽长 5ms。右下表示的是周期性服务，所有 5ms 表示在 5ms 处进行处置，在 5ms 的抖动之下。

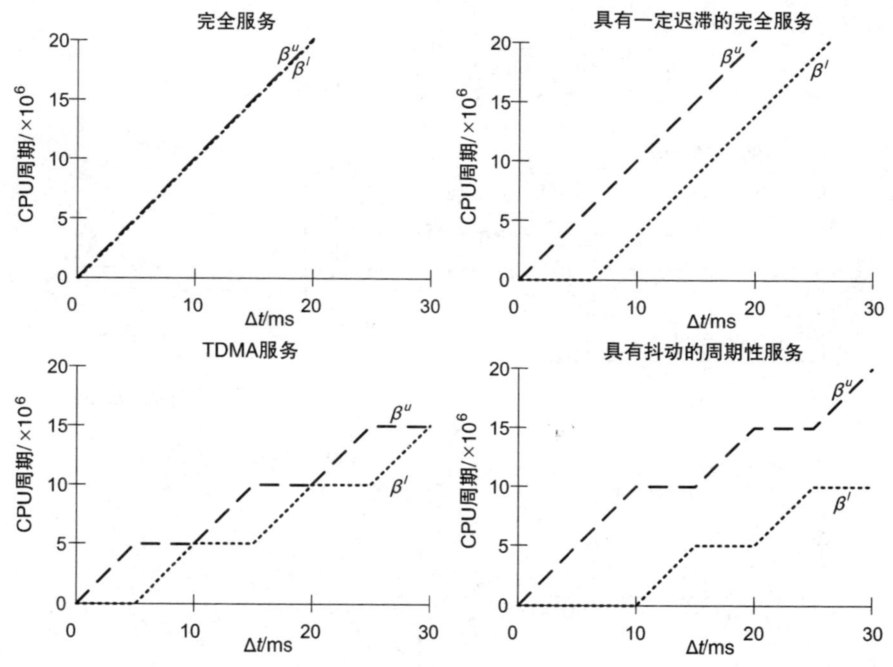


图 9-17　完全服务曲线（左上）、具有延迟的完全服务曲线（右上）、TDMA 服务曲线（左下）和具有抖动的周期性服务曲线（右下）

### 9.1.2.3　分析和评估

借助于事件曲线和服务曲线可对系统进行分析和评估。每一个与资源相联系的性能模式都会产生一个传入事件曲线和服务曲线的转型，因此，在输入端产生一个事件曲线和服务曲线，在输入端提供另一个相关联的性能模式。图 9-18 所示就是一个这种转换的案例。输入事件曲线 $\alpha^u$ 和 $\alpha^l$ 表示事件簇。3 个事件开始时以 2.5s 的时间间隔出现的，结束时不断地以 10ms 的时间间隔出现。输入事件曲线 $\beta^u$ 和 $\beta^l$ 代表 CPU 每分钟处理 $100\times10^6$ 条指令。这种充分的计算能力始终可用，只有在苛刻条件下对事件加工在 5ms 的时间间隔内没有计算能力，这种输入事件和输入事件曲线必须转化为输出事件和输出事件曲线，这适应于事件需要 $4\times10^6$ 的 CPU 作业周期。在这个前提下，输出事件和输出事件曲线可通过以下方法来确定。

1）上部输出服务曲线（$\beta'^u$）：上部输出服务曲线表示最大的服务，处理后

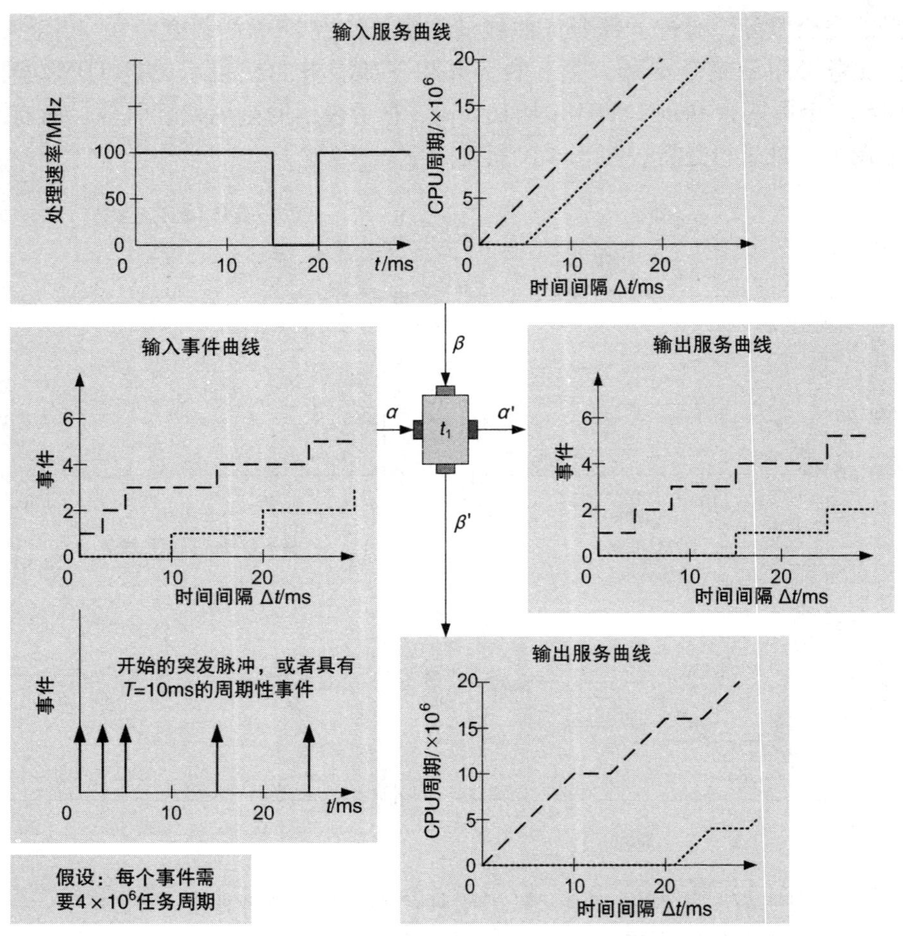


图 9-18　输入事件曲线和输入服务曲线转换成输出事件曲线和输出任务曲线，图示转换的前提是事件引起的计算负荷为 $4\times10^6$ 作业周期

其余的保持一个最小的输入事件数，需要关注系数 $\alpha^l$、$\beta^u$。没有事件出现的时间间隔可达 10ms，以便在开始时就能使用全方位服务。在 20ms 的时间间隔内至少会出现一次事件，以便在再次使用全方位服务前 CPU 能以 $4\times10^6$ 作业周期运行。通过这个周期性出现的事件，曲线 $\beta'^u$ 以 $4\times10^6$ 作业周期时间段弯曲。曲线的数学计算式 $\beta'^u$ 可按式（9-9）来计算。

$$\beta'^u = (\beta^u - \alpha^l)\underline{\otimes}0 \tag{9-9}$$

2）下部输出服务曲线（$\beta'^l$）：下部的输出服务曲线表示最小的服务，处理后其余的保持一个最大的输入事件数，需要关注系数 $\alpha^u$、$\beta^l$。3 个事件出现的时间间隔为 5～15ms。服务在 5ms 内不能使用，这 3 个事件必须等待，最后开始处理时，任务周期为 $3\times4\times10^6$。在时间间隔为 5ms + 12ms = 17ms 内所保持的服务为零。从时间间隔 15ms 时开始出现第 4 个事件，为此需要考虑服务应延长 4ms。输出端的下部服务曲线所保持的时间间隔长为从 21ms 到 0ms，结束时才首次上升。模拟输出端的服务曲线，曲线进一步弯曲，下部输出服务曲线的计算可按式（9-10）计算。

$$\beta'^{l} = (\beta^{l} - \alpha^{u})\overline{\oplus}0 \tag{9-10}$$

3）上部输出事件曲线（$\alpha'^{u}$）：上部输出曲线是在假设使用最大服务和出现最大事件数的前提下创建的，在这种情况下，第 3 个相继出现的事件将尽可能快地被处理。由于事件的处理需要 4ms，事件以 2.5ms 的时间间隔到达，从时间间隔 4ms 开始，第 2 个事件在输出端等待，第 3 个事件从时间间隔 8ms 开始出现。下面的级别适用于输入端级别。可用式（9-11）来计算上部输出事件曲线。

$$\alpha'^{u} = [(\alpha^{u}\underline{\oplus}\beta^{u})\overline{\otimes}]\wedge\beta^{u} \tag{9-11}$$

4）下部输出事件曲线（$\alpha'^{l}$）：通常情况下下部输出事件曲线受下部输入事件和服务曲线的影响，这种情况下事件的最小数由于服务的中断而将延迟 5ms，可用式（9-12）来计算下部输出事件曲线。

$$\alpha'^{l} = [(\alpha'\overline{\otimes}\beta^{u})\underline{\oplus}\beta^{l}]\wedge\beta^{l} \tag{9-12}$$

通过曲线能够简单地确定必须有多少事件储存在系统中，存在哪些迟滞。为了确定迟滞必须明确在加工事件数相同或更多时输入事件曲线上部和输入服务曲线下部之间最大的差别。图 9-19 是从图 9-18 中获取的一个案例，上部的输入事

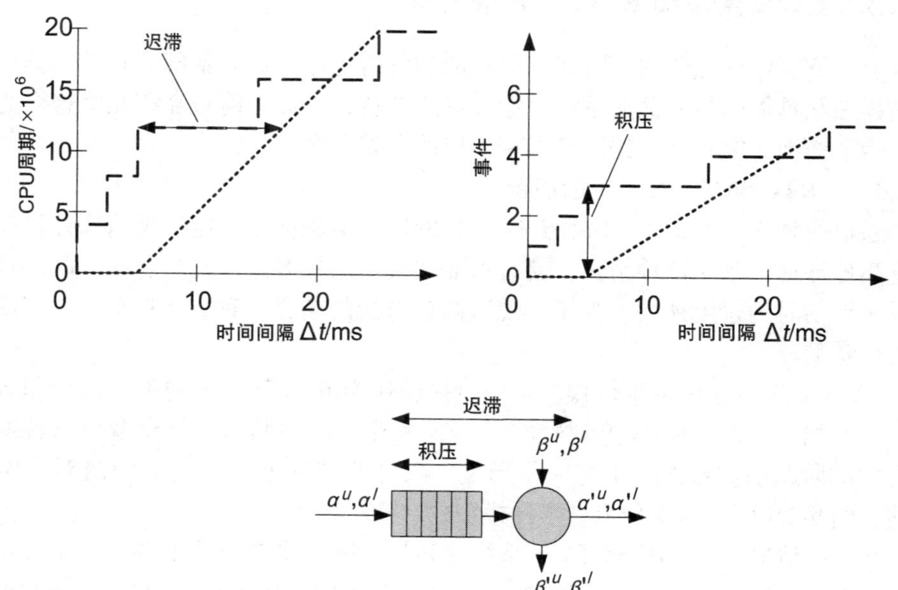


图 9-19　通过上部的输入事件曲线和下部的输入服务曲线可以明确系统中的迟滞和积压，左侧图中的水平双向箭头表示的是迟滞，右侧图中的垂直双向箭头表示的是积压

件曲线的作业周期乘以 $4\times10^6$，以便与坐标轴单位一致。图中最大的迟滞位于水平的双向箭头线处，所示案例的等待时间为 12ms，这种迟滞在计算第 3 个事件时产生，由以下部分组成：CPU 服务器中断时间 5ms + 由于第 2 个事件迟滞的 3ms + 加工第 3 个事件所需要的 4ms，因此，迟滞可按式（9-13）计算：

$$d(t)=\inf\{\tau\geqslant0:R(t)\leqslant R'(t+\tau)\}\leqslant\overset{\sup}{u\geqslant0}\{\inf\{\tau\geqslant0:\alpha^u(u)\leqslant\beta^l(u+\tau)\}\}\tag{9-13}$$

到时间点 $t$ 的迟滞相当于 $\tau$，其中输入事件 $R(t)$ 的数量最少与输出事件的量 $R'(t)$ 相同。

和迟滞的计算方法相同，从输入事件曲线和输入服务曲线可以确定事件的积压以及是否允许在系统中储存。这里有一个基本前提，输入的事件没有丢弃或没有重新进行储存。积压的时间为输入事件曲线上部和输入服务曲线下部之间的最大距离，在图 9-19 的右侧图中，最大的积压为垂直双向箭头所示位置。下部输入服务曲线除以 $4\times10^6$ 就是作业的周期数，是用于事件加工所需的时间。在中间处理器中所产生的事件数为 3。积压时间总和可按式（9-14）计算：

$$b(t)=R(t)-R'(t)\leqslant\overset{\sup}{u\geqslant0}\{\alpha^u(u)-\beta'(u)\}\tag{9-14}$$

式（9-14）中，$b(t)$ 表示积压（英：Backlog）时间，它是到某一确定时间点的输入事件数 $R(t)$ 和到相同时间点的加工事件数 $R'(t)$ 之差。

### 9.1.3 TA/S 系统和 RTC 的后续工作

上一章节中详细介绍了时间方面不同的分析方法，在此基础上就可以进一步建立详细和具体的更精确的系统模型并优化分析，下面将简短介绍几个这样的工作。为了详细研究每一个课题需引用相应的文献资料。

#### 9.1.3.1 RTC 和 TA/S 系统的组合

通过两种方法，即 TA/S 系统和 RTC 的使用案例证明，能实现精确计算并避免过高地评估。基于这种情况，就有可能实现将两种方法彼此结合在一起以减小子系统评估时的过度评估。为了实现这两种方法的结合，有必要将每一个应用事件进行转型。

TA/S 系统方法中的事件模型可以直接转换为 RTC 方法中的事件曲线和服务曲线，例如，在事件曲线中带抖动（TA/S 系统）的周期性事件模型可以转换为 TRC 中的阶跃函数形式，步宽表示周期，事件曲线的上下之间的距离对应两倍抖动。图 9-20 所示为 3 种典型事件模型的转换。

相反的情况，从 RTC 到 TA/S 系统的转换，必须要进行几个调整，尽管调整不是无损的，但在今后分析中能确保一个安全的上限，在［KHET07］中能找到相应的算法。图 9-21 所示为与转换结果相近的一个案例，所给定的事件曲线 $\alpha^u$ 用 $\alpha^l$ 实线来表示，上面的阶跃函数 $\alpha^u$ 的步距开始时很大，随后便与下面的阶跃函数 $\alpha^l$ 的

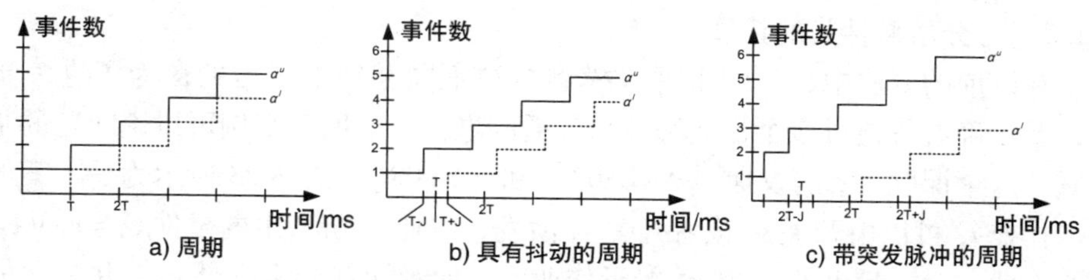


图 9-20 TA/S 系统的事件模型通过 RTC 事件曲线转换的典型方式

步距相同。在 TA/S 系统事件模型的转换中只有一个步距，用周期 $T$ 来表示。在图 9-21中，对于相近事件曲线采用 $\alpha^l$ 的步距，对于 $\alpha^u$ 也一样，上面和下面的事件曲线的近似必须是安全的，因为近似曲线或者转换曲线不在所给定的两个曲线之间。

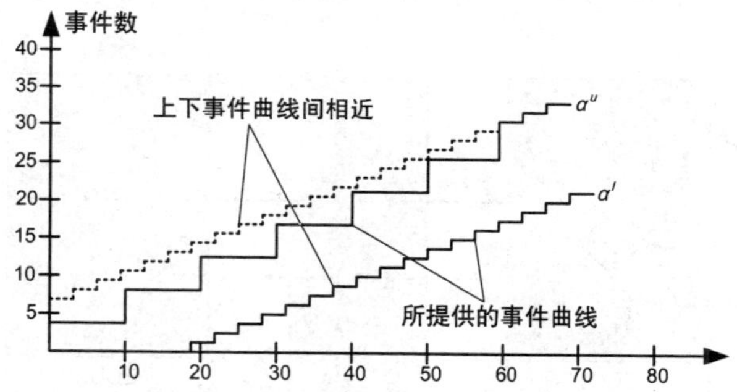


图 9-21 所提供的 RTC 事件曲线，按照在 TA/S 系统事件模型中的方式进行转换的结果

#### 9.1.3.2 服务/事件曲线的近似值

从另外一个角度，服务/事件曲线的近似值还可以演化：通过曲线的线性化，实时演算的计算时间将被缩短［AS04，AKBS08］。图 9-22 所示为上部曲线的近似图形，近似值从所出现的时间间隔 $\Delta I_k$ 的确定数值开始建立。所产生的角度必须大于或等于原始曲线的角度。

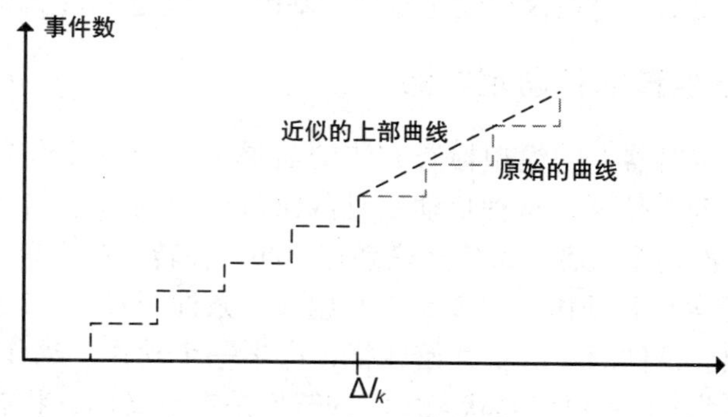


图 9-22 事件簇近似化的案例

#### 9.1.3.3 分层事件簇的拓展

在以前的方法中，不同事件簇模型是在不同路径上运行的，为了进一步细化，要正确看待通过多个作业和信息传播的事件。借助于案例可讨论问题的基本设置，这个课题可参考文献［AKBS08］和［RE08］，图 9-23 所示为一个案例。

作业 $t_1$ 可以由开关 $s_1$ 或者开关 $s_2$ 激发，作业 $t_1$ 所产生的事件 $e_4 = e_1 \vee e_2$ 传递给作业 $t_3$。一旦事件 $e_4$ 和 $e_5$ 接近作业 $t_3$，便激活并产生事件 $e_6$，并触发信息 $m_1$，信息 $m_1$ 便在 ECU2 中遇到作业 $t_4$。由于作业 $t_4$ 激活了事件控制器，事件 $e$ 便直接进行传播，并激活作业 $t_5$。作业 $t_5$ 后便是数据的评估，在哪个事件后，驱动器 $s_1$ 和/或驱动器 $s_2$ 被激活，事件 $e_6$ 被分解，与之相关的执行器 $a_1$ 或 $a_2$ 被激活。图 9-23 中，所描述的事件 $e_1$、$e_2$ 和 $e_3$ 被多次交换，以明确事件如何进行传播。

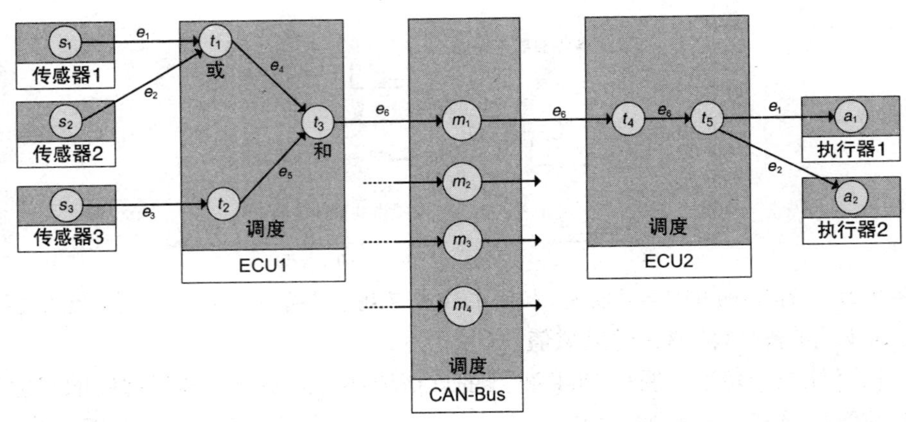


图 9-23 各层数据簇通过组件进行传播的案例

在对子系统时间行为进行描述，考虑确切数据的相关性时，事件簇的合成与分解在是至关重要的，这在这种细化模型的基础上能够进行正确的分析。

### 9.1.4 带模型检查的自动定时器

应用在自动定时器上的模型检查方法的前提是基于系统作为自动器被模型化，同时信息一起被拓展，这种自动定时器如图 9-24 所示。自动定时器由 4 部分组成，通过 4 次转换或者状态传递联系在一起。在转换旁边有注解元组，元组由条件（第 1 元素）和动作（第 2 元素）组成。条件 $uhr1 = =1$ 表示当 $uhr$ 的值是 1 时允许转换。条件满足时就开始转换，产生一个动作。动作 $uhr: =0$ 意味着时钟的时钟值为 0。不仅仅是状态之间的转换是有意义的，状态自己的转换也有意义。在所示案例中，状态 $S_1$ 的含义是 $uhr1 \leqslant 2$，这就意味着 $uhr$ 的值不允许大于 2。在这样的系统中允许多个不同步的时钟运行，该案例中存在着 $uhr1$ 和 $uhr2$

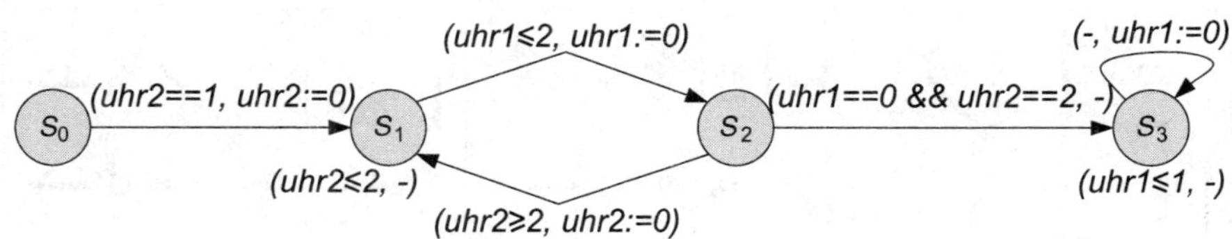


图 9-24　在转换中标注有时间条件和动作的自动定时器，状态 $S_1$ 和 $S_3$ 所提供的为时间值的上限

两个时钟值。

在系统分析中应明确一个问题，如何从状态 $S_0$ 得到状态 $S_3$。为了回答这个问题，就必须把时间行为看作是自动定时器的功能行为，也就是具有功能转换的状态，因此，必须将连续的时间映射到离散状态和转换的模型上。在下一步中应关注如何把连续的时间转换成离散的时间状态和离散的时间。

由于时间的运行速度是相同的，因此，在条件和结果中只使用整数值。通过动作可对时钟的值进行调整和重置，如图 9-24 所示，调整的数值是整数值。通过这个方法可以把连续的时间分成离散的时间，如图 9-25 所示，图中每一个小方格代表一个从连续的时间值抽象出的状态，但是这种划分并不精确，不能表达确切的时间，图中的 3 个箭头表示具体的时间。要得到连续的时间值 *uhr*1 和 *uhr*2，需要另一种序状态，基于这种原因状态值必须进行进一步划分，如 9-25 中右图所示，通过对角线的插入时间的流逝便有一个明确的界限。当然，不仅仅是每一个三角代表一种状态，斜线和水平线以及相连方块的交点也代表一种状态。图 9-26 所示为时间状态的典型过渡，在连续时间和异步时钟中状态过渡发生在从斜线段到上三角部分、到水平线段、到下三角部分等。当两个时钟有相同的时间值时，只有交点和方块内有状态过渡。当一个时钟是另外一个整数值时，例如通过时钟调整，投影是沿着所调整时钟的时间轴产生的。

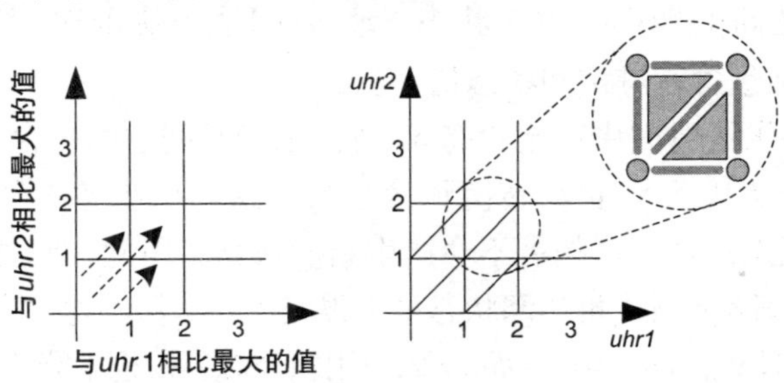


图 9-25　将不同时钟的连续时间段分开并进行离散，每一个元素表示一个时间状态

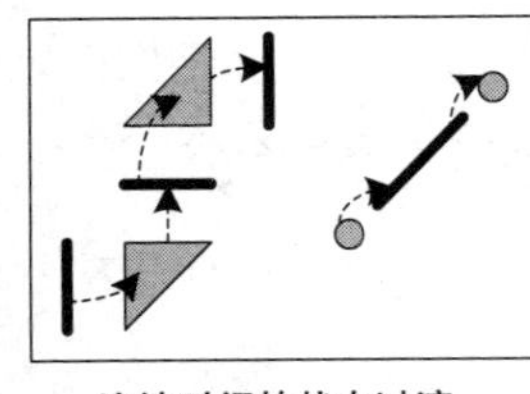
连续时间的状态过渡

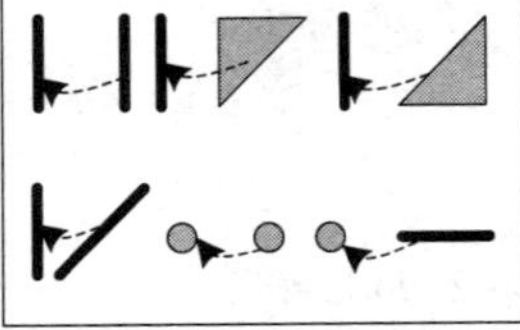
调整uhr1时的状态过渡

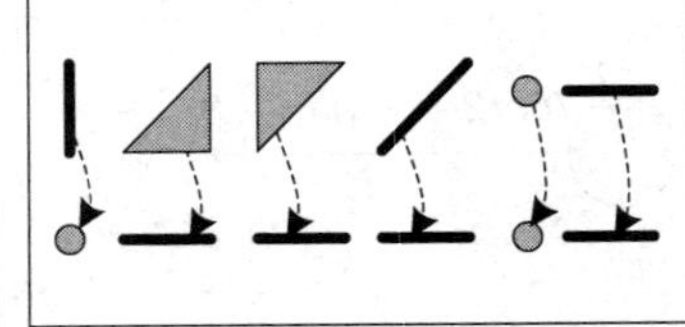
调整uhr2时的状态过渡

图 9-26 在时间状态间存在一个确定的转换，即连续时间和单独重置与时钟无关

通过观察图 9-24 就会发现一个明显的问题，状态 $S_3$ 从状态 $S_0$ 的 $uhr1=0$、$uhr2=0$ 是否能到时间点 $uhr1=0$、$uhr2=2$。图 9-27 中描述了时钟所具有的每一种状态，每一个灰色阴影部分都表示到某一个时间点的状态是可实现的。到达状态的数量可通过下述步骤来展开。

第 1 步：具有时间值 $uhr1=0$、$uhr2=0$ 的 $S_0$ 的初始状态包含在可访问状态量（灰色标注）中。

第 2 步：在渐进时间中 $S_1$ 中所有的时间值（$0 \leqslant uhr1=uhr2$）包含在可访问状态量中。

第 3 步：由于在 $S_0$ 中时间值 $uhr2=1$，可以进行从 $S_0$ 到 $S_1$ 的转换。$S_1$ 中的时间值 $uhr1=1$、$uhr2=0$ 包含在可访问状态量（灰色标注）中。

第 4 步：在渐进时间中 $S_1$ 中所有时间值（$0 < uhr1+1=uhr2$）包含在可访问状态量中。

第 5 步：$S_1$ 和 $S_2$ 之间的转换条件是在第 4 步中所得到的时间值 $uhr1 \leqslant 2$。在完成转换时方块所代表的时间间距为 $uhr1=0$，$0 < uhr2 < 1$。从这点开始出发在渐进时间中，在图 9-27（第 5 步）中所有灰色标记的时间空间都添加到 $S_2$ 的访问量。

第 6 步：由于这个数量 $S_2$ 和 $S_3$ 之间的转换不能进行，当满足 $uhr2 \geqslant 2$ 时可实现 $S_2$ 和 $S_3$ 之间的转换。对于状态 $S_1$，时间值投影的时间间距为 $2 < uhr1$，$uhr2=0$，这必须包含在可访问状态量中。

第 7 步：在渐进时间中对于状态 $S_1$ 所占据的时间空间包含在可访问状态中。

第 8 步：若从状态 $S_1$ 再次转换到状态 $S_2$，这与从步骤 4 到步骤 5 的转换是相同的。访问状态的进一步拓展不会产生新的信息，因此，到这一步就终止了。

从第 7 步和第 8 步看出可访问状态量不再变大，从而到达一个固定点，状态 $S_2$ 永远也到达不了时间点 $uhr1=0$，$uhr2=2$，同样，状态 $S_3$ 也不能达到这个时间点。

#### 9.1.4.1 讨论

问题是对于简单的案例这种方法很容易理解，但对于所描述的 3 种状态 $S_0$、$S_1$ 和 $S_2$ 由于时间上的考虑都会产生多个子状态，$uhr1$ 和 $uhr2$ 从 0 到 2 这段时间

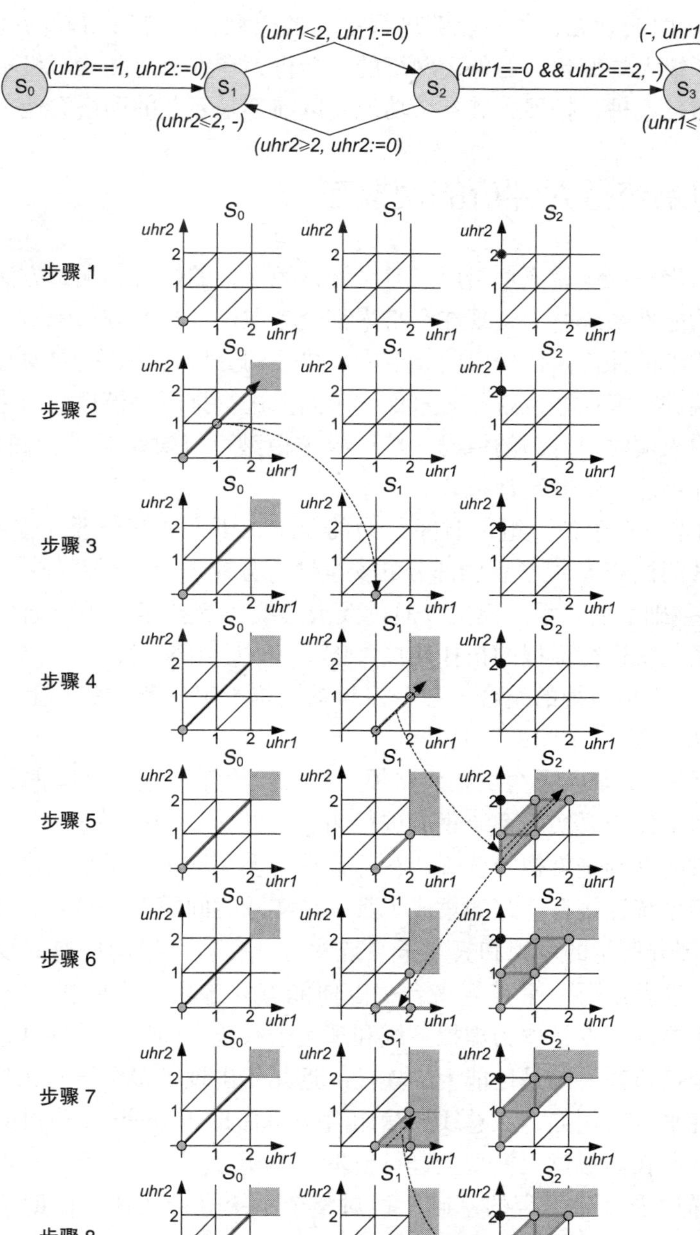


图 9-27　为了解决状态 $S_1$ 是否能到达时间点 $uhr1=2$、$uhr2=0$ 这个问题，可以对具有一定时间间隔的可访问状态量进行迭代评估。这里的可访问的量不断增加直到两个迭代（步骤 7 和步骤 8）不再增加为止。在这个案例中时间点不在可访问量（灰色部分）的范围内

就已经有33个时间状态，尽管能够进行系统的模型化和进行精确的计算，但空间状态发生了很大的变化。另外，网络的功能行为在细节上和状态机不一样，有可能在时间信息上进行拓展，其各个功能在以前都是复杂的网络案例。

## 9.2 时间系统行为评价的模拟方法

许多年前汽车工业就成功引用了对系统行为评价的模拟和测试方法，目前已经开始使用功能性系统行为，现在和将来都会考虑用模拟的方法来对系统层的时间行为进行详细的评价。比较以前章节中所描述的分析方法，需要对输入事件簇模型的输入端进行模拟，也就是对事件的时间点进行排序。模拟的结果将提供相关事件簇在输入端时间行为的情况。按照模拟模型可以对结果进行确切的描述，能够提供事件可能出现的统计报表。

8.3节的重点在于各个组件时间行为的模拟，下面将讨论整个系统的模拟。集成系统及其测试和V模型右侧部分的安全性将分成3个主要部分：

1）虚拟基础上的总系统模拟。通过残余总线仿真技术来进行通信，在模拟环境中电控系统将进行虚拟的拓扑连接（图9-28上半部分）。

2）现实和虚拟系统的组合。各个控制系统位于组件测试状态上，并处于模拟环境中（图9-28的中间部分）。

3）完全独立的现实系统。在线路板上将实验汽车或电子汽车的所有电控系统以及总线通信作为真实的系统集成进行测试（图9-28下半部分）。

模拟工具的基础是模拟的核心，在计算平台上允许多个子系统进行集成。对于不能与真实系统连接在一起的集成工具，在实际时间模型中没有必要执行。如图9-28中间部分所示的虚拟和真实子系统的合成在实际时间中有必要进行模拟模型的执行，这就需要一个计算平台，以便能够安装执行实时操作系统的模拟器。另外很重要的一点是作为虚拟系统和现实子系统之间接口的硬件连接，在计算平台中这个接口需要的是性能上的连接。近几年出现了多个没有拓扑结构的系统模拟可能性平台。例如，在总线通信组合中可借助于Inchron公司的ChronSim对复杂的软件码在虚拟过程模型上进行模拟［Inc10］。

在系统描述语言C语言的基础上可对整个系统进行描述，借助于相应的模拟环境可对整个系统进行访问。常用的软件编程有C或C++。在系统C语言部分上可以对硬件进行完整的描述。借助于两个控制单元和FlexRay总线的案例，可详细描述与AUTOSAR相关的系统C的应用实例［KBH+07］。

控制硬件和总线通信的虚拟化部分采用的是Delphi语言，Vast的处理器模拟流程［VaS0］是构建电控硬件以及软件包模拟环境的基础，通过CANoe可实现残余总线仿真技术［Vec10］。两个模拟环境通过模拟框架联系起来，借助于

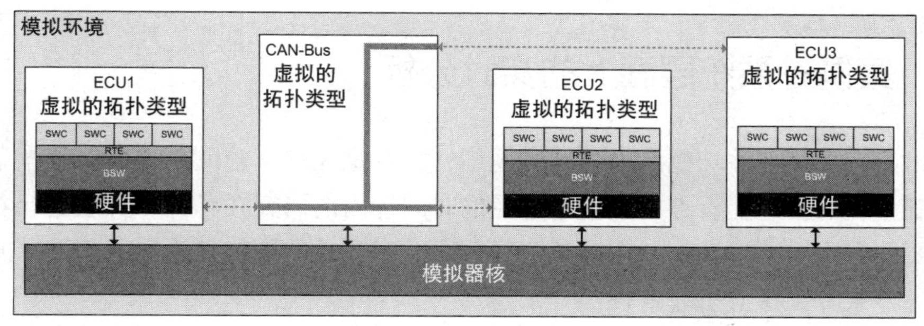


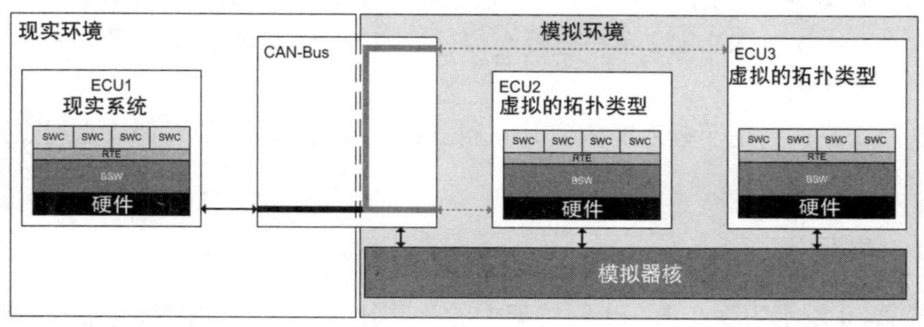


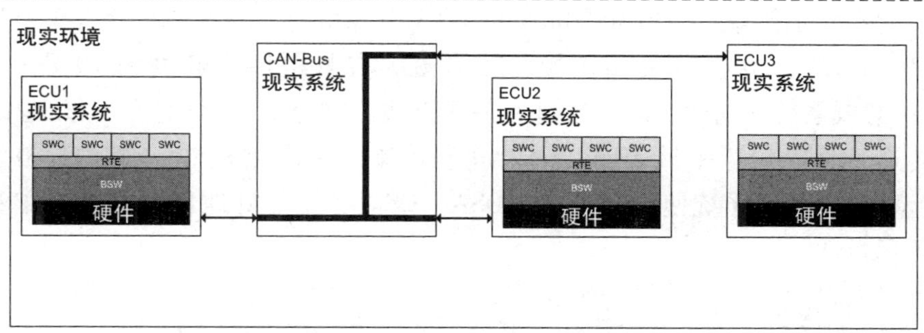


图9-28　在集成过程中，网络的测试和安全性方面可分成3部分

这种方法可以实现模拟基础上的系统边界跨越的集成和测试。模拟环境构建的原则如图9-29所示。

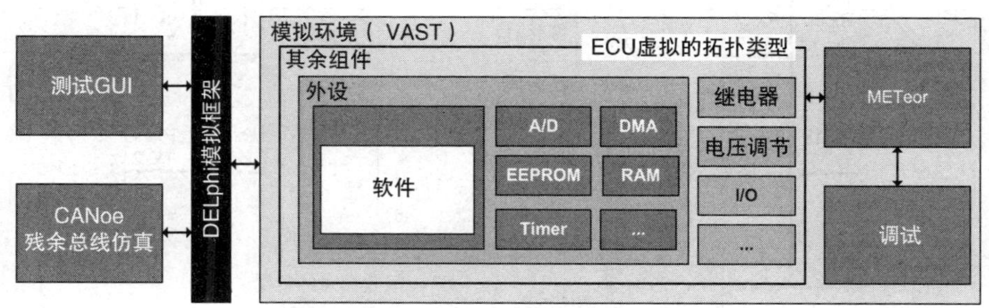


图9-29　集成模拟环境的基本组成

## 9.3 案例：系统层面上的实时分析

由于汽车各部件功能的划分越来越细，尤其是在汽车辅助系统功能和汽车底盘控制系统的描述上，点对点信号途径的时间行为的研究在解释和安全上起着非常重要的作用。下述案例就阐述了这样一个实时评价的影响并指出了其重要的特性和边界条件，这应引起重视。

第 1 个案例中应用了两个方法：抽象实时分析（SysTA/S）和真实实时计算，这在 9.1.1 节和 9.1.2 节中已经介绍过，借助于这两种方法所提供的结果来进行讨论和比较。

这两个案例讨论了延迟的响应时间和旧数据，两个时间值对评价点对点路径具有重要意义。

### 9.3.1 案例 1

图 9-30 所示为现在汽车上网络架构的一部分，在本案例中将对其进行研究。架构图的左侧是传输速率为 500kbit/s 的 CAN 总线系统，CAN 总线上有 9 个 ECU（ECU1 ~ ECU9）并与网关相连接，结构图的右侧是传输速度为 10Mbit/s 的 FlexRay 总线系统，这两个总线通过网关相连接。共有 85 个信息在 CAN 总线上进行传递，28 个信息在 FlexRay 总线上进行传递，最后在静态节点的内部被发送出去。ECU 的驱动系统使用的是 AUTOSA - OS。为了更好地理解放弃了作业内部的可运行性。

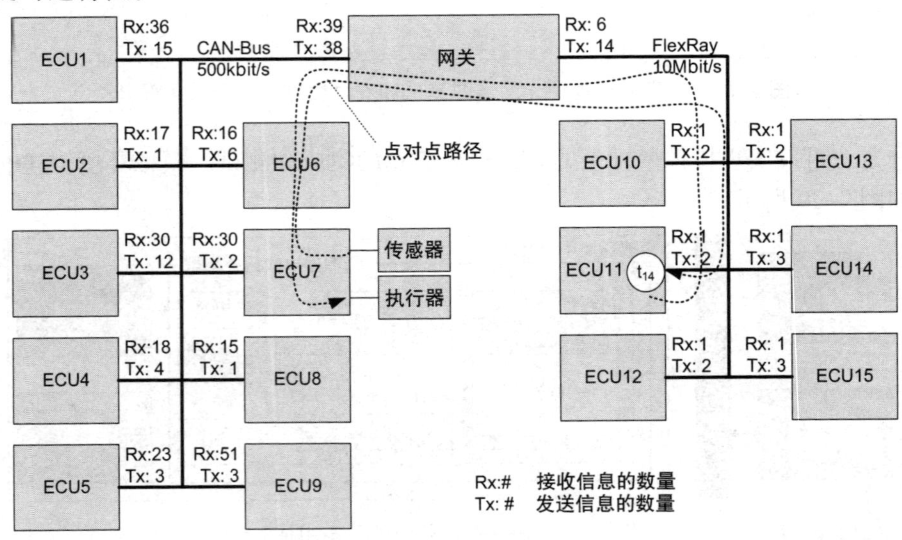


图 9-30 所用案例网络系统的架构图，包括各个 ECU 发送和接收信息的数量

这个案例的重点是 CAN 总线的实时行为和点对点信号路径的评价，应明确两个路径的最大迟滞时间，第 1 个路径是从 ECU7 的传感器 $t_{s1}$ 到 ECU11 的作业 $t_{14}$ 的输入端；路径 2 的运行方向与路径 1 的相反，从 ECU11 的作业 $t_{14}$ 的输出端开始到 ECU7 的执行器 $t_{A1}$ 结束。

在本案例中，网关是最简单的迟滞单元，也就是说，它不考虑调度的影响，路由迟滞时间 $L_{路由}$ 将增加 1ms。考虑到在 CAN 和 FlexRay 之间进行传递的仲裁效应，借助于仲裁效应，以优先权为基础的调度和以 TDMA 为基础的调度的耦合之间就会相互影响。

#### 9.3.1.1　ECU7 的软件架构

图 9-31 所示为 ECU7 的软件架构。ECU7 所使用的驱动系统协议包括 3 个中断服务例程 ISR（$t_1$ 到 $t_3$）以及 6 个作业（$t_4$ 到 $t_9$），表 9-1 中所列为中断服务例程 ISR 和作业的各个参数。

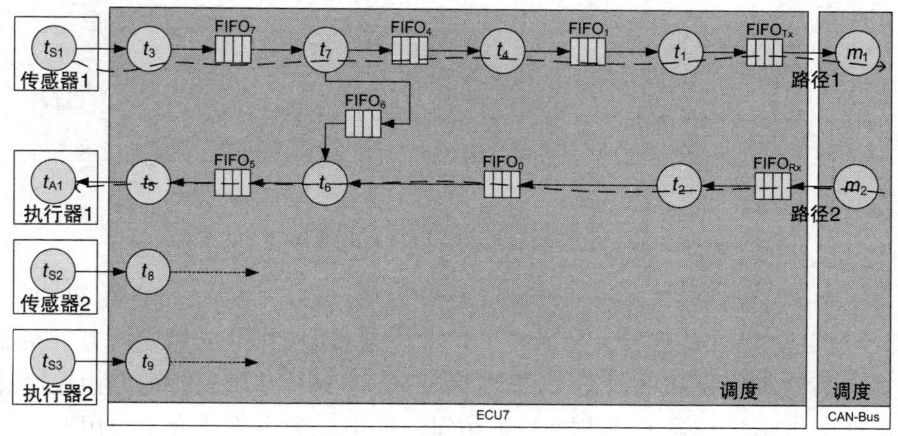


图 9-31　ECU7 的作业和 ISR

表 9-1　ECU7 的配置

| 名称 | 类型 | 优先权 | 最大响应时间/μs | 触发/ms | 偏置/ms |
|---|---|---|---|---|---|
| $t_1$ | ISR _ CAT2 | 255 | 20 | — | — |
| $t_2$ | ISR _ CAT2 | 255 | 20 | — | — |
| $t_3$ | ISR _ CAT2 | 255 | 10 | 20（同步） | 0 |
| $t_4$ | 非抢占式 | 25 | 80 | 20（同步） | 1 |
| $t_5$ | 非抢占式 | 24 | 200 | 20（同步） | 10 |
| $t_6$ | 非抢占式 | 23 | 500 | 20（同步） | 5 |
| $t_7$ | 非抢占式 | 22 | 100 | 20（同步） | 0.5 |
| $t_8$ | 抢占式 | 21 | 50 | 15 | — |
| $t_9$ | 抢占式 | 20 | 150 | 50 | — |

ISR$t_1$和ISR$t_2$被同时触发，$t_1$包括CAN信息的发送功能，ISR$t_1$被作业$t_4$触发，然后就被完全执行，在作业$t_4$内部所必需的AUTOSAR基础软件的路由被执行（例如COM、接口等）。在ISR$t_2$上进行CAN信息的接收，传感器提供信息到ISR$t_3$之上。应用功能最终通过作业$t_6$和$t_7$来实现，作业$t_4$、$t_5$和$t_6$同步进行。为了使所出现的作业最终同时结束，它们有具有一定的偏置。

#### 9.3.1.2 电脑ECU11的软件架构

图9-32所示为ECU11的软件架构图，所用的驱动系统配置包括两个ISR（$t_{10}$和$t_{11}$）以5个作业（$t_{12}$、$t_{13}$、$t_{14}$、$t_{15}$和$t_{16}$），其参数见表9-2。

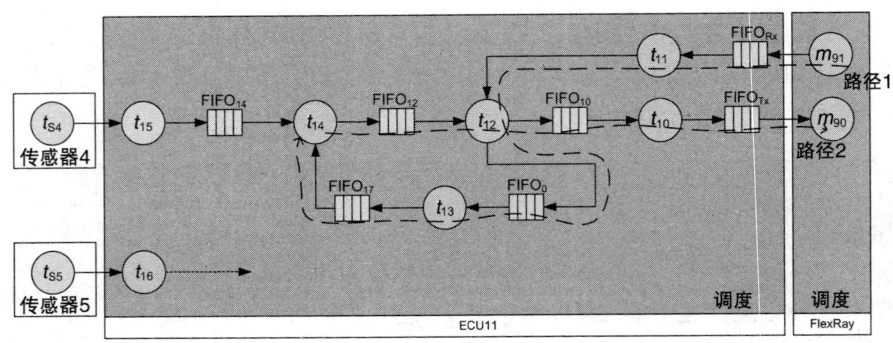


图9-32 ECU11的作业和ISR

FlexRay控制器的接收缓冲可通过ISR$t_{10}$进行读取，ISR$t_{11}$负责在FlexRay发送缓冲器中发送PDU的写入。两个ISR被控制器的FlexRay触发。为了在高的OSI层上发送和接收PDU作业$t_{12}$需要执行AUTOSAR基础软件的路由。通过作业$t_{15}$和$t_{16}$传感器$t_{S4}$和$t_{S5}$被周期性地访问。作业$t_{13}$和作业$t_{14}$负责应用功能。

**表9-2 ECU11的配置**

| 名称 | 类型 | 优先权 | 最大执行时间/μs | 触发/ms | 偏置/ms |
|---|---|---|---|---|---|
| $t_{10}$ | ISR _ CAT2 | 255 | 80 | 20（同步） | 1.5 |
| $t_{11}$ | ISR _ CAT2 | 255 | 70 | 5（同步） | 0 |
| $t_{12}$ | 非抢占式 | 25 | 120 | 20（同步） | 1 |
| $t_{13}$ | 非抢占式 | 24 | 10 | 20（同步） | 1.5 |
| $t_{14}$ | 非抢占式 | 23 | 180 | 20（同步） | 0.5 |
| $t_{15}$ | 非抢占式 | 22 | 200 | 20（同步） | 0 |
| $t_{16}$ | 抢占式 | 21 | 100 | 15 | — |

#### 9.3.1.3 结果的讨论

通过两种方法可以确定周期性的平均总线负载$U_{CAN}=43\%$，CAN信息的最大响应时间的结果彼此偏离很多。图 9-33 所示为各个 CAN 信息及其响应时间。图 9-33 上面的曲线表示的是响应时间，这是借助于真实实时计算所得到的，下面的曲线是通过 TA/S 方法所得到的结果，这两个曲线偏离很大的原因在于其建立的基础不同，在 RTC 中计算时不考虑 CAN 信息的偏置，而在 TA/S 中考虑了 CAN 信息的偏置，因此，考虑 CAN 信息偏置的结果更为准确。

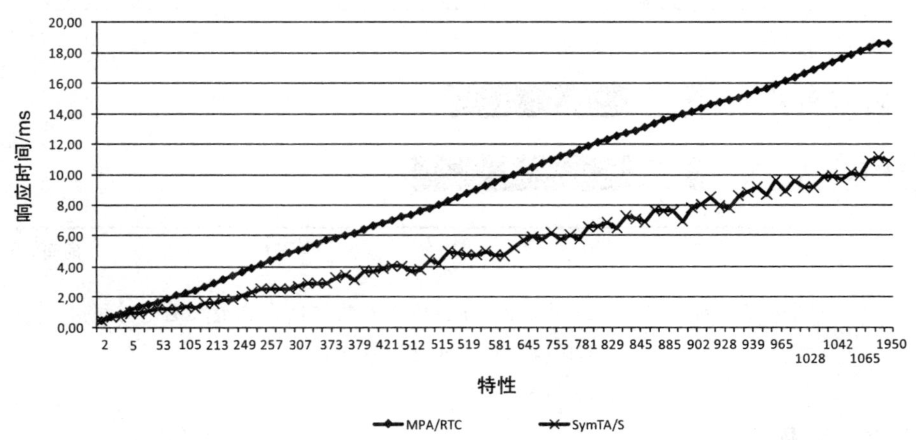


图 9-33　确定 CAN 总线上信息的最大响应时间时采用 TA/S 方法和 RTC 方法所得到结果的比较

图 9-34 和图 9-35 所示为路径 1 和路径 2 的点对点的结果。用 TA/S 方法所确定的路径 1 的最大延迟时间为 46. 2ms，而用 RTC 方法为 50. 2ms。时间上差别很大是由于 ECU7 上的执行时间和 CAN 总线上的传输时间不同。借助于 TA/S 所确定的结果，利用图 9-36 所示的序列图可详细描述路径 1 的进程。

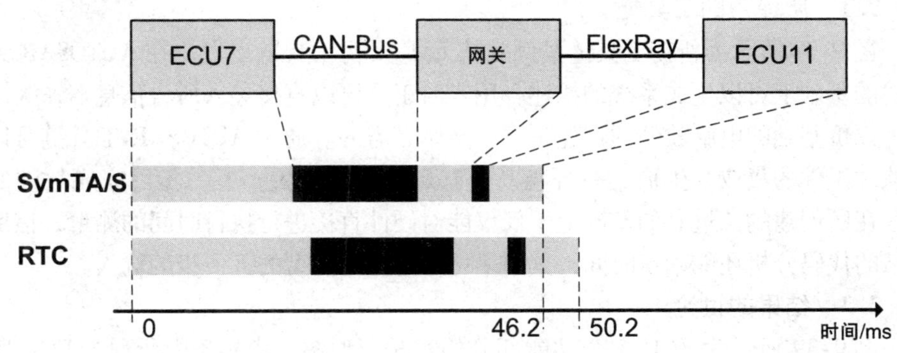


图 9-34　对于路径 1 采用 TA/S 方法和 RTC 方法所得到最大迟滞时间的比较（46. 2ms 和 50. 2ms）

用TA/S方法沿着路径2传递时迟滞时间的值为19.2ms，用RTC方法结果为25.1ms。由于信息在总线上和ECU7上的迟滞在分析时结果会存在很大的不同。

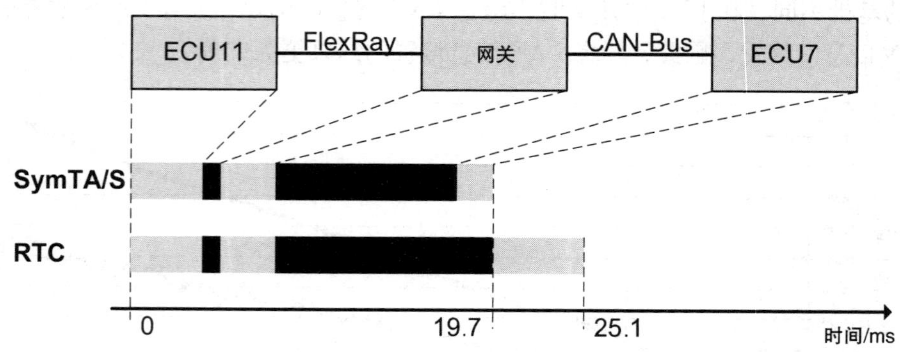


图9-35　对于路径2采用TA/S方法和RTC方法所得到最大延迟时间的比较（19.7ms和25.1ms）

## 9.3.2　案例2

图9-37所示为点对点信号途径的部分总线和ECU架构的更新图，从ECU1出发，信息经过CAN总线CAN1、网关和FlexRay传递到ECU2上。ECU2具有集成功能，能将不同传感器信息的数据进行融合处理。在功能处理器的内部，各个传感器最大已知数据对调节器是否能正确工作是非常重要的。

完成传感器数据评价后，功能处理器将数据传递给ECU3，并激活相应的功能，对于这个路径，重要的不是最大的已知数据，而是最大的迟滞。

### 9.3.2.1　所使用的工具链

图9-38所示为所需工具链案例。从E/E架构工具链出发，在AUTOSAR系统描述的基础上可以生成系统的描述，用实时工具可以直接导入所含信息。作为时间行为评价基础的电脑软件的创建是下一步所必需的。通过AUTOSAR工具链可以进行软件组件的集成、生成运行环境及其基础软件的配置，下一步可完成软件的编译，在所创建的二进制的基础上不仅仅能对硬件直接进行执行时间的测量，借助于静态的代码分析还能确定时间，其结果可作为实时模型的下一步的输入。

### 9.3.2.2　结果的讨论

图9-39所示为ECU各个功能部分的实时模型图。表9-3中所列为ECU所执行的所有作业任务的配置。

下面将工具链应用在具有信号路径的架构上，图9-39所示为参与工作的ECU上的各个作业和信息。传感器的信号将输送给ECU1，在APPlTask1的内部

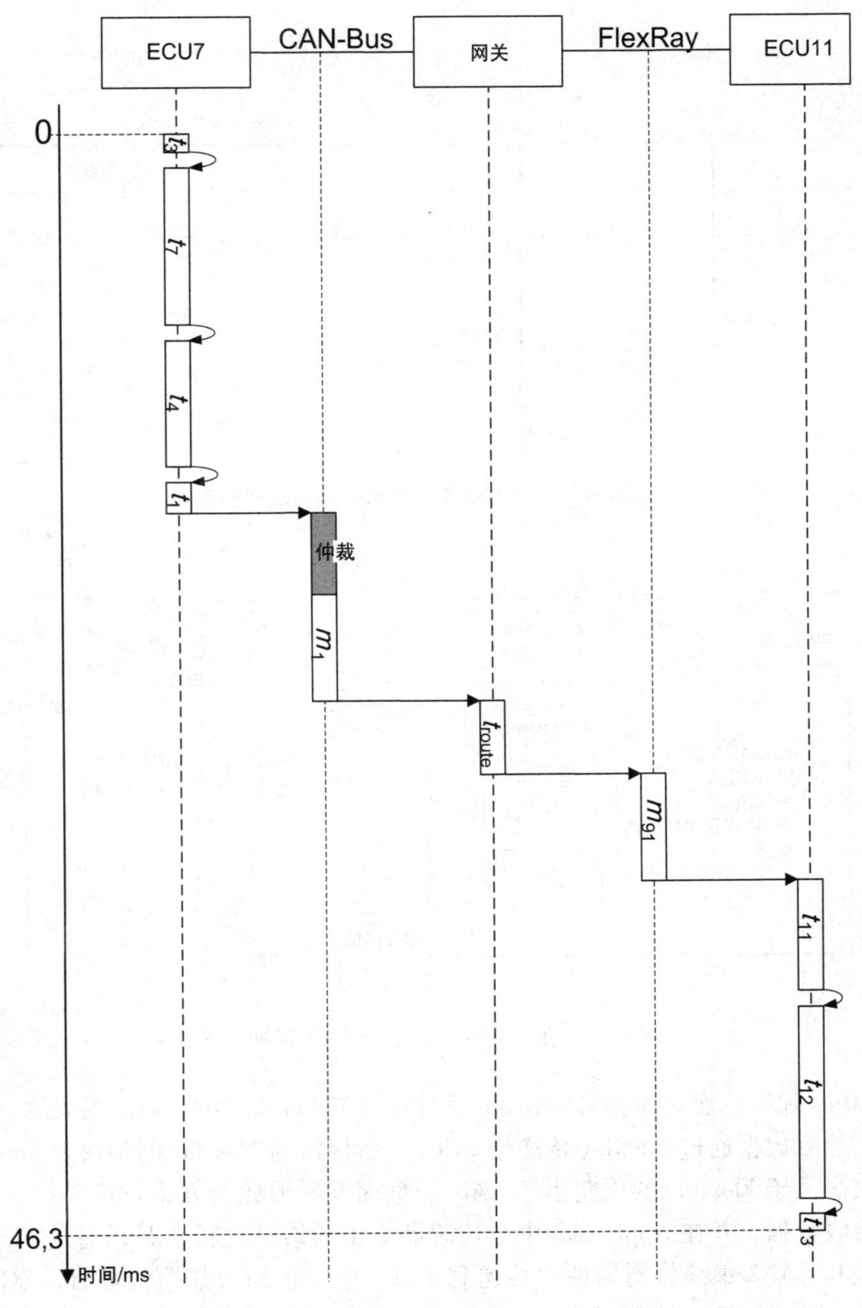


图 9-36　ECU7 和 ECU11 之间点对点路径的序列图，
用 TA/S 系统评价时最大的延迟时间为 46. 3ms

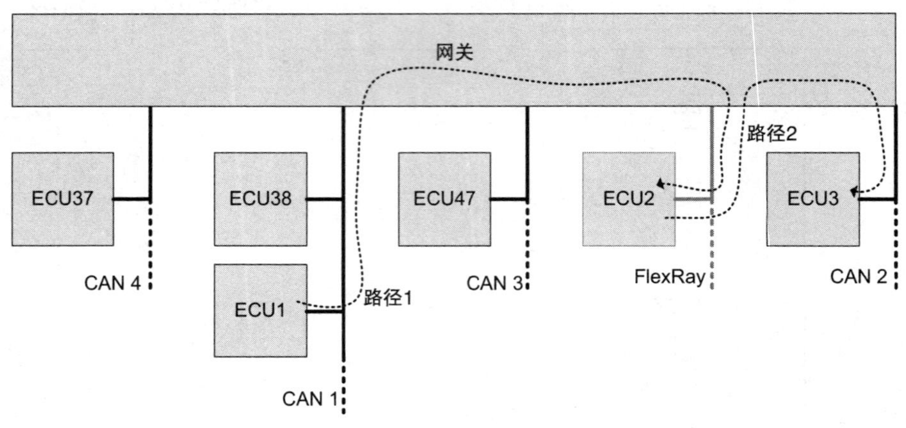


图 9-37　具有重要的点对点路径的架构图

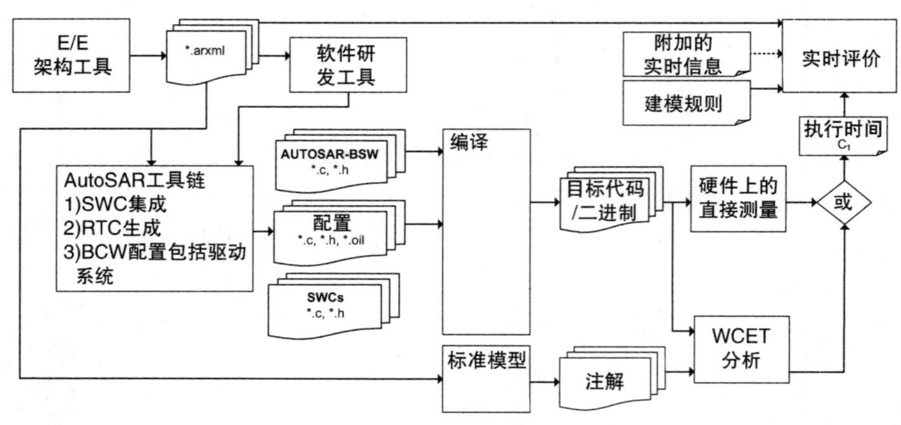


图 9-38　在系统层面上实时评价所需的工具链

每 20ms 加工一次。作业 ComTask1 通过总线 CNA1 每 20ms 向网关发送一次信息，然后数据通过 FlexRay 传递给 ECU2。所保留的 FlexRay 时间块每 5ms 传递一次。由于 FlexRay 的周期小于 CAN 信息周期，因此会发生过度采样。ECU2 将接收数据，并在 ApplTask2 中与传感器 2 中的信息进行合并，通过 FlexRay、网关和 CAN2 最终将周期性地传递到 ECU3 中。在相应数据传输时，ECU3 通过 ApplTask3 直接控制执行器，ApplTask3 被中断服务路径 CanIsrRx3 直接唤醒。

分析的结果如图 9-40 和图 9-41 所示，整体功能安全性的点对点路径为：

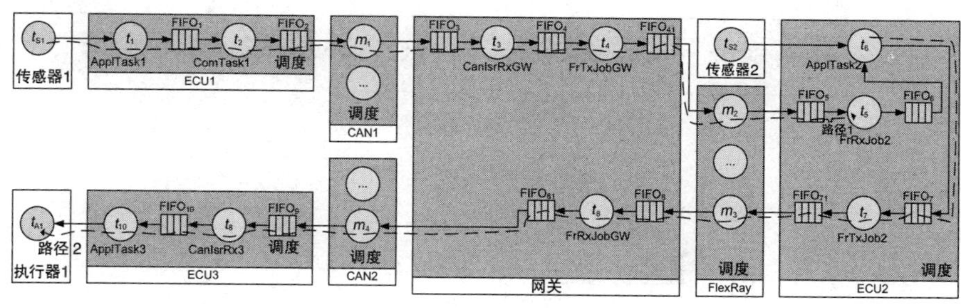


图 9-39　ECU 及其作业的模型

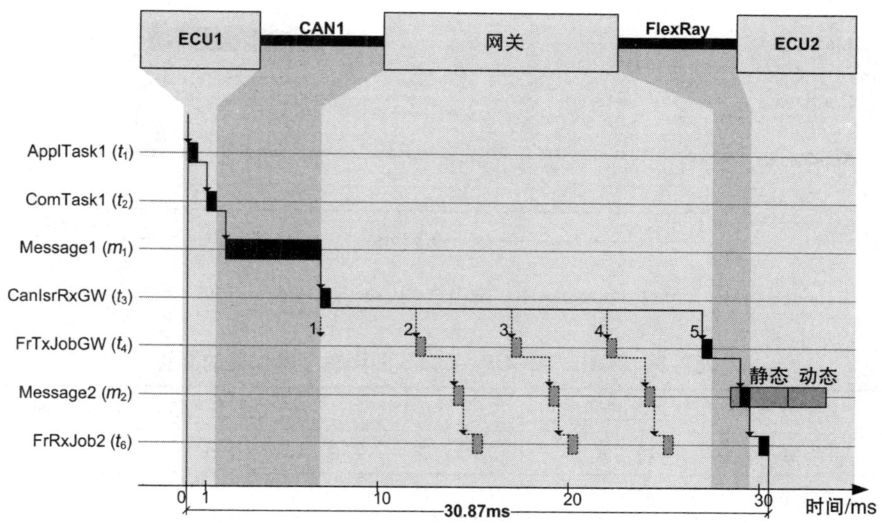


图 9-40　路径 1 最大旧数据分析

1）路径 1：ECU1→CAN1→网关→FlexRay→ECU2。

2）路径 2：ECU2→FlexRay→网关→CAN2→ECU3。

对于路径 1 来说，有意义的是最大的旧数据，所确定的最大旧数据为 $L_{max}$ = 30. 87ms。通过传感器对 ApplTask1 的周期性访问（20ms），最理想的情况是每 20ms ECU1 就传递一次当前的数据。由于仲裁可能在 CAN 总线上会出现迟滞。每 5ms 网关都将最后一次接收到的数据传递给 ECU3。作业 ApplTask2 将合并传感器 1 和传感器 2 的数值。通过网关的异步过渡可能会出现更大的迟滞。另外在本案例中，由于 FlexRay 调度，作业 ApplTask2 也不是同步的，会附加一个迟滞时间。路径 2 分析的是最大响应时间，其结果为 $L_{ft}$ = 9. 53ms。最大的迟滞是由于作业 FrTxJob2 和 FlexRay 之间不利的偏移以及在 CAN 总线上产生的滞后造成的。两个分析路径的结果表明，各个组件调度的配置对总的迟滞会产生影响。

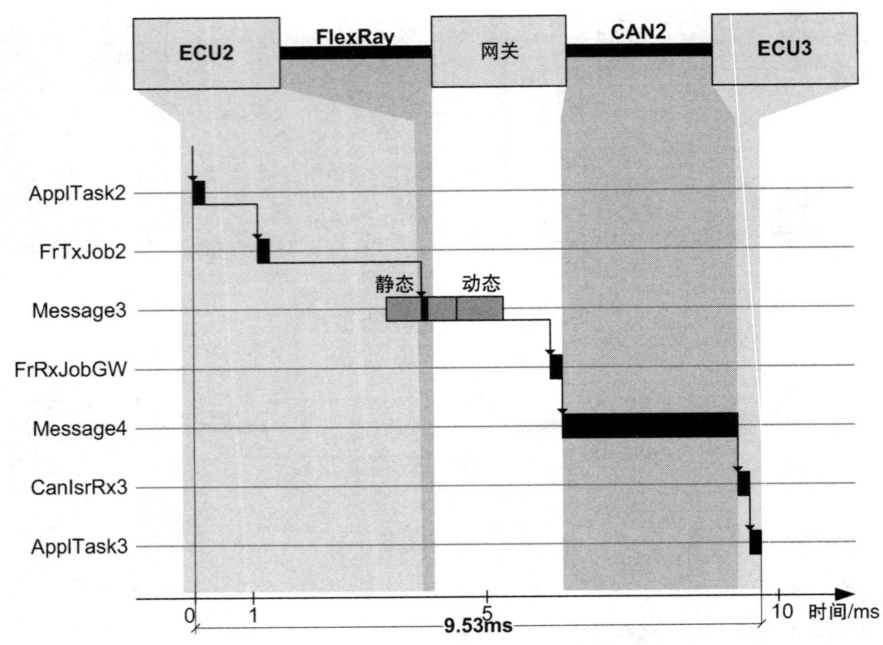


图 9-41　路径 2 响应时间分析

**表 9-3　ECU1、ECU2、ECU3 和网关上各作业的配置**

| 名称 | 类型 | 优先权 | 最大执行时间/μs | 触发时间/ms |
|---|---|---|---|---|
| ApplTask1 | 抢占式 | 24 | 100 | 20 |
| ComTask1 | 非抢占式 | 25 | 50 | 20 |
| CanIsrRxGW | ISR - CAT2 | 255 | 20 | — |
| FrTxJobGW | ISR - CAT2 | 255 | 300 | 5 |
| FrTxJobGW | ISR - CAT2 | 255 | 100 | 5 |
| FrTxJob2 | ISR - CAT2 | 255 | 200 | 5 |
| ApplTask2 | 抢占式 | 20 | 150 | 20 |
| FrTxJob2 | ISR - CAT2 | 255 | 100 | 5 |
| CanIsrRx3 | ISR - CAT2 | 255 | 10 | — |
| ApplTask3 | 抢占式 | 20 | 100 | — |

# 附　　录

## 附录A　整数线性规划

在最坏执行时间分析中有一个特定的问题，不适于整数线性规划，这个问题包括最大或最小总加权。有时变量不能任意取值，而只能取整数值，或者在一定范围内取值。在优化处理过程中这种边界条件可用等式或不等式来表示，例如，设置变量 $x_1$、$x_2$，使得 $x_1+2.5x_2$ 最大，则边界条件见式（A-1）：

$$
\begin{gathered}
x_1+4x_2\leqslant 12\\
2x_1+x_2\leqslant 8\\
x_1,\ x_2\geqslant 0\\
x_2,\ x_2\in N
\end{gathered}
\tag{A-1}
$$

图A-1右上所示为解决空间，为了解决这个问题，可使用分支定界算法，分支定界算法可计算出实值优化并把解决空间分为两个新的问题。尽管这种分支步骤不符合条件 $x_2,\ x_2\in N$，但产生了两个新的优化小问题。在优化问题中，寻找空间分为位置 $x_1=2\dfrac{6}{7}$ 和位置 $x_2=2\dfrac{2}{7}$。解决空间的左侧所显示的是问题1，右侧显示的问题2，对于两个问题，分支定界计算的是最大真值。

问题1见式（A-2）：

$$
\begin{gathered}
\max:\ x_1+2.5x_2\\
x_1+4x_2\leqslant 12\\
2x_1+x_2\leqslant 8\\
x_1,\ x_2\geqslant 0\\
x_1\leqslant 2\\
x_2,\ x_2\in N
\end{gathered}
\tag{A-2}
$$

对于问题1，当 $x_1=2$，$x_2=2.5$ 时，最大真值为8.25。

问题2见式（A-3）：

$$\max:\ x_1+2.5x_2$$

$$x_1+4x_2\leqslant 12$$
$$2x_1+x_2\leqslant 8$$
$$x_2\geqslant 0$$
$$x_1\geqslant 3$$
$$x_2,\ x_2\in N \tag{A-3}$$

对于问题2，当 $x_1=3$，$x_2=2$ 时，最大真值为8。由于问题1得到的最大真值较大，在下一步中解决空间将分为问题1.1和问题1.2。

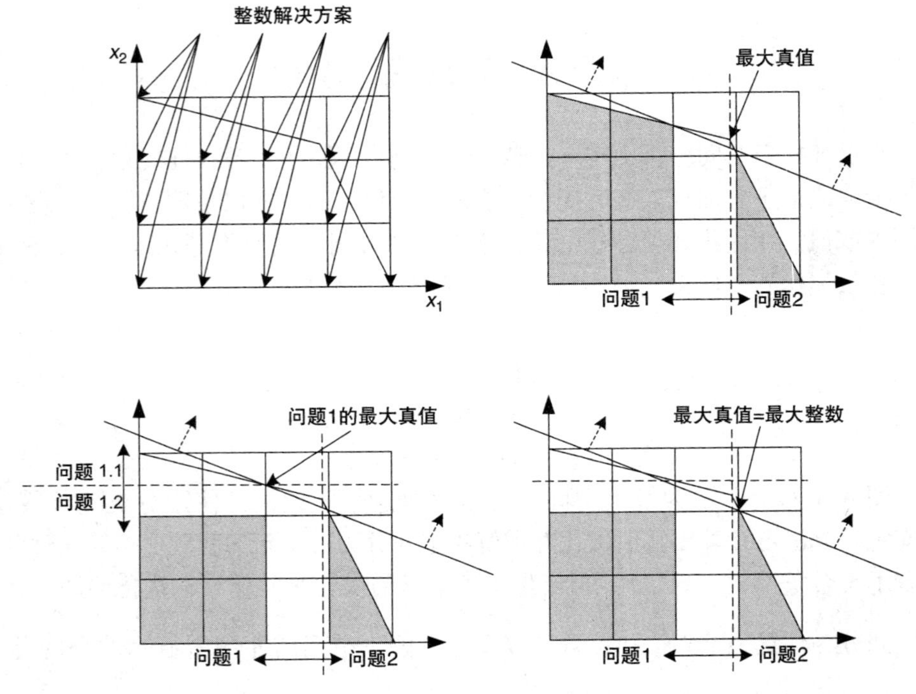


图 A-1　由公式（A-1）中不等式系统得到的解决空间。
借助于分支定界将解决空间分为不同的子问题，用于确定每一次的最大值

问题1.1见式（A-4）：

$$\max:\ x_1+2.5x_2$$
$$x_1+4x_2\leqslant 12$$
$$2x_1+x_2\leqslant 8$$
$$x_1\geqslant 0$$
$$x_1\leqslant 2$$
$$x_2\geqslant 3$$
$$x_2,\ x_2\in N \tag{A-4}$$

通过上述不等式系统确定，当 $x_1=0$，$x_2=3$ 时，解决方案是一样的，这个方案的结果是 $0+2.5\times3=7.5$。

问题 1.2 见式（A-5）：

$$
\begin{gathered}
\max: x_1+2.5x_2 \\
x_1+4x_2\leqslant12; \\
2x_1+x_2\leqslant8; \\
x_1\geqslant0; \\
x_1,\ x_2\leqslant2; \\
x_2,\ x_2\in N
\end{gathered}
\tag{A-5}
$$

当 $x_1=2$，$x_2=2$ 时问题 1.2 有最大值：$2+2.5\times2=7$。

在分解过程中分支定界将一个空间分为几个子问题，如图 A-2 所示，在分解中这个空间包括子问题的最后的解决方案，借助于分支定界来决定在哪继续进行分解。最后出现的问题 1.1 和 1.2 是问题 2 的下一级结果，因此，必须用分支定界对问题 2 继续进行处理。在本案例中，问题 2 的结果已经是个整数，因此，是最终的结果。

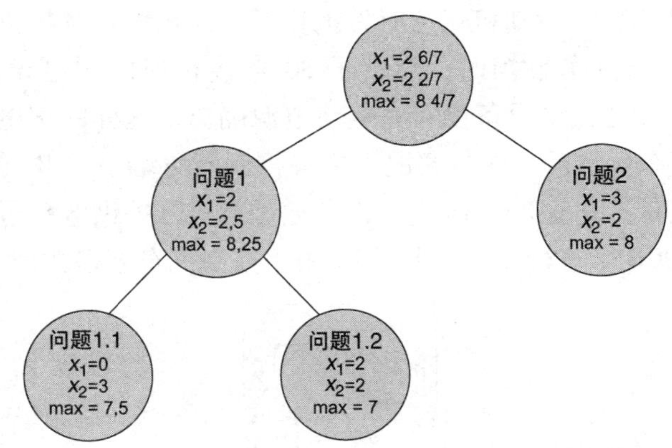


图 A-2 将由分支定界算法得到的解决方案综合到一个树形结构图中，这个树形结构图的树叶可以描述出最终获得的解决方案

# 附录 B 端子的标注和控制

在汽车中各种不同的电子/电气组件都有接线端子，根据汽车的状态，使用者应明确其功能，电子/电气组件一般分为以下几种状态：

1）汽车处于静止不动状态，不需要任何组件工作，也就是说所有的电子/电气组件不需要工作。

2）车里有人，需要汽车上某些功能组件工作（如收音机、导航等），但发动机不必起动。

3）汽车处于行驶状态。

4）电动或混动汽车在充电桩上进行充电时的状态。

作为逻辑控制，端子在图中的状态要求是机械分离时的状态，表 B-1 中所示为主要常用的端子，通过相应的端子控制就能明确端子的功能。

**表 B-1　按照 DIN 标准 72552［Gmb02］各个接线柱及其识别**

| 端子 | 功能 |
|---|---|
| 15 | 经过点火开关的蓄电池正极线 |
| 30 | 蓄电池正极线（B＋） |
| 30B | 经过总开关的蓄电池正极线（B＋） |
| 31 | 蓄电池负极线或搭铁线（B－） |
| 31B | 经过总开关的蓄电池负极线或搭铁线（B－） |
| 50 | 起动机的控制线 |

图 B-1 所示为各端子控制的原理图，蓄电池通过端子 30（B＋）和端子 31（B－）对外提供电能。发动机运行时发电机开始对用电设备提供电能同时给蓄电池进行充电。当汽车解锁时，与端子 30 直接相连的用电设备被激活（见 3.1.1.3 小节），由于用电设备没有完全与电源隔离，这样的用电设备会导致静态电流增加。汽车解锁后，多数情况下中央控制器将端子 30B 接通，从而唤醒总线上的电气设备，其他的电子/电气设备通过点火开关供电，通过端子 15、端子 50 以及端子 30B 来进行控制。端子 15 用于控制汽车上多数用电设备的电源，

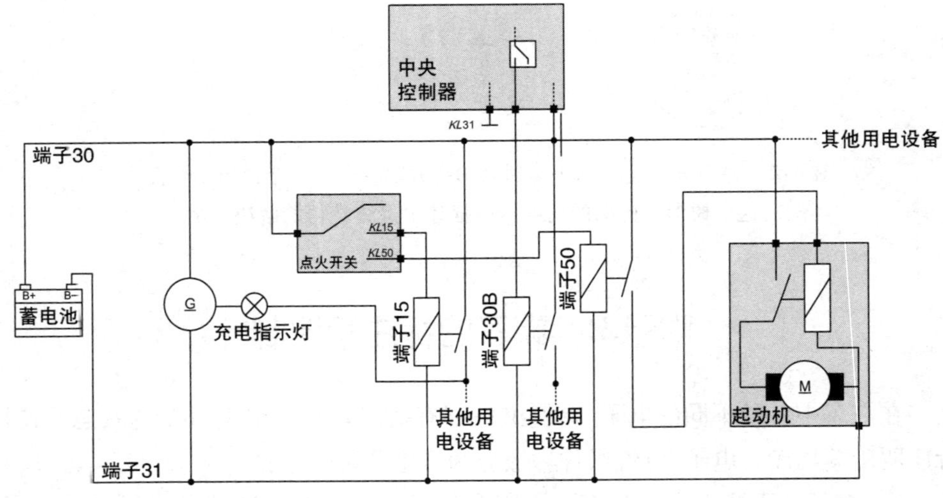


图 B-1　各端子控制的原理图

端子 50 只用于控制起动机的起动，只有当起动发动机时才需要。在新型汽车上已经用一键起动按钮替代了点火开关，其控制原理是相同的。

多数用电器的端子都是通过点火开关进行控制的，图 B-2 所示的状态图表示的是开关状态和转换状态案例。汽车解锁后所有在端子 30 上的电子/电气组件被激活，通过控制中央控制单元将端子 30B 与电源相连，通过点火开关将与端子 15 相连的电子/电气组件与电源接通，点火开关位于起动档时将端子 50 与电源接通，起动机开始运转，随后端子 15 处于接通状态。

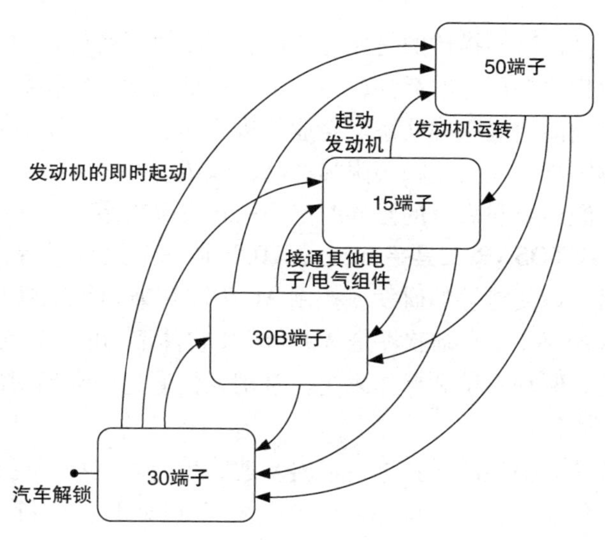


图 B-2　具有转换状态的端子控制案例

对于混合驱动和电驱动的汽车，其基本要求就是对端子的控制，例如对于充电的控制，必须有效地对电子/电气组件进行监控，如高压蓄电池的充电状态，这时应关闭所有的其他电子/电气组件，或让其处于休眠状态。

# 名词术语

**激活时刻**：激活时刻描述的是作业或信息开始执行或传输的时间点。

**售后**：售后指的是厂商的活动，当一个商品被成功地销售后，最终在市场或企业与消费者之间能建立一种联系。企业的售后具有引导消费者购买商品意愿的作用，能激发顾客再次购买或购买附加产品的欲望。

**激活界限**：激活界限表示的是同时出现的自发事件最多有多少个。

**ARTOP（AUTOSAR 工具平台）**：ARTOP 是一个执行平台，该平台已具备常用的研发工具，以便能够的研发或控制 AUTOSAR 兼容系统以及电控系统。

**基础软件（BSW）**：基础软件是 AUTOSAR 软件架构的一部分。BSW 一般包括基础服务系统、驱动系统和操作系统。基础软件通过一个确切的界面与应用程序（SW－Cs）分开。

**波特率**：波特率描述的是数据传输时步速的单位。波特率定义了信号下载的数量，每秒可以传递多少。波特率的单位是波特（baud）。波特率与比特率有时是不相等的。按照调制和线路编码不同，比特率可以是波特率的几倍，因此，每个时间单位能传递更多位。

**系列**：在技术设备或产品的各个领域中都用到系列这个术语，就是用同样的方法多次完成某个产品。对以前、以后或同时在相同的条件下或确切的不同方法生产或将要生产的产品，将会用系列来进行描述。

**二进制文件**：二进制文件或可执行文件是程序能够处理的一种数据形式。

**阻滞**：当一个作业的执行被低优先权作业阻碍时，这个作业的执行就叫阻碍。

**突发脉冲**：突发脉冲描述的是与总线上多个信息同时出现的信号，在总线上相互出现的信息之间的空余时间是非常小的，($t = IFS + \in \text{mit} \in \rightarrow 0$)

**消费类电子产品（CE）**：消费类电子产品包括日产所需要的电气产品，这类产品覆盖娱乐范畴（例如收音机、MP3 播放器等）、通信（电话、手机等）和办公设备（电脑、笔记本等）。

**上限**：当一个作业与一个高优先权的作业共同使用一个资源时，通过优先权上限这个函数可使低优先权的作业提升其优先权。

**关键点**：关键点描述的是作业或信息出现一个最长响应时间时的时间点。

**数据段的长度**：数据段长度是包括信息在内的数据位的大小。

**调度程序**：驱动系统功能，用于删除一个运行程序所占用的 CPU 资源并分配给其他程序。

**概念车**：概念车是在测试和集成阶段安全使用电子/电气产品的汽车原型。

**可执行文件**：见二进制文件。

**网关**：将多个总线连接在一起能够完成信息和信号交流任务的控制器。

**空闲状态**：作业的空闲状态是这个作业没有被激活时的状态。

**中断**：导致处理器中断当前在编辑任务的突发信号，以开始进行其他处理。

**中断阻滞时间**：中断阻滞时间是不允许中断当前执行例程时的时间段。

**抖动**：具有相同周期的作业或信息开始运行时间点和实际执行时间点间的差异。

**K－矩阵**：K－矩阵是通信矩阵或信息目录的缩写形式，包括通信系统的特殊形式，它的性质及其特性分为：通信的类型、控制器的数量、信息、PDU 和信号。

**通信控制器**：通信控制器是微控制器的主要组成部分，用于控制对通信系统的访问。

**上下文**：规定作业的确定的数据量，能描述确切时间点处理器的状态。上下文的典型例子是寄存器的内容和特定作业的储存区。

**上下文切换开关**：上下文切换开关描述的是系统安全或系统恢复时所需要的时间点，例如在干扰出现时注册表的安全性。

**负载**：在一个确定时间间隔内作业所需要的计算时间，可通过时间间隔的长度进行拆分。

**运行环境**：运行环境包括驱动系统、用于控制外设组件的驱动、通信栈以及基础服务。基础服务包括网络管理和诊断。应用软件包括顾客所能体验到的功能。

**多功能激活**：一个作业在截止期限或周期内不能完全被执行时便出现作业的多功能激活，也就是说，在激活一项新的作业后前一项激活的作业被终止。

**微控制器**：微控制器是一个半导体器件，包含有 CPU 和外设组件（例如总线控制器、A/D 转换器等）。

**OEM**：原始设备制造商。

**OSI 安全模型**：OSI 安全模型或参考模型是构建通信系统描述的基础，一共有 7 个安全级别和通信转换，一个系统的通信栈分为从物理层（安全级别 1）、转换层（安全级别 2 到 4）和应用层（安全级别 5 到 7）等各个抽象的层面。

**截止时间**：一个处理器所需要的时间段，以便能够对驱动系统内所有的作业进行处理。在通信系统中可以理解为不含使用数据的信息的一部分。

**可预见性**：实时系统的特性，可以预测调度决策的结果。

**样机**：在技术上样机的目的用于调整各个部分的功能，往往能简化计划产品或元件的测试模型，它仅仅在外形和技术上适用于最终产品。样机往往用于系列产品的加工制作，可以作为单件产品用于描述一个特定的概念。样机不仅仅在技术范围内得到应用，也可以应用在设计阶段中的重要设计方案上。

**运行环境（RTE）**：运行环境是 AUTOSAR 架构概念的核心，运行环境是一个通信层面，它能从拓扑和通信关系上映射到电脑软件组件的中间软件的基础上。

**调度**：调度描述的是程序的激活，以确定处理器中作业的执行顺序，并参考系统的流程进行。

**数据链路层**：数据链路层必须可靠，也就是说能够无错误进行传递信息，能够调节对传输媒介的访问。

**软件组件**：软件组件的概念用于 AUTOSAR 软件架构，软件组件属于控制单元集成中应用功能的一部分，元件组件是个独立的个体，不能被多个控制单元所分享。

**供应商**：在汽车制造商中供应商可以理解为能够提供部分系统、组件，或者总成的供应商。一般来说供应商分为代理等级，第 1 级供应商直接与 OEM 进行业务联系，第 2 级供应商为第 1 级供应商服务，不直接给 OEM 供货。

**可用性**：在任何给定时间进行描述或正确设定数据或传输容量。

**虚拟功能总线（VFB）**：虚拟功能总线是 AUTOSAR 的核心部分，通过虚拟功能总线系统可以在基础硬件上运行，通过 RTE 可以实现虚拟功能总线。

**开放式模型（V－模型）**：V－模型是一种开放式模型，它的基础是软件的发展，V－模型描述了发展阶段的各个步骤并把其分为不同的阶段，通过执行和测试符合系统的某项要求直至满足整个系统。

# 参考文献


AG11. Daimler AG: Automotive Legislation Online (2011)

AKBS08. Albers, K., Kollmann, S., Bodmann F., Slomka, F.: Advanced Hierarchical Event-Stream Model and the Real-Time Calculus. Technical report, University of Ulm, Germany (2008)

AS04. Albers, K., Slomka., F.: An Event Stream Driven Approximation for the Analysis of Real-Time Systems. In: Proceedings of the 16th Euromicro Conference (ECRTS'04) in Palma de Mallorca, Spain, pp. 187–195, 2004

AUT08a. AUTOSAR Consortium: AUTOSAR Technical Overview (Release 3.1) (2008)

AUT08b. AUTOSAR Consortium: Specification of Communication (Release 3.1) (2008)

AUT09a. AUTOSAR Consortium: AUTOSAR Methodology (2009)

AUT09b. AUTOSAR Consortium: Specification of Timing Extensions (Release 4.0) (2009)

AUT10a. AUTOSAR Consortium: Specification of Operating System (Release 3.1) (2010)

AUT10b. AUTOSAR Consortium: www.autosar.org (2010), Letzter Zugriff: 2012

BCOQ92. Baccelli, F., Cohen G., Olsder G.J., Quadrat G.-P.: Synchronization and Linearity. Wiley, Paris (1992)

Ber06. Berg, C.: Plru cache domino effects (2006)

Boa08. Boatright, R.: IEEE1722 Layer 2 AVB Transport Protocol (2008)

Bor06. Bortolazzi, J.: Vorlesung Automotive Systems Engineering for Automotive Electronics – Chapter 1, 2006

BU07. Brinkschulte, U., Ungerer, T.: Mikrocontroller und Mikroprozessoren (2007)

But05. Buttazzo, G.: Hard Real-Time Computing Systems – Predictable Scheduling Algorithms and Applications, Bd. 1. Springer, Pavia (2005)

CFG$^+$10. Cullmann, C., Ferdinand, C., Gebhard, G., Grund, D., Maiza, C., Reineke, J., Triquet, B., Wegener, S., Wilhelm, R.: Predictability Considerations in the Design of Multi-Core Embedded Systems. Ingénieurs de l'Automobile **807**, 36–42 (2010)

CH10. EETimes Christoph Hammerschmidt: Beyond FlexRay: BMW airs Ethernet plans (2010)

Com00. International Electrotechnical Commission: DIN IEC 60529, Degrees of protection provided by enclosures (IP Code) (2000)

Con06. LIN Consortium: LIN Specification Package Revision 2.1 (2006)

Cou. Automotive Electronics Council: AEC-Q100

DBBL07. Davis, R.I., Burns, A., Bril, R.J., Lukkien, J.J.: Controller Area Network (CAN) Schedulability Analysis: Refuted, Revisited and Revised. In: Real-Time Systems, S. 239–272. Springer, York (2007)

dEU09. Amtsblatt der Europäischen Union: VERORDNUNG (EG) Nr. 661/2009 DES EUROPÄISCHEN PARLAMENTES UND DES RATES vom 13. Juli 2009 über die Typgenehmigung von Kraftfahrzeugen, Kraftfahrzeuganhängern und von Systemen, Bauteilen und selbstständigen technischen Einheiten für diese Fahrzeuge hinsichtlich ihrer allgemeinen Sicherheit (2009)

DWR08. Dziobek, C., Wohlgemuth, F., Ringler, T.: AUTOSAR im Entwicklungsprozess. dSpace Mag. (2008)

EB07. Erich, E., Bolte, T.: E/E System Complexity (2007)

Ele05. Design & Elektronik: Begleittexte zum Entwicklerforum Kfz-Elektronik, Ludwigsburg (2005)

EY97. Ernst R., Ye, W.: Embedded program timing analysis based on path clustering and architecture classification. In: Proceedings of the 1997 IEEE/ACM international conference on Computer-aided design, ICCAD '97, pp. 598–604, Washington, DC, USA, IEEE Computer Society (1997)

Fle10a. FlexRay Consortium: FlexRay Communication System – Protocol Specification (Version 3.0) (2010)

Fle10b. FlexRay Consortium: www.flexray.com (2010), Letzter Zugriff: 2012

FRN08. Feiertag, N., Richter, K., Nordlander, J.: A Compositional Framework for End-to-End Path Delay Calculation of Automotive Systems Under Different Path Semantics. In: Proceedings of the IEEE Real-Time System Symposium (RTSS), Workshop on Compositional Theory and Technology for Real-Time Embedded Systems: Barcelona, Spain, 2008

Gmb. Symtavision GmbH: Symtavision, www.symtavision.com, Letzter Zugriff: 2012

Gmb02. Bosch GmbH: Autoelektrik/Autoelektronik – Systeme und Komponenten. Vieweg+ Teubner Verlag, Braunschweig, Wiesbaden (2002)

Grö05. Grönninger, H.: Formale Analyse eines automotiven Bussystems mit SymTA/S auf der Grundlage von K-Matrizen. Master's thesis, Technische Universität Carolo-Wilhelma zu Braunschweig, Deutschland (2005)

GS88. Goodenough, J.B., Sha, L.: The priority ceiling protocol: A method for minimizing the blocking of high priority ada tasks. In: Proceedings of the second international workshop on Real-time Ada issues, IRTAW '88, pp. 20–31, New York, NY, USA, 1988. ACM

HB09. Hogh-Binder, A.: Untersuchung und Bewertung eines AUTOSAR-basierten Gateway-Systems mit Hilfe von Zeitanalyse-Werkzeugen. Master's thesis, Universität Karlsruhe, Deutschland (2009)

HBC+07. Hagiescu, A., Bordoloi, U.D., Chakraborty, S., Sampath, P., Vignesh, P., Ganesan, V., Ramesh, S.: Performance Analysis of FlexRay-based ECU Networks. In Proceedings of the 44th annual Design Automation Conference, DAC '07, pp. 284–289, New York, NY, USA, 2007. ACM

Hen09. Hense, B.: Vorlesung Block 8: Leitungssatz-/Topologiemodellierung, Leitungssatzsynthese und -bewertungen im E/E-Konzeptwerkzeug (2009)

HHJ+05. Henia, R., Hamann, A., Jersak, M., Richter, K., Ernst, R.: System Level Performance Analysis – The SymTA/S Approach. In IEEE Proceedings Computers and Digital Techniques, 2005

Hom05. Homan, M.: OSEK, Betriebssystem-Standard für Automotive und Embedded Systems. Mitp-Verlag, Frechen (2005)

IBM. IBM: Rational DOORS, www.ibm.com, Letzter Zugriff: 2012

IEE09. IEEE: 802.1Qav – Forwarding and Queuing Enhancements for Time-Sensitive Streams (2009)

Inc10. Inchron GmbH: ChronSim – Echtzeitsimulator für eingebettete Systeme und Netzwerke (2010)

IOfS06. TC22/SC3 International Organization for Standardization: Road vehicles – Implementation of WWH-OBD communication requirements (2006)

IOfS11. TC22/SC3 International Organization for Standardization: Road vehicles – Diagnostic communication over Internet Protocol (DoIP) (2011)

Jer04. Jersak, M.: Compositional Performance Analysis for Complex Embedded Applications. PhD thesis, Technische Universität Carolo-Wilhelmina zu Braunschweig (2004)

Kal06. Kallenbach, R.: Trends in Automotive Electronics – Systems, Hardware, Software. In Proceedings of Steinbeis Symposium – Elektronik im Kfz-Wesen, 2006

KBH+07. Krause, M., Bringmann, O., Hergenhan, A., Tabanoglu, G., Rosenstiel, W.: Timing Simulation of Interconnected AUTOSAR Software-Components. In Proceedings of the Design, Automation and Test in Europe Conference (DATE'07) in Munich, Germany, 2007

Ker03. Kerk, D.: OSEK – Echtzeitbetriebssystem für Automobile. Master's thesis, Technische Universität Carolo-Wilhelmina zu Braunschweig, Deutschland (2003)

KHET07. Künzli, S., Hamann, A., Ernst, R., Thiele, L.: Combined Approach to System Level Performance Analysis of Embedded Systems. In Proc. Fifth International Conference on Hardware/Software Codesign and System Synthesis (CODES + ISSS 07). Sheridan Printing, September 2007

KOESH07. Kopetz, H., Obermaisser, R., El Salloum, C., Huber, B.: Automotive Software Development for a Multi-Core System-on-a-Chip. In Proceedings of the 4th International Workshop on Software Engineering for Automotive Systems, SEAS '07, Washington, DC, USA, 2007. IEEE Computer Society

Kop97. Kopetz, H.: Real-Time Systems – Design Principles for Distributed Embedded Applications, vol. 1. Kluwer Academic Publishers, New York, Dordrecht, Heidelberg, London (1997)

KPS+10. Kollmann, S., Pollex, V., Slomka, F., Traub, M., Bone, T., Becker, J.: Comparison of Different Timing-Evaluation Methods based on a Automotive Network Topology. In Proceedings of the 18th International Conference on Real-Time and Network Systems, 2010

Kup08. Kupriyanov, O.: Modeling and Efficient Simulation of Complex System-on-a-Chip Architectures. PhD thesis, Universität Erlangen-Nürnberg, Universitätsstraße. 4, 91054 Erlangen (2008)

LBT04. Le Boudec, J.-Y., Thiran, P.: Network Calculus. Springer, Berlin (2004)

LIN03. LIN Consortium: LIN Specification Package (2003)

LIN10. LIN Consortium: www.lin-subbus.org (2010), Letzter Zugriff: 2012

LL73. Liu, C.L., Layland, J.W.: Scheduling Algorithms for Multiprogramming in a Hard-Real-Time Environment. J. ACM, **20**, 46–61 (1973)

LM95. Li, Y.-T.S., Malik, S.: Performance analysis of embedded software using implicit path enumeration. SIGPLAN Not., **30**, 88–98 (1995)

Lundquist. Lundquist, T., Stenström, P.: Timing Anomalies in Dynamically Scheduled Microprocessors. In: Proceedings of the 20th IEEE Real-Time Systems Symposium RTSS '99, Washington, DC, USA, 1999

MOS05. MOST Cooperation: MOST – Media Oriented System Transport (Rev. 2.4) (2005)

MOS10. MOST Cooperation: www.mostnet.de (2010)

MW07. Marwedel, P., Wehmeyer, L.: Eingebettete Systeme:. EXamen. press Series. Springer, Berlin (2007)

NSE10. Negrean, M., Schliecker, S., Ernst, R.: Timing Implications of Sharing Resources in Automotive Real-Time Multicore Environments. In Journal of Passenger Cars, SAE, pages 27–40. SAE, 2010

OSE05. OSEK/VDX Consortium: OSEK/VDX – Operationg System (Version 2.2.3) (2005)

OSE10. OSEK/VDX Consortium: www.osek-vdx.org (2010), Letzter Zugriff: 2012

Por09. Porter, M.E.: Wettbewerbsstrategie: Methoden zur Analyse von Branchen und Konkurrenten. Campus, Frankfurt, M., New York, NY (2009)

PPE+08. Pop, T., Pop, P., Eles, P., Peng, Z., Andrei, A.: Timing analysis of the flexray communication protocol. Real-Time Syst. **39**, 205–235 (2008)

PT06. Platzner, M., Thiele, L.: Skript zur Vorlesung: Hardware/Software Codesign, 2006

PWT+08. Perathoner, S., Wandelder, E., Thiele, L., Hamann, A., Schliecker, S., Henia, R., Racu, R., Ernst, R., Harbour, M.G.: Design Auotmation for Embedded Systems, chapter Influence of Different Abstractions on the Performance Analysis of Distributed Hard Real-Time Systems. Springer, Berlin (2008)

Ras08. Raskin, J.-F.: Second Lecture: Basics of model-checking for finite and timed systems. In Artist2 Asian Summer School – Shanghai, 2008

Rau07. Rausch, M.: FlexRay – Grundlagen, Funktionsweise, Anwendung, vol. 1. Hanser Verlag, München (2007)

RE02. Richter, K., Ernst, R.: Event Model Interfaces for Heterogeneous System Analysis. In Proceedings of Design, Automation and Test in Europe Conference (DATE'02) in Munich, Germany, pp. 506–513, 2002

RE08. Rox, J., Ernst, R.: Construction and Deconstruction of Hierarchical Event Streams with Multiple Hierarchical Layers. In Proceedings of the Euromicro Conference of Real-Time Systems (ECRTS'08) in Prague, Czech Republic, pp. 201–210, 2008

Rei10. Reindl, N.: E/E-Fahrzeugarchitekturen der Zukunft. In ELMOS Workshop "Mobilität 2020 ff ...", 2010

RHH+07. Rahmanil, M., Hillebrand, J., Hintermairl, W., Bogenberger, R., Steinbach, E.: A Novel Network Architecture for In-Vehicle Audio and Video Communication. In Proceedings of the 2nd IEEE/IFIP International Workshop on Broadband Convergence Networks, (BcN '07) in Munich, Germany, 2007

Rin02. Ringler, T.: Entwicklung und Analyse zeitgesteuerter Systeme. PhD thesis, Universität Stuttgart, 2002

RJE03. Richter, K., Jersak, M., Ernst, R.: A Formal Approach to MpSocC Performance Verification. Technical report, IEEE Computer Science (2003)

Rob91. Robert Bosch GmbH: Controller Area Network (CAN) Specification – Version 2.0 (1991)

RWT+06. Reineke, J., Wachter, B., Thesing, S., Wilhelm, R., Polian, I., Eisinger, J., Becker, B.: A definition and classification of timing anomalies. In 6th Intl Workshop on Worst-Case Execution Time (WCET) Analysis, 2006

SKB+11. Streichert, T., Kern, A., Buntz, S., Leier, H., Schmerler, S.: Ethernet for In-Vehicle Communication, FTF'2011 (2011)

SS08. Swietlik, A., Spale, J.: Vorlesung: Echzeitbetriebssysteme an der Hochschule Furtwangen, 2008

SSB08. Scheer, P., Schmidt, E., Burges, S.: CARbridge, Reduction of System Complexity by Standardisation of the System-Basis-Chip for Automotive Applications (2008)

SV96. Shreedhar, M., Varghese, G.: Efficient fair queueing using deficit round-robin. IEEE/ACM Trans. Netw. **4**, 375–385 (1996)

SZ05. Schäuffele, J., Zurawka, T.: Automotive Software Engineering – Grundlagen, Prozesse, Methoden und Werkzeuge. Vieweg+Teubner Verlag, Wiesbaden (2005)

Tan03. Tanenbaum, A.S.: Moderne Betriebssysteme, vol. 2. Pearson Studium Verlag, München (2003)

TCN00. Thiele, L., Chakraborty, S., Naedele, M.: Real-Time Calculus for Scheduling Hard Real-Time Systems. In Int. Symposium on Circuits and Systems (ISCAS'00) in Geneva, Switzerland, pp. 101–104, 2000

Tin94. Tindell, K.: Adding Time-Offsets to Schedulability Analysis. Technical report, University of York, England (1994)

TLB09. Traub, M., Lauer, V., Becker, J.: Verfahren zur Timing-Bewertung von Gateway-Systemen und Vernetzungsarchitekturen in den verschiedenen Phasen des Entwicklungsprozesses. In Proceedings of the Elektronik im Kraftfahrzeug Konferenz in Dresden, Germany, 2009

Tra11. Traub, M.: Durchgängige Timing-Bewertung von Vernetzungsarchitekturen und Gateway-Systemen im Kraftfahzeug. PhD thesis, Karlsruher Institut für Technologie (KIT), 2011

uS04. Auto Motor und Sport: http://www.atzonline.de/Aktuell/Nachrichten/1/2175/Magna-Steyr-erhoeht-Fertigungskapazitaet-fuer-BMW-X3-auf-400-Einheiten.html (2004), Letzter Zugriff: 2011

uS09. Auto Motor und Sport: http://www.auto-motor-und-sport.de/news/mercedes-g-klasse-produktion-bis-2015-bei-magna-steyr-1012625.html (2009). Letzter Zugriff: 2011

VaS10. VaST Systems: www.vastsystems.com (2010)

Vec03. Vector Informatik GmbH: Specification of Daimler-Benz Communications Attributes (DBKOM (2003)

Vec10. Vector Informatik GmbH: www.vector-informatik.de (2010), Letzter Zugriff: 2012

WB05. Wörn, H., Brinkschulte, U.: Echtzeitsysteme – Grundlagen, Funktionsweisen, Anwendungen. Springer, Berlin (2005)

WDR08. Wohlgemuth, F., Dziobek, C., Ringler, T.: Erfahrungen bei der Einführung der modellbasierten AUTOSAR-Funktionsentwicklung. In Modellbasierte Entwicklung von eingebetteten Fahrzeugfunktionen (2008)

WGR+09. Wilhelm, R., Grund, D., Reineke, J., Schlickling, M., Pister, M., Ferdinand, C.: Memory hierarchies, pipelines, and buses for future architectures in time-critical embedded systems. Trans. Comp.-Aided Des. Integ. Cir. Sys. **28**, 966–978 (2009)

Wik10. Wikipedia – Freie Enzyklopädie: www.wikipedia.de (2010), Letzter Zugriff: 2012

Wym08. Wyman, O.: Lean Improvements, Worker Buyouts Bring Detroit Three Productivity Closer to Asian Rivals, says Oliver Wyman's Harbour Report 2008 (2008)

ZS08. Zimmermann, W., Schmidgall, R.: Bussysteme in der Fahrzeugtechnik – Protokolle und Standards, vol. 3. Vieweg+Teubner Verlag, Wiesbaden (2008)

**图书在版编目（CIP）数据**

汽车电子/电气架构：实时系统的建模与评价/（德）蒂洛·施特赖歇特（Thilo Streichert），（德）马蒂亚斯·特劳布（Matthias Traub）著；张英红译．—北京：机械工业出版社，2017.3
（汽车先进技术译丛）
书名原文：Elektrik/Elektronik – Architekturen im Kraftfahrzeug
ISBN 978-7-111-55890-3

Ⅰ．①汽…　Ⅱ．①蒂…②马…③张…　Ⅲ．①汽车－电子系统－系统建模②汽车－电气系统－系统建模　Ⅳ．①U463.6

中国版本图书馆 CIP 数据核字（2017）第 000878 号

机械工业出版社（北京市百万庄大街 22 号　邮政编码 100037）
策划编辑：孙　鹏　责任编辑：孙　鹏
责任校对：潘　蕊　封面设计：鞠　杨
责任印制：李　洋
保定市中画美凯印刷有限公司印刷
2017 年 3 月第 1 版第 1 次印刷
169mm×239mm · 14 印张 · 2 插页 · 267 千字
0 001—3 000 册
标准书号：ISBN 978-7-111-55890-3
定价：99.00 元

凡购本书，如有缺页、倒页、脱页，由本社发行部调换

| 电话服务 | 网络服务 |
|---|---|
| 服务咨询热线：010－88361066 | 机 工 官 网：www.cmpbook.com |
| 读者购书热线：010－68326294 | 机 工 官 博：weibo.com/cmp1952 |
| 010－88379203 | 金 书 网：www.golden－book.com |
| **封面无防伪标均为盗版** | 教育服务网：www.cmpedu.com |